村镇常用建筑材料与施工便携手册

村镇建筑节能工程

张　凌　主编

中国铁道出版社

2013年·北京

内 容 提 要

本书主要内容包括：墙体保温节能施工，屋面保温节能施工，建筑节能门窗施工，太阳能利用、采暖与空调节能施工和村镇沼气工程施工。

本书简明扼要，通俗易懂，既可作为村镇建设人员、科技人员的技术参考资料，又可供建筑施工、监理单位学习参考。

图书在版编目(CIP)数据

村镇建筑节能工程/张凌主编 . —北京：中国铁道出版社，
2013.3
(村镇常用建筑材料与施工便携手册)
ISBN 978-7-113-16084-5

Ⅰ.①村… Ⅱ.①张… Ⅲ.①农业建筑—建筑设计—
节能设计—手册 Ⅳ.①TU26-62②TU111.4-62

中国版本图书馆 CIP 数据核字(2013)第 031129 号

书　　名：	村镇常用建筑材料与施工便携手册 **村镇建筑节能工程**
作　者：	张　凌

策划编辑：	江新锡　陈小刚
责任编辑：	冯海燕　张荣君　　**电话**：010-51873193
封面设计：	郑春鹏
责任校对：	孙　玫
责任印制：	郭向伟

出版发行：	中国铁道出版社(100054，北京市西城区右安门西街 8 号)
网　址：	http://www.tdpress.com
印　刷：	北京海淀五色花印刷厂
版　次：	2013 年 3 月第 1 版　2013 年 3 月第 1 次印刷
开　本：	787mm×1092mm　1/16　印张：15.5　字数：387 千
书　号：	ISBN 978-7-113-16084-5
定　价：	38.00 元

前　言

国家"十二五"规划提出改善农村生活条件之后,党和政府相继出台了一系列相关政策,强调"加强对农村建设工作的指导",并要求发展资源型、生态型、城镇型新农村,这为我国村镇的发展指明了方向。同时,这也对村镇建设工作者及其管理工作者提出了更高的要求。为了推进社会主义新农村建设,提高村镇建设的质量和效益,我们组织编写了《村镇常用建筑材料与施工便携手册》丛书。

本丛书依据"十二五"规划和《国务院关于推进社会主义新农村建设的若干意见》对建设社会主义新农村的部署与具体要求,结合我国村镇建设的现状,介绍了村镇建设的特点、基础知识,重点介绍了村镇住宅、村镇道路以及园林等方面的内容。编写本书的目的是为了向村镇建设的设计工作者、管理工作者等提供一些专业方面的技术指导,扩展他们的有关知识,提高其专业技能,以适应我国村镇建设的不断发展,更好地推进村镇建设。

《村镇常用建筑材料与施工便携手册》丛书包括七分册,分别为:

《村镇建筑工程》;

《村镇电气安装工程》;

《村镇装饰装修工程》;

《村镇给水排水与采暖工程》;

《村镇道路工程》;

《村镇建筑节能工程》;

《村镇园林工程》。

本系列丛书主要针对村镇建设的园林规划,道路、给水排水和房屋施工与监督管理环节,系统地介绍和讲解了相关理论知识、科学方法及实践,尤其注重基础设施建设、新能源、新材料、新技术的推广与使用,生态环境的保护,村镇改造与规划建设的管理。

参加本丛书的编写人员有张凌、魏文彪、王林海、孙培祥、栾海明、孙占红、宋迎迎、张正南、武旭日、白宏海、孙欢欢、王双敏、王文慧、彭美丽、张婧芳、李仲杰、李芳芳、乔芳芳、蔡丹丹、许兴云、张亚等。

由于我们编写水平有限,书中的缺点在所难免,希望专家和读者给予指正。

编　者

2012 年 11 月

目 录

第一章 墙体保温节能施工

第一节 外墙外保温节能工程施工

一、EPS板薄抹灰外墙外保温系统工程

1. 系统构造及性能指标

（1）EPS板薄抹灰外墙外保温系统构造见表1-1。

表 1-1 膨胀聚苯板薄抹灰外墙外保温系统构造

项 目	内 容
简介	EPS板薄抹灰外墙外保温系统是以膨胀聚苯板为保温材料，用胶黏剂固定在基层墙体上，以玻纤网格布增强薄抹面层和外饰面涂层作为保护层，保护层厚度小于6 mm的外墙保温系统
适用范围	由于EPS板具有良好的隔热性能，在冬季可起保温作用、在夏季可起隔热作用。因此，在全国不同建筑气候分区内，新建、改建、扩建和既有建筑在按设计要求需冬季保温和（或）夏季隔热时都可以使用；根据对系统抗震性能的试验分析，在非地震区和地震区都可以使用，必要时应设置抗裂分隔缝；白蚁对EPS板有侵蚀作用，应用于无白蚁灾害的地区或做好防白蚁侵害的措施；建筑物高度在20 m以上时，在受负风压作用较大的部位宜使用锚栓辅助固定；面层装饰材料宜为涂料
构造	EPS板薄抹灰外墙外保温系统构造如图1-1和图1-2所示

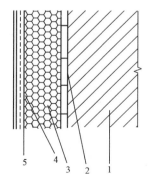

图 1-1 无锚栓薄抹灰外保温系统基本构造

1—基层墙体；2—黏结层；3—保温层；

4—薄抹灰增强防护层；5—饰面层

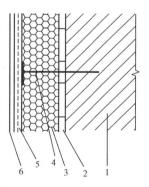

图 1-2 辅有锚栓的薄抹灰外保温系统基本构造

1—基层墙体；2—黏结层；3—保温层；

4—连接件；5—薄抹灰增强防护层；6—饰面层

（2）EPS薄抹灰外墙外保温系统的性能指标见表1-2。

表 1-2　EPS 薄抹灰外保温系统的性能指标

试 验 项 目		性 能 指 标
吸水量（g/m²），浸水 24 h		≤500
抗冲击强度（J）	普通型（P 型）	≥3.0
	加强型（Q 型）	≥10.0
抗风压值（kPa）		不小于工程项目地区风荷载设计值
耐冻融		表面无裂纹、空鼓、起泡、剥离现象
水蒸气湿流密度［g/（m²·h）］		≥0.85
不透水性		试样防护层内侧无水渗透
耐候性		表面无裂纹、粉化、剥落现象

2. 系统材料要求

（1）胶黏剂的性能指标应符合表 1-3 的要求。

表 1-3　胶黏剂的性能指标

试 验 项 目		性 能 指 标
拉伸黏结强度（MPa）（与水泥砂浆）	原强度	≥0.60
	耐水	≥0.40
拉伸黏结强度（MPa）（与膨胀聚苯板）	原强度	≥0.10，破坏界面在膨胀聚苯板上
	耐水	≥0.10，破坏界面在膨胀聚苯板上
可操作时间（h）		1.5～40

（2）膨胀聚苯板应为阻燃型。其性能指标除应符合表 1-4、表 1-5 的要求外，还应符合《绝热用模塑聚苯乙烯泡沫塑料》（GB/T 10801.1—2002）第Ⅱ类的其他要求。膨胀聚苯板出厂前应在自然条件下陈化 42 d 或在 60℃蒸汽中陈化 5 d。

表 1-4　膨胀聚苯板主要性能指标

试 验 项 目	性 能 指 标
导热系数［W/（m·K）］	≤0.041
表观密度（kg/m³）	18.0～22.0
垂直于板面方向的抗拉强度（MPa）	≥0.10
尺寸稳定性（%）	≤0.30

表 1-5　膨胀聚苯板允许偏差

试 验 项 目		允 许 偏 差
厚度（mm）	≤50	±1.5
	>50	±2.0
长度（mm）		±2.0
宽度（mm）		±1.0

试 验 项 目	允 许 偏 差
对角线差（mm）	±3.0
板边平直（mm）	±2.0
板面平整度（mm）	±1.0

注：本表的允许偏差值以 1 200 mm×600 mm 的膨胀聚苯板为基准。

（3）抹面胶浆的性能指标应符合表 1-6 的要求。

表 1-6　抹面胶浆的性能指标

试 验 项 目		性 能 指 标
拉伸黏结强度（MPa） （与膨胀聚苯板）	原强度	≥0.10，破坏界面在膨胀聚苯板上
	耐水	≥0.10，破坏界面在膨胀聚苯板上
	耐冻融	≥0.10，破坏界面在膨胀聚苯板上
柔韧性	抗压强度/抗折强度（水泥基）（MPa）	≤3.0
	开裂应变（非水泥基）（%）	≥1.5
可操作时间（h）		1.5～4.0

（4）耐碱网布的主要性能指标应符合表 1-7 的要求。

表 1-7　耐碱网布主要性能指标

试 验 项 目	性 能 指 标
单位面积质量（g/m²）	≥130
耐碱断裂强力（经、纬向）（N/50 mm）	≥750
耐碱断裂强力保留率（经、纬向）（%）	≥50
断裂应变（经、纬向）（%）	≤5.0

（5）金属螺钉应采用不锈钢或经过表面防腐处理的金属制成，塑料钉和带圆盘的塑料膨胀套管应采用聚酰胺、聚乙烯或聚丙烯制成，制作塑料钉和塑料套管的材料不得使用回收的再生材料。锚栓有效锚固深度不小于 25 mm，塑料圆盘直径不小于 50 mm。其技术性能指标应符合表 1-8 的要求。

表 1-8　锚栓技术性能指标

试 验 项 目	性 能 指 标
单个锚栓抗拉承载力标准值（kN）	≥0.30
单个锚栓对系统传热增加值［W/（m²·K）］	≤0.004

涂料必须与薄抹灰外保温系统相容，其性能指标应符合外墙建筑涂料的相关标准。

在薄抹灰外保温系统中所采用的附件，包括密封膏、密封条、包角条、包边条、盖口条等应分别符合相应的产品标准的要求。

3. 工艺要求

施工工艺流程：

基层处理→粘贴或锚固聚苯板→聚苯板表面扫毛→薄抹→层抹面胶浆→贴压玻纤网布→细部处理和加贴玻纤网布→抹面胶浆找平→面层涂饰工程。

4. 施工环境要求

（1）施工环境的空气温度和基层墙体的表面温度应大于或等于5℃；风力不大于5级。

（2）施工现场应具备通电、通水施工条件，并保持清洁的工作环境。

（3）外墙和外门窗口施工及验收完毕（门窗框已安装就位）。

（4）冬期施工时，应采取适当的保护措施。

（5）夏季施工时，应避免阳光晒。必要时，可在施工脚手架上搭设防晒布，遮挡施工墙面。

（6）雨天施工时，应采取有效措施，防止雨水冲刷墙面。

（7）系统在施工过程中，应采用必要的保护措施，防止施工墙面受到污损，待建筑泛水、密封膏等构造细部按设计要求施工完毕后，方可拆除保护物。

5. 主要施工要点

（1）基层墙体的处理。

1）基层墙体必须清理干净，墙面应无油、灰尘、污垢、脱模剂、风化物、涂料、蜡、防水剂、潮气、霜、泥土等污染物或其他有碍黏结的材料，并应剔除墙面的凸出物，再用水冲洗墙面，使之清洁平整。

2）清除基层墙体中松动或风化的部分，用水泥砂浆填充后找平。

3）基层墙体的表面平整度不符合要求时，可采用1∶3水泥砂浆找平。

4）既有建筑进行保温改造时，应彻底清除原有外墙饰面层，露出基层墙体表面，并按上述方法进行处理。

5）基层墙体处理完毕后，应将墙面略微湿润，以备进行粘贴聚苯板工序的施工。

（2）粘贴聚苯板。

1）根据设计图纸的要求，在经平整处理的外墙面上沿散水标高用墨线弹出散水水平线；当需设置系统变形缝时，应在墙面相应位置弹出变形缝及其宽度线，标出聚苯板的粘贴位置。

2）粘贴聚苯板的方法见表1-9。

表1-9　粘贴聚苯板的方法

项　　目	内　　容
点粘法	沿聚苯板的周边用不锈钢抹子涂抹配制好的黏结胶浆，浆带宽50 mm，厚10 mm。当采用标准尺寸的聚苯板时，尚应在板面的中间部位均匀布置8个黏结胶浆点，每点直径为100 mm，浆厚10 mm，中心距200 mm。当采用非标准尺寸的聚苯板时，板面中间部位涂抹的黏结胶浆一般不多于6个点，但也不少于4个点。点粘法黏结胶浆的涂抹面积与聚苯板板面面积之比不得小于1/3，如图1-3所示
条粘法	在聚苯板的背面全涂上黏结胶浆（即黏结胶浆的涂抹面积与聚苯板面积之比为100%），然后将专用的锯齿抹子紧压聚苯板板面，并保持成45°，刮除锯齿间多余的黏结胶浆，使聚苯板面留有若干条宽为10 mm，厚度为13 mm，中心距为40 mm且平行于聚苯板长边的浆带，如图1-4所示

3）聚苯板抹完黏结胶浆后，应立即将板平贴在基层墙体墙面上滑动就位。粘贴时动作应轻

柔、均匀挤压。为了保持墙面的平整度，应随时用一根长度超过 2.0 m 的靠尺进行压平操作。

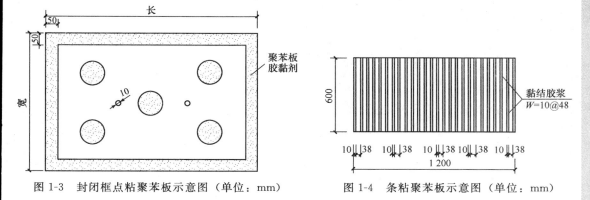

图 1-3　封闭框点粘聚苯板示意图（单位：mm）　　图 1-4　条粘聚苯板示意图（单位：mm）

4）聚苯板应由建筑外墙勒脚部位开始，自下而上，沿水平方向横向铺设，每排板应互相错缝 1/2 板长，如图 1-5 所示。

5）聚苯板贴牢后，应随时用专用的搓抹子将板边的不平处搓平，尽量减少板与板间的高差接缝。当板缝间隙大于 1.6 mm 时，应切割聚苯板条将缝填实后再磨平。

6）在外墙转角部位，上下排聚苯板间的竖向接缝应为垂直交错连接，保证转角处板材安装的垂直度，并将标有厂名的板边露在外侧；门窗洞口四角处 EPS 板不得拼接，应采用整块 EPS 板切割成形，EPS 板接缝应离开角部至少 200 mm，如图 1-6 所示。

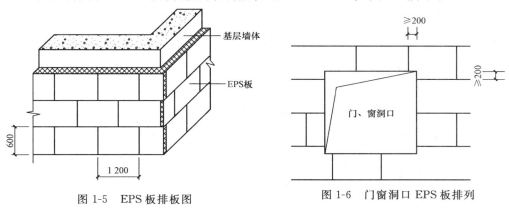

图 1-5　EPS 板排板图　　　　　图 1-6　门窗洞口 EPS 板排列

7）粘贴上墙后的聚苯板应用粗砂纸磨平，然后再将整个聚苯板面打磨一遍。打磨时散落的碎屑粉尘应随时用刷子、扫帚或压缩空气清理干净，操作工人应带防护面具。

（3）薄抹一层抹面胶浆。

1）涂抹抹面胶浆前，应先检查聚苯板是否干燥，表面是否平整，去除板面的有害物质、杂质或表面变质部分，并用细麻面的木抹子将聚苯板表面扫毛，扫净聚苯浮屑。

2）薄抹一层抹面胶浆。

（4）贴压玻纤网布。

1）在一薄层抹面胶浆上，从上而下铺贴标准玻纤网布。

2）平整、不皱折，网布对接，用木抹子将网布压入抹面胶浆内。

3）对于设计切成 V 形或 U 形分格缝，网布不应切断，将网布压入 V 形或 U 形分格缝内，用抹面胶浆在表面做成 V 形或 U 形缝。

（5）抹面胶浆找平。贴压网布后用抹面胶浆在网布表面薄薄抹一层找平。

（6）面层涂饰工程施工验收。按《建筑装饰装修工程质量验收规范》（GB 50210—2001）中第 10 章"涂饰工程"的要求施工验收。

二、胶粉 EPS 颗粒保温浆料外墙外保温系统工程

1. 系统简介

（1）系统构造。胶粉 EPS 颗粒保温浆料外墙外保温系统（以下简称保温浆料系统）由界面层、胶粉 EPS 颗粒保温浆料保温层、抗裂砂浆薄抹面层和饰面层组成，系统构造，如图 1-7 所示。

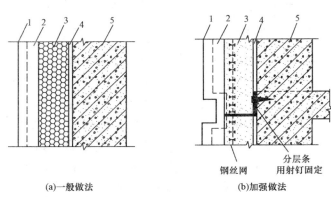

(a)一般做法　　　　　　(b)加强做法

图 1-7　胶粉 EPS 聚苯颗粒保温浆料外墙外保温系统示意图

1—饰面层：高分子乳液防水弹性底涂、柔性耐水腻子、外墙涂料；

2—抗裂保护层：聚合物改性水泥抗裂砂浆压入涂塑耐碱玻纤网格布，首层加 1 层加强网布；

3—保温层：胶粉聚苯颗粒保温浆料（高度≤30 m 时，按一般做法；高度≥30 m 时，按加强做法）；

4—界面层：界面砂浆；5—外墙：混凝土、小型混凝土空心砌块、非黏土砖和烧结砖等

保温层由胶粉料和聚苯颗粒轻骨料经现场加水搅拌成胶粉聚苯颗粒保温浆料后喷涂或抹在基层墙体上形成；薄抹面中满铺玻纤网；饰面层可以是弹性涂料，也可以粘贴面砖或干挂石材。对于轻质框架填充墙，虽然墙体的保温性能可能已经能够满足保温要求，但由于墙体材料的不均匀性，直接抹灰后不仅不能消除热桥，而且在两种材料接触处还易产生裂缝，因此要用胶粉聚苯颗粒保温浆料进行补充保温和均质化处理。该系统采用了逐层渐变、柔性释放应力的技术路线及无空腔的构造，可适用于不同气候区、不同基层墙体、不同建筑高度的各类建筑外墙的保温与隔热。

（2）主要特点。

1）无空腔构造，抗风压性能优异。

2）防火性能突出，适合于高层建筑和防火要求等级高的建筑部位使用。

3）施工适应性好，适合于各种建筑结构的公共建筑和居住建筑的节能保温工程。

4）防护面层抗冲击性能好，保温层无接缝，抗裂性能可靠。

5）施工性能好、速度快，一次抹灰厚度高，与其他工序施工配合性好，防护面层易修复。

2. 施工准备

（1）材料。

1）水泥。硅酸盐水泥或普通硅酸盐水泥强度等级不低于 32.5。应有出厂合格证及复试报告，其质量标准应符合现行国家标准《通用硅酸盐水泥》（GB 175—2007）的规定。

2）砂。应采用中砂，含泥量小于 3％，应符合国家现行标准《普通混凝土用砂、石质量及检验方法标准》（JGJ 52—2006）的规定。

3）界面处理剂。宜采用水泥砂浆界面剂，应有产品合格证、性能检测报告，并应符合现行行业标准《混凝土界面处理剂》（JC/T 907—2002）的规定。

4）水。宜用饮用水。

5）胶粉料。性能指标见表 1-10。

表 1-10　胶粉料性能指标

项　　目	单　　位	指　　标
初凝时间	h	≥4
终凝时间	h	≤12
安定性（蒸煮法）	—	合格
拉伸黏结强度（常温 28 d）	MPa	≥0.6
浸水拉伸黏结强度（常温 28 d，浸水 7 d）	MPa	≥0.4

6）胶粉聚苯颗粒。性能指标见表 1-11。

表 1-11　胶粉聚苯颗粒性能指标

项　　目	单　　位	指　　标
堆积密度	kg/m³	12～21
粒度（5 mm 筛孔筛余）	％	≤5

7）抗裂剂。采用专用水泥砂浆抗裂剂，抗拉黏结强度 28 d 应达到 0.8 MPa。在 5℃～30℃且防晒的条件下，保存期为 6 个月。

8）玻璃纤维网格布。采用耐碱涂塑玻璃纤维网格布（简称玻纤网格布），其性能指标见表 1-12。

表 1-12　耐碱涂塑玻璃纤维网格布性能指标要求

项　　目		单　　位	指　　标
网孔中心距	普通型	mm	4×4
	加强型		6×6
单位面积重量	普通型	g/m²	≥180
	加强型		≥500
断裂强力	抗拉强度经向 普通型	N/50 mm	≥1 250
	抗拉强度经向 加强型		≥3 000
	抗拉强度纬向 普通型		≥1 250
	抗拉强度纬向 加强型		≥3 000
耐碱强力保留率 28 d	普通型	％	≥90
	加强型		
涂塑量	普通型	g/m²	≥20
	加强型		

9）高分子乳液防水弹性底层涂料。性能指标见表 1-13。

表 1-13　高分子乳液防水弹性底层涂料性能指标

项　　目		单　　位	指　　标
干燥时间	表干时间	h	≤4
	实干时间	h	≤8
拉伸强度		MPa	≥1.0
断裂伸长率		%	≥300
低温柔性（绕 ϕ10 棒）		—	—20℃无裂缝
不透水性（0.3 MPa，0.5 h）		—	不透水
加热伸缩率	伸长	%	≤1.0
	缩短	%	≤1.0

10）柔性耐水腻子。性能指标见表 1-14。

表 1-14　柔性耐水腻子性能指标

项　　目	单　　位	指　　标
拉伸黏结强度	MPa	≥0.6
浸水拉伸黏结强度	MPa	≥0.4
柔韧性（直径 50）	mm	卷曲无裂纹
其他性能满足	—	N 型耐水腻子应符合《建筑室内用腻子》（JG/T 298—2010）的要求

11）辅助材料。带尾孔射钉（ϕ5）、孔边长 25 mm 的 22# 镀锌六角钢丝网、22# 镀锌铅丝、专用金属护角（35 mm×35 mm×0.5 mm）、金属分层条（30 mm×40 mm×0.7 mm 镀锌轻型角钢）、分格条。

（2）机具设备见表 1-15。

表 1-15　机具设备

项　　目	内　　容
机械	强制式砂浆搅拌机、手提搅拌器、射钉枪
工具	水桶、剪子、筛子、扫帚、灰桶、小白线、靠尺、木抹子、铁抹子、铁剪刀、壁纸刀、洒水壶、铁锤、滚刷、铁锹、錾子等
计量检测用具	磅秤、钢尺、方尺、塞尺、水平尺、托线板、线坠、探针等
安全防护用品	口罩、手套、护目镜等

（3）作业条件。

1）结构工程已完，并经验收合格。

2）已测设标高控制线，并经预检合格。

3）门窗框安装完，缝隙填塞严密，门窗框表面已做好保护。

4）施工用外脚手架（吊篮）搭设完，横竖杆离墙面、墙角适度，脚手板铺设与外墙分格相适应，经安全验收合格。

5）外墙面上的雨水管卡、预留铁件、设备穿墙管道、爬梯的固定件已安装完，预留出保温层的厚度，并经验收合格。

（4）技术准备。

1）编制施工方案并经审批。

2）施工前先做样板，并经监理、建设单位及有关质量部门检查合格后，方可展开大面积施工。

3）对操作人员进行安全技术交底。

3. 施工工艺

（1）施工工艺流程，如图 1-8 所示。

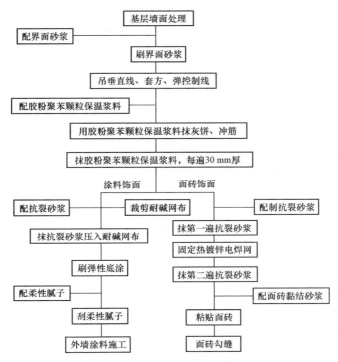

图 1-8 胶粉聚苯颗粒外墙外保温系统施工工艺流程

（2）施工要点。

1）配制砂浆。

①界面砂浆的配制：水泥∶中砂∶界面剂＝1∶1∶1（重量比），准确计量，搅拌均匀成浆状。

②胶粉聚苯颗粒保温浆料的配制：先将 35～40 kg 水倒入砂浆搅拌机内，然后倒入一袋 25 kg 胶粉料搅拌 3～5 min 后，再倒入一袋 200 L 聚苯颗粒继续搅拌 3 min，搅拌均匀后倒出。该浆料应随搅随用，在 4 h 内用完。配制完的胶粉颗粒保温浆料性能指标见表 1-16。

表 1-16 胶粉聚苯颗粒保温浆料性能指标

项　　目	单　　位	指　　标
湿表观密度	kg/m³	≤420
干表观密度	kg/m³	≤230

项　目	单　位	指　标
导热系数	W/（m·K）	≤0.059
压缩强度	kPa	≥250
耐燃性	—	B₁级
抗拉强度	kPa	≥100
压剪黏结强度	kPa	≥50
线性收缩率	%	≤0.3
软化系数	—	≥0.7

③抗裂砂浆的配制。水泥∶中砂∶抗裂剂＝1∶3∶1（重量比），准确计量，用砂浆搅拌机或手提搅拌器搅拌均匀。抗裂砂浆加料次序是先加入抗裂剂，后加中砂搅拌均匀，然后再加入水泥继续搅拌 2 min 倒出。抗裂砂浆不得任意加水，应在 2 h 内用完。配制完的抗裂砂浆性能指标见表1-17。

表 1-17　抗裂砂浆性能指标

项　目	单　位	指　标
砂浆稠度	mm	80～130
可操作时间	h	≥2.0
拉伸黏结纬度（常温 28 d）	MPa	≥0.8
浸水拉伸黏结强度（常温 28 d，浸水 7 d）	MPa	≥0.6
抗弯曲性	—	5%弯曲变形无裂纹
渗透压力比	%	≥200

2）基层墙面处理。将墙表面凸出大于 10 mm 的混凝土剔平，用钢丝刷满刷一遍，并用扫帚将表面的浮尘清扫干净。表面沾有油污时，用清洗剂或去污剂除去，用清水冲洗晾干。穿墙螺栓孔用干硬性砂浆分层填塞密实，砖墙面舌头灰、残余砂浆、浮尘等清理干净，堵好脚手眼，并浇水湿润。

3）涂刷界面砂浆。用滚刷或扫帚将配好的界面砂浆均匀涂刷（甩）在清理干净的基层上，干燥后应有较高强度（以用手掰不掉为准）。

4）吊垂直、套方、贴饼冲筋。根据建筑物高度，采用经纬仪或大线坠吊垂直，检查墙的垂直度和平整度，根据外墙墙面和大角的垂直度确定保温层厚度（应保证设计厚度），弹厚度控制线，拉垂直、水平通线，套方做口，并按厚度用胶粉聚苯颗粒保温浆料做灰饼、冲筋。

5）保温浆料施工。

①保温层一般做法（建筑物檐高小于或等于 30 m）。

a. 根据冲筋厚度，抹胶粉聚苯颗粒保温浆料，至少分 2 遍抹成，每遍厚度不应大于 20 mm，以 8～10 mm 为宜，每遍间隔应在 24 h 以上。

b. 后一遍施工厚度要比前一遍施工厚度小，最后一遍厚度宜为 10 mm。最后一遍操作时抹灰厚度略高于冲筋厚度，并用大杠刮平，木抹子搓平。抹完保温层 30 min 后，用抹子再赶抹一次，用靠尺检查平整度。

c. 保温层固化干燥（用手按不动表面为宜）后方可进行抗裂层施工。

②建筑物高度大于 30 m 时，抹保温浆料方法同上，但需采取加强措施。其做法有两种。

a. 在每个楼层处加 30 mm×40 mm×0.7 mm 的水平通长镀锌轻型角钢分层条，角钢用射钉（间距 500 mm）固定在墙体上。

b. 在基层墙面上每间隔 500 mm 钉直径 5 mm 的带尾孔射钉一枚，呈梅花点布置，用 22# 双股镀锌铅丝与尾孔绑紧，铅丝预留长度不少于 100 mm。保温浆料抹至距表面 20 mm 时，安装钢丝网（金属网在保温层中的位置：距基层墙面不宜小于 30 mm，距保温层表面不宜大于 20 mm，搭接宽度不小于 50 mm），用预留镀锌铅丝与钢丝网绑牢，并将钢丝网压入刚抹的保温层中，然后抹最后一遍保温浆料，找平并达到设计厚度。

6）做分格缝。

①根据建筑物立面设计，分格缝宜分层设置，分块面积单边长度应小于 15 m。在胶粉聚苯颗粒保温面层上弹出分格缝和滴水槽的位置。

②用壁纸刀沿弹好的分格缝开出设定的凹槽。分格缝宽度按设计要求，当设计无要求时，一般宽 50 mm，槽深 15 mm。开槽时比设计要求宽 10 mm、深 5 mm，嵌满抗裂砂浆。

7）抹抗裂砂浆，铺贴玻纤网格布。保温砂浆层固化后抹抗裂砂浆，一般分两遍完成，第一遍厚度约 3～4 mm，随即将事先裁好的网格布竖向铺贴，用抹子将玻纤网格布压入砂浆，搭接宽度不应小于 50 mm。先压入一侧，抹抗裂砂浆，再压入另一侧，抹平压实，严禁干搭。玻纤网格布铺贴要平整无皱褶、空鼓、翘边，饱满度应达到 100%。随即抹第二遍找平抗裂砂浆。抹完抗裂砂浆后，应检查平整、垂直及阴阳角方正。

建筑物首层应铺贴双层玻纤网格布，先铺贴一层加强型玻纤网格布，铺贴方法与前面相同，铺贴加强型网格布时宜对接。随即可进行第二层普通网格布的铺贴。铺贴普通网格布的方法也与前面相同，但应注意两层网格布之间抗裂砂浆应饱满，严禁干贴。

当抗裂砂浆抹至分格缝时，在凹槽中嵌满抗裂砂浆，将网格布在分格缝处搭接，搭接时应用上沿网格布压下沿网格布，搭接宽度应为分格缝宽度。此时将分格条（滴水槽）嵌入凹槽中黏结牢固，并用抗裂砂浆将接槎找平。

8）特殊部位加强。建筑物首层外保温墙阳角应在双层玻纤网格布之间加专用金属护角，护角高度一般为 2 m，在第一遍玻纤网格布施工后加入，其余各层阴阳角、门窗口角应用双层玻纤网格布包裹增强，包角网格布单边长度不应小于 150 mm，并在门窗洞口四角增加 200 mm×400 mm 的附加网格布，铺贴方向为 45°。

9）涂刷高分子乳液防水底层涂料。在抗裂层施工完 2 h 后，即可涂刷高分子乳液防水底层涂料形成防水层。应涂刷均匀，不得漏涂。

10）刮柔性耐水腻子。防水底层涂料干燥后刮柔性耐水腻子，应做到平整、光洁。

11）外墙饰面涂料施工。

（3）季节性施工。

1）雨期施工时应做好防雨措施，准备遮盖物品。

2）冬期不宜进行胶粉聚苯颗粒外保温施工，施工环境温度不得低于 5℃；施工时风力不得大于 5 级，风速不宜大于 10 m/s。

4. 质量标准

质量标准见表1-18。

表1-18　质量标准

项　目	内　容
主控项目	（1）材料的品种、规格、性能应符合设计要求。 检验方法：检查产品合格证书、性能检测报告和进场验收记录。 （2）保温层厚度均匀，不允许有负偏差，构造做法应符合设计要求。 检验方法：探针检测和检查隐蔽工程验收记录。 （3）保温层与墙体以及各构造层之间应黏结牢固，无脱层、空鼓、裂缝，面层无粉化、爆灰、起皮等现象。 检验方法：观察；用小锤轻击检查；检查施工记录。 （4）抗裂层砂浆无漏抹，网格布均匀压入抗裂砂浆，无漏贴，搭接和特殊部位加强符合设计要求。 检验方法：观察；检查隐蔽工程验收记录
一般项目	（1）表面洁净、接槎平整，无明显抹纹，线角、分格条顺直清晰。 检验方法：观察，手摸检查。 （2）门窗口、孔洞、槽、盒的位置和尺寸正确，表面整齐洁净，管道后抹灰平整。 检验方法：观察；尺量检查。 （3）分格条（缝）宽度、深度均匀一致，横平竖直，平整、光滑、通顺。滴水线（槽）顺直，流水坡向正确。 检验方法：观察。 （4）胶粉聚苯颗粒外保温允许偏差及检验方法见表1-19

表1-19　胶粉聚苯颗粒外保温允许偏差及检验方法

项　目	保温层（mm）	抗裂层（mm）	检查方法
立面垂直	4	4	用2m托线板检查
表面平整	4	4	用2m靠尺及塞尺检查
阴阳角垂直	4	4	用2m托线板检查
阴阳角方正	4	4	用200mm方尺和塞尺检查
分格条（缝）平直	3	3	拉5m小线和尺量检查
立面总高度垂直度	$H/1\,000$且≤20	$H/1\,000$且≤20	用经纬仪、吊线检查
上下窗口左右偏移	≤20	≤20	用经纬仪、吊线检查
同层窗口上下	≤20	≤20	用经纬仪、拉角线、拉通线检查

5. 成品保护

（1）门窗框上残存浆料应及时清理干净。

（2）移动吊篮、翻拆架子时，应防止破坏已抹好的墙面。门窗洞口、边、角、垛应做角保护。

（3）各构造层在凝结前应防止水冲、撞击、振动。施工过程中露在墙面外的网格布头及铅丝头不得随意拉扯。

6. 应注意的质量问题

（1）抹保温浆料前，应做好基层处理，均匀涂刷界面砂浆；保温浆料一次不得抹得过厚，应分层抹压，掌握好抹灰间隔时间，防止抹灰层下坠，产生空鼓、开裂。

（2）拌好的保温砂浆、抗裂砂浆应在限定的时间内用完，防止使用过时的浆料影响强度和保温效果。

（3）当高度超过 30 m 时，要装设金属分层条、射钉、钢丝网，防止因自重过大出现墙面坠裂。

三、EPS（钢丝网架）板现浇混凝土外墙外保温系统工程

1. 系统简介

EPS（钢丝网架）板现浇混凝土外墙外保温系统包括 EPS 钢丝网架板现浇混凝土外墙外保温系统（简称有网体系）和 EPS 板现浇混凝土外墙外保温系统（简称无网体系）两种体系。

（1）EPS 钢丝网架板现浇混凝土外墙外保温系统（简称有网体系）是聚苯板外侧带有单面钢丝网架与穿过聚苯板的斜插钢丝（又称腹丝）焊接，形成三维空间的保温板，以现浇混凝土为基层，EPS 单面钢丝网架板置于外墙外模板内侧，并安装 $\phi 6$ 钢筋作为辅助固定件。浇灌混凝土后 EPS 单面钢丝网架板挑头和 $\phi 6$ 钢筋与混凝土结合为一体。EPS 单面钢丝网架板表面抹掺外加剂的水泥砂浆形成厚抹面层，外表做饰面层，该体系适宜做贴面型装饰层（如面砖、磁砖等）。

（2）EPS 板现浇混凝土外墙外保温系统（简称无网体系）是将聚苯板背面加工成矩形齿槽，内外表面均满涂界面砂浆。在施工时将 EPS 板置于外模板内侧，并安装锚栓作为辅助固定件。浇灌混凝土后，墙体与 EPS 板以及锚栓结合为一体。EPS 板表面抹抗裂砂浆薄抹面层，外表面以涂料为饰面层，薄抹面层中满铺玻纤网作为加强防护面层。

两种体系的施工方法基本相同，即在浇灌混凝土墙体前，将保温板置于外模内侧，浇灌混凝土完毕后，保温层与墙体有机地结合在一起形成复合外墙保温系统。

2. 原材料性能

（1）聚苯乙烯泡沫塑料板（EPS 板）。保温板采用自熄型聚苯乙烯泡沫塑料板，其材料性能应符合《绝热用模塑聚苯乙烯泡沫塑料》（GB/T 10801.1—2002）的各项性能指标和表 1-20 的要求。

表 1-20　聚苯板主要性能指标

表观密度 （kg/m³）	导热系数 [W/（m·K）]	吸水率 [%（V/V）]	氧指数 （%）	抗拉强度 （MPa）	养护时间（d）	
					自然养护	60℃蒸汽养护
18～20	≤0.041	≤6	≥30	≥0.1	≥42	≥5

（2）聚合物砂浆。用于有网体系及无网体系表面的防护层，其性能指标符合表 1-21 的要求。

表 1-21　聚合物砂浆防护层性能指标

项　目		指　标		备　注
18～20 kg/m³ 聚苯板胶结强度（MPa）	拉伸	原强度，14 d	≥0.10	聚苯板破坏
		浸水，24 h	≥0.08	
	压剪	原强度，14 d	≥0.10	
		浸水，24 h	≥0.08	
抗压强度（MPa）		≥0.08		—
抗压强度/抗折强度		≤3		
90 d 收缩率（%）		≤0.10		
吸水量比（g/m²）		≤500		
抗裂性（厚度 5 mm 以下）		无裂纹		
可操作时间（h）		≥2		
水蒸气透过湿流密度［g/（m²·h）］		≥1		
加速冻融（循环 10 次）		表面无裂纹、龟裂、剥落现象		

（3）耐碱性玻纤网格布。耐碱涂塑玻璃纤维网格布可作无网体系聚合物砂浆面层的加强和抗裂之用，其性能应符合表 1-22 的要求。

表 1-22　耐碱性玻纤网格布性能指标

检 验 项 目	技 术 指 标
标准网孔尺寸（mm）	（4～6）×（4～6）
单位面积质量（g/m²）	≥160
经、纬向耐碱断裂强力（N/50 mm）	≥750
经、纬向耐碱断裂强力保留值（%）	≥50
断裂应变（%）	≥5

（4）硅酸盐水泥和普通硅酸盐水泥。应符合《通用硅酸盐水泥》（GB 175—2007）的各项性能指标。

（5）聚苯颗粒保温料。用于窗口外侧面保温、无网体系中个别局部找平和堵孔等，聚苯颗粒保温浆料的性能指标应符合标准的要求，与聚苯板的黏结抗拉强度应大于或等于 0.1 MPa。

（6）低碳钢丝性能指标见表 1-23。

表 1-23　低碳钢丝性能指标

直径（mm）	抗拉强度（N/mm）	冷变试验反复弯曲180°（次）	用　途
2.0±0.05	≥550	≥6	网片表面镀锌斜插腹丝
2.5±0.05	≥550	≥6	

低碳钢丝用于有网体系的面层钢丝，斜插钢丝应为镀锌钢丝。

（7）聚苯板胶黏剂，用于聚苯板之间黏结。胶黏剂的性能指标如下：

1）对聚苯板的溶解性应小于或等于 0.5；

2）聚苯板之间的黏结抗拉强度应大于或等于≥0.1 MPa。

（8）尼龙锚栓技术要求见表 1-24。

项目	外管管径（mm）	镀锌螺钉（μm）	埋入混凝土深度（mm）	单个抗拔力（kN）	
				打孔安装式	预埋式
指标	10	镀锌厚度≥5	≥5	≥1.0	≥1.5

注：单个抗拔力所示荷载为使用荷载，安全系数为破坏荷载的 4 倍。

尼龙锚栓由三部分组成，即膨胀尼龙外套〔其材料一般均用聚酰胺 PA6、PA6.6（即尼龙 6 和尼龙 6.6），也可用聚丙烯树脂 PP 制作〕、镀锌螺钉和圆形压帽盖。

（9）界面剂。用于有网及无网体系聚苯板外表面，其技术性能应符合《混凝土界面处理剂》（JC/T 907—2002）的要求。在有网体系中界面剂与钢丝应有牢固的握裹力，经 90℃反复折弯 5 次，不脱落。

（10）抹灰砂浆掺合料。用于有网体系表面抹灰，在 1∶3 水泥砂浆中掺入防裂剂，要求砂浆的收缩值小于或等于 1%。

3. 制品

（1）有网体系用保温板。

1）钢丝网架质量要求见表 1-25。

表 1-25　保温板钢丝网架质量要求

项　目	质量要求
外观	保温板正面有梯形凹凸槽，槽中距 100 mm，板面及钢丝均匀喷涂界面剂
焊点强度	抗拉力大于或等于 330 N，无过烧现象
焊点质量	网片漏焊、脱焊点不超过焊点数的 8%，且不应集中在一处。连续脱焊不应多于 2 点，板端 200 mm 区段内的焊点不允许脱焊、虚焊，斜插筋脱焊点不超过 3%
钢丝挑头	网丝挑头长度小于或等于 6 mm，插丝挑头小于或等于 5 mm，穿透聚苯板挑头大于或等于 30 mm
聚苯板对接	≤3 000 mm 长板中，聚苯板对接不得多于 2 处，且对接处需用聚氨酯胶粘牢
重量	≤4 kg/m²

注：1. 横向钢丝应对准凹槽中心。

2. 界面剂与钢丝和聚苯板的黏结牢固，涂层均匀一致，不得露底，厚度不小于 1 mm。

3. 在 60 kg/m² 压力下聚苯板变形小于 10%。

2）钢丝网架规格尺寸允许偏差见表 1-26。

表 1-26　钢丝网架规格尺寸允许偏差

项　目	允许偏差（mm）
长	±10
宽	±5

项　　目	允许偏差（mm）
厚（含钢网）	±3
两对角线差	≤10

注：1. 聚苯板凹槽线应采用模具成型，尺寸准确，间距均匀。

　　2. 两长边设高低槽，长 25 mm，深 1/2 板厚，要求尺寸准确。

　　3. 斜插钢丝（腹丝）宜为 100 根/m²，不得大于 200 根/m²。

（2）无网体系用保温板。

1）保温板规格尺寸见表 1-27。

表 1-27　保温板规格尺寸　　　　　　　（单位：mm）

长	宽	厚
2 825～2 850（按层高 2 800）	1 220	根据保温要求
2 925～2 950（按层高 2 900）	1 220	根据保温要求
3 025～3 050（按层高 3 000）	1 220	根据保温要求

注：1. 在板的一面有直口凹槽，间距 100 mm，深 10 mm，要求尺寸准确，间距均匀。

　　2. 两长边设高低槽，长 25 mm，深 1/2 厚，要求尺寸准确。

　　3. 表中规格尺寸也适用于有网体系保温板。

　　4. 其他规格可根据实际层高协商确定。

2）保温板规格尺寸的允许偏差见表 1-28。

表 1-28　保温板规格尺寸的允许偏差　　　　　　　（单位：mm）

厚度	允许偏差	长度、宽度	允许偏差
<50	±2	<1 000	±5
50～70	±3	1 000～2 000	±8
70～100	±4	2 000～4 000	±10
>100	供需双方决定	>4 000	正偏差不限，－10

4. 有网体系施工做法

（1）施工准备。

1）机具设备。切割聚苯板操作平台、电热丝、接触式调压器、盒尺、墨斗、砂浆搅拌机、抹灰工具、检测工具等。

2）作业条件。

①外挂脚手架已安装并验收合格。

②墙体钢筋安装完并隐检合格，水电等专业的预埋预留完成并预检合格。

③墙体内侧的模板位置线、控制线及控制各大角的垂直线均测设完毕，并预检合格。

④用于控制钢筋保护层的水泥砂浆垫块已按要求绑好。

⑤墙体大模板已按施工方案设计加工好，等待安装。

⑥加工好保护钢丝网架聚苯板所用的镀锌铁皮。

⑦混凝土墙体施工缝剔凿清理干净，并预检合格。

（2）施工工艺流程。

钢丝网架聚苯板分块→钢丝网架聚苯板安装→模板安装→浇筑混凝土→拆除模板→抹水泥砂浆。

（3）施工做法。

1）钢丝网架聚苯板分块。钢丝网架聚苯板高度等于结构层高，在水平方向的分块，应根据保温板的出厂宽度，以板缝不能留在门窗口四角为原则进行排列分块，并在结构的合适位置（如外墙表面、板顶上）画出分块标记线。

2）钢丝网架聚苯板安装。

①按已画出的分块标记线，将每面墙上的钢丝网架聚苯板从墙的一端向另一端顺序进行安装，要求板面紧贴砂浆垫块，以模板控制线和用线坠引垂线的方法来调整好钢丝网架聚苯板的平面位置和垂直度。

②相邻钢丝网架聚苯板之间的高低槽应用专用的聚苯板胶黏剂黏结，板与板间垂直缝中的钢丝网应用间距小于或等于 150 mm 的火烧丝绑扎牢固，如图 1-9 所示。每块板必须用不少于 6 根的穿过板的 L 形 ϕ6 钢筋固定，要求 L 形 ϕ6 钢筋深入墙内不小于 100 mm，穿过聚苯板处做两遍防锈处理，用火烧丝将 ϕ6 钢筋与墙体钢筋绑扎牢固。L 形 ϕ6 钢筋位置，如图 1-10 所示。

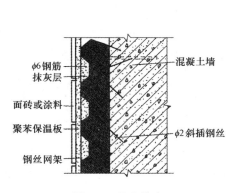

图 1-9　基本做法

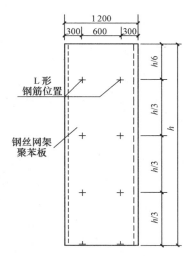

图 1-10　L 形 ϕ6 钢筋位置（单位：mm）

③钢丝网架聚苯板外侧的钢丝网片均应按楼层层高断开，互不连接。设计上需要留置伸缩缝处，应在保温板断开的间隙里放入泡沫塑料棒。

④在阴阳角、窗口四角、板竖向拼缝处安装附加网片（网片由厂家按要求尺寸提供），附加网片与钢丝网架聚苯板上的网片必须用火烧丝绑扎牢固。

⑤对于凸出墙面的挑出部位，如阳台、雨罩、空调室外机搁板等处，其钢丝网架聚苯板安装的细部做法应严格按设计要求进行施工。

⑥钢丝网架聚苯板安装完毕，必须进行验收，做好预检记录。

3）模板安装。

①先安装墙体的外侧模板，再安装墙体的内侧模板，沿墙长度方向从一端向另一端顺序进行，并采取可靠的模板定位措施，使外侧模板紧贴保温板，又不会挤靠保温板。

②模板就位后，用穿墙螺栓穿过钢丝网架聚苯板，以连接墙体内外侧模板。模板水平定位，平模之间、平模与阴阳角模之间的连接及垂直度的控制应严格按模板安装方案施工，确保模板连接牢固、严密。

③模板安装完毕后，必须进行验收，做好预检记录。

4）浇筑混凝土。

①浇筑墙体混凝土前，保温板顶部必须采取遮挡措施，应安放保护套；保护套形状如"Ⅱ"形，宽度为保温板厚度加模板厚度。

②混凝土浇筑分层高度、下料点的布置、间隔时间、振捣棒振动间距、振捣时间、施工缝位置等均执行混凝土结构工程施工质量验收规范的要求。

③振捣混凝土时，严禁将振捣棒紧靠钢丝网架聚苯板。

5）模板拆除。

①先拆外侧模板，再拆内侧模板，拆模时确保墙体混凝土棱角不被损坏。

②穿墙套管拆除后，混凝土墙体部分孔洞应用干硬性砂浆捻塞，钢丝网架聚苯板部位孔洞应用保温材料堵塞，其深度应进入混凝土墙体大于或等于 50 mm。

③拆模后钢丝网架聚苯板上的横向钢丝必须对准凹槽，钢丝距槽底应大于或等于 8 mm。

6）抹水泥砂浆。

①抹灰前，先清理面层。要求将板面上的余浆或与板面结合不好的酥松空鼓处的砂浆清理干净，并将灰尘、油渍和污垢清除干净。

②板面及钢丝上的界面剂要涂刷均匀，不得露底。如有缺损应修补。

③根据设计要求，对窗口四周墙面进行处理，以满足节能标准要求。

④抹灰所用水泥砂浆为水泥∶砂子按 1∶3 的体积比配制，按水泥重量加入防裂剂，其收缩值小于或等于 0.1%。

⑤根据钢丝网架聚苯板板面的平整度和垂直度以及抹灰总厚度不宜大于 30 mm（从保温板凸槽表面起算）的原则，按抹灰工序贴饼、充筋、进行分层抹灰（每层抹灰厚度不宜大于 10 mm）。

⑥抹灰层之间及抹灰层与钢丝网架聚苯板之间必须黏结牢固，无脱层、空鼓现象；相邻钢丝网架聚苯板之间的凹槽内砂浆应饱满，并且砂浆应全面包裹住横向钢丝。抹灰层表面应光滑洁净，接槎平整，线条顺直、清晰。

⑦分层抹灰应待底层抹灰初凝后方可进行面层抹灰，底层抹完后均须洒水或喷养护剂养护。

⑧抹灰时，应根据设计要求，设置分格条。要求分格条宽度、深度均匀一致，平整光滑、横平竖直、棱角整齐，滴水线槽流水坡向正确、顺直，槽宽和深度不小于 10 mm。

7）外墙贴面砖。外墙如贴面砖宜采用胶黏剂并应按《建筑工程饰面砖黏结强度检验标准》（JGJ 110—2008）进行检验。

8）成品保护。

①墙体施工时外挂架下支点与钢丝网架聚苯板接触面之间必须用 400 mm×400 mm 的

多层板或木板垫实，以免外挂架挤压钢丝网架聚苯板。

②吊运大模板或其他物品时不得碰撞钢丝网架聚苯板。

③首层外墙拆模后，及时用竹胶板或其他方法保护好阳角，不得用重物碰撞、挤靠墙面。

④在钢丝网架聚苯板附近进行电焊、气焊操作时必须加隔挡。

⑤抹灰前应防止钢丝网架聚苯板墙面被污染；抹灰后的保温墙体，不得随意开凿孔洞，如确有开洞需要，应在砂浆强度达到设计要求后进行，并在有关的安装作业结束后及时修补洞口。

5. 无网体系施工做法

（1）基本做法。

无网体系是采用一面带有凹凸型齿槽的阻燃型聚苯板作为现浇混凝土外墙的外保温材料，为加强与表面保护砂浆层的结合和提高聚苯板的阻燃性能，在保温板表面喷涂界面剂。

保温板用尼龙锚栓与墙体锚固，安装方式是：当外墙钢筋绑扎完毕后，即在墙体钢筋外侧安装保温板，保温板垂直边高低槽之间用苯板胶黏结，按图1-11所示位置放入尼龙锚栓，它既是保温板与墙体钢筋的临时固定措施，又是保温板与墙体的连接措施。然后安装墙体内外钢质大模板，浇灌混凝土完毕后，保温层与墙体有机地结合在一起，拆模后在保温板表面抹聚合物水泥砂浆，压入加强玻纤网格布，外做装饰饰面层，如图1-12所示。本体系适宜于做涂料面层。

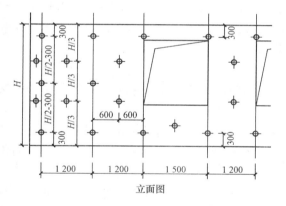

图1-11　尼龙锚栓位置（单位：mm）

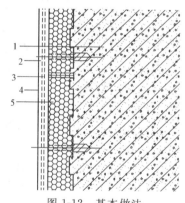

图1-12　基本做法

1—混凝土墙；2—聚苯板外表面刷界面剂；

3—聚合物水泥抗裂砂浆压入玻纤布；

4—装饰面层；5—尼龙锚栓

（2）施工技术要点。

1）安全性。

①保温板与墙体必须连接牢固，安全可靠，按图1-11所示位置将尼龙锚栓插入板内，锚入墙内长度不得小于50 mm。

②保温板与墙体的自然黏结强度应大于保温板本身的抗拉强度。

③板与板之间的侧向高低槽应用苯板胶黏结。

④保温板背面所开平直形凹槽，其目的是加大保温板与混凝土墙的黏结面，同时也有利于加强保温板与混凝土墙的抗剪强度。

2）避免和减少"热桥"影响。

①窗口外侧四周墙面，应进行保温处理，做到既满足节能要求，避免"热桥"，又不影响窗户开启。

②凸出墙面的出挑部位，如阳台、雨罩、室外空调机搁板、靠外墙阳台栏板，两户之间的阳台分隔板和窗台板等，都宜做断桥设计或其他切实可行的措施，做到既减少和避免"热桥"，又能保证结构安全。

3）门窗。

①在适用、经济和符合美观的条件下，窗户尽可能靠墙外侧安装，以减少外窗口外侧四周的"热桥"影响。

②窗户传热系数宜小于 3.5 W/（m^2·K）。

③窗户"三性"指标见表 1-29。

表 1-29　窗户"三性"指标

项　目	内　　容
空气渗透性	不低于Ⅱ级标准≤1.5 m^3/（m·h）
抗风压性	多层不低于Ⅲ级标准≥2 500 Pa。 中高层和高层不低于Ⅱ级标准≥3 000 Pa
雨水渗透性	不低于Ⅲ级标准≥250 Pa

④窗框与墙体交接部位，除应有牢固连接外，窗框与墙之间的缝隙不得采用普通水泥砂浆填塞，应采用保温材料，窗框四周抹灰层与窗框之间的界面宜用嵌缝油膏密封，以免在两种不同材料的界面处开裂，提高围护结构的热工性能。

4）抗裂措施。

①防护层是涂抹在聚苯板表面的，由聚合物砂浆及压入其间的耐碱性玻纤网格布加强层共同作用组成的。

②局部加强措施。为防止面层开裂，在薄弱部位应用玻纤网格布加强，如门窗四角（四角网片尺寸为 400 mm×200 mm 与窗角呈 45°），首层防护层应用两层玻纤网格布，其阳角部位应用专用冲孔镀锌铁皮护角加强。

③膨胀缝和装饰分格缝的处理。在每层层间宜留水平分层膨胀缝，其间嵌入泡沫塑料棒，外表用嵌缝油膏嵌缝。垂直缝一般设装饰分格缝，其位置宜按墙面面积留缝，在板式建筑中宜小于或等于 30 m^2，在塔式建筑中应视具体情况而定。一般宜留在阴角部位。装饰分格缝保温板不断开，在板上开槽镶嵌塑料分格条。形式如图 1-13 中Ⅱ—Ⅱ所示。

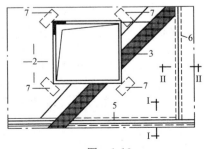

图　1-13

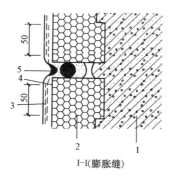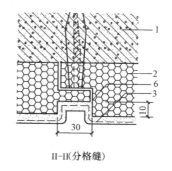

I-I(膨胀缝)　　　　　　II-II(分格缝)

图 1-13　局部加强措施以及膨胀缝和分格缝构造（单位：mm）

1—混凝土墙（或其他墙体材料）；2—泡沫聚苯板外表面刷界面剂；

3—聚合物水泥抗裂砂浆压入涂塑耐碱玻纤网格布；4—泡沫塑料胶；5—嵌缝油膏；6—塑料分格条

④装饰装修。本体系适宜做涂料装饰面层。在外墙做完防护层后外墙饰面层宜采用弹性涂料，但应考虑与聚合物砂浆防护层的相容性。如需刮腻子，则要考虑腻子、涂料和聚合物砂浆防护层三者之间的相容性。

本体系保温层外表在没有安全可靠的试验数据和切实有效的构造措施时，原则上不得粘贴面砖，但为了满足建筑装饰要求及提高建筑物下部抗冲击强度，允许从室外地坪以上 6 m 高度范围内粘贴面砖，但其基层聚合物砂浆内应有两层玻纤网格布加强，并按《建筑工程饰面砖黏结强度检验标准》（JGJ 110—2008）进行检验。

（3）施工准备。

1）技术准备。

①熟悉各方提供的有关图纸资料。

②了解材料性能，掌握施工要领，明确施工顺序。

③与提供成套材料和技术的企业联系，并由该企业派人员在现场对工人进行培训和做技术指导。

2）材料准备（表 1-30）。

表 1-30　材料准备

项　　目	内　　容
保温材料	表观密度为 18～20 kg/m³ 的自熄型聚苯板，厚度按设计要求
保温板与墙体连接材料	φ10 尼龙锚栓，其长度为保温板设计厚度加 50 mm，胶黏剂为聚苯板胶
抗裂层材料	普通硅酸盐水泥 P·O 32.5 级、中砂、聚合物乳液（或干粉料）、耐碱性玻璃纤维网格布、冲孔镀锌铁皮护角
面层涂料	按设计要求
其他材料	聚苯颗粒保温砂浆、塑料滴水线槽、泡沫塑料棒、分格条和嵌缝油膏等

3）机具准备。切割聚苯板操作平台、电热丝、接触式调压器、电烙铁、盒尺、墨斗、砂浆搅拌机、抹灰工具、检测工具等。

4）劳动力准备。保温板安装工 6 人（可兼职）、抹灰工 10 人、外墙喷涂工 20 人、普通工 10 人。

注：1. 以上技术工人均需培训方能上岗。

2. 以上人数配置按建筑面积 20 000 m² 左右计算。

（4）施工工艺。

保温板安装→模板安装→混凝土浇灌→模板拆除→混凝土养护→抹聚合物水泥砂浆。

1）保温板安装。

①绑扎墙体钢筋时，靠保温板一侧的横向分布筋宜弯成L形，以免直筋戳破保温板。绑扎完墙体钢筋后在外墙钢筋外侧绑扎水泥垫块（不得使用塑料卡）。每平方米保温板内不少于3块，以保证保护层厚度并确保保护层厚度均匀一致，然后在墙体钢筋外侧安装保温板。

②安装顺序。先安装阴阳角保温构件，再安装角板之间的保温板。

③安装前先在保温板高低槽口处均匀涂刷聚苯胶，将保温板竖缝之间相互黏结在一起。

④在安装好的保温板面上弹线，标出锚栓的位置。用电烙铁或其他工具在锚栓定位处穿孔，然后在孔内塞入胀管。布点位置及形式如图1-12所示，其尾部与墙体钢筋绑扎做临时固定。

⑤用100 mm宽、10 mm厚聚苯板片满涂聚苯胶填补门窗洞口两边齿槽形缝隙的凹槽，以免在浇灌混凝土时在该处跑浆（冬期施工时保温板上可不开洞口，待全部保温板安装完毕后再锯出洞口）。

2）模板安装应采用钢质大模板。

①在楼地面弹出的墙线位置安装大模板：当下一层混凝土强度不低于7.5 MPa时，开始安装上一层模板，并利用下一层外墙螺栓孔挂三角平台架。

②在安装外墙外侧模板前，须在保温板外侧根部采取可靠的定位措施，以防模板压靠保温板。将放在三角平台架上的模板就位，穿螺栓紧固标正，连接必须严密、牢固，以防出现错台和漏浆现象。不得在墙体钢筋底部布置定位筋，宜采用模板上部定位。

3）混凝土浇灌。

①现浇混凝土的坍落度应大于或等于180 mm。

②为保护保温板上部的企口，应在浇灌混凝土前在保温板槽口处扣上保护帽。保护帽形状如"Ⅱ"形，高度视实际情况而定，宽为保温板厚＋模板厚，材质为镀锌铁皮。要将保温板与模板一同扣住，遇到模板吊环可在保护槽上侧开口将吊环放在开口内。

③新、旧混凝土接槎处应均匀浇筑30～50 mm同强度等级的减石混凝土。混凝土应分层浇筑，高度控制在500 mm，混凝土下料点应分散布置，连续进行，间隔时间不超过2 h。

④振捣棒振动间距一般应小于500 mm，每一振动点的延续时间，以表面呈现浮浆和不再沉落为度。严禁将振捣棒紧靠保温板。

⑤洞口处浇灌混凝土时，应沿洞口两边同时下料，使两侧浇灌高度大体一致。

⑥施工缝留在门洞口过梁跨度1/3范围内，也可留在纵横墙的交接处。

⑦墙体混凝土浇灌完毕后，须整理上口甩出钢筋，采用预制楼板时，宜采用硬架支模，墙体混凝土表面标高低于板底30～50 mm。

4）模板拆除。

①在常温条件下，墙体混凝土强度不低于1.01 MPa，冬期施工墙体混凝土强度不低于7.5 MPa及达到混凝土设计强度标准值的30%时，才可以拆除模板，拆模时应以同条件养护试块抗压强度为准。

②先拆除外墙外侧模板，再拆除外墙内侧模板，并及时修整墙面混凝土边角和板面余浆。

③穿墙套管拆除后，应以干硬性砂浆捻塞孔洞，保温板孔洞部位须用保温材料堵塞并深入墙内大于 50 mm。

5）混凝土养护。常温施工时，模板拆除后 12 h 内喷水或用养护剂养护，不少于 7 d，次数以保持混凝土具有湿润状态为准。冬期施工时，应定点、定时测定混凝土养护温度，并做好记录。应覆盖拆模后的混凝土表面。

6）抹聚合物水泥砂浆。

①采用泡沫聚氨酯或其他保温材料在保温板部位堵塞穿墙螺栓孔洞。

②板面、门窗口保温板如有缺损应用保温砂浆或聚苯板加以修补。

③清理保温板面层，使面层洁净无污物。

④如局部有凹凸不平处，用聚苯颗粒保温砂浆进行局部找平或打磨。

⑤聚合物水泥砂浆由聚合物乳液、水泥、砂按比例用砂浆搅拌机搅拌而成。将搅拌好的聚合物水泥砂浆均匀的抹在保温板面（也可采用干粉料型聚合物水泥砂浆）。

⑥按层高、窗台高和过梁高将玻璃纤维网格布在施工前裁好备用，待抹完第一层聚合物砂浆后，立即将玻璃纤维网格布垂直铺设，用木抹子压入聚合物砂浆内。网格布之间搭接长度宜小于或等于 50 mm，紧接着再抹一层抗裂聚合物砂浆，以网格布均被浆料覆裹为宜。在首层和窗台部位则要压入第二层网格布，工序同上。面层聚合物水泥砂浆，以盖住网格布为宜，距网格布表面厚度应小于 2 mm。

7）窗洞口外侧面抹聚苯颗粒保温砂浆，在抹保温砂浆时距窗框边应留出 5～10 mm 缝隙以备打胶用，做法如图 1-14 所示。

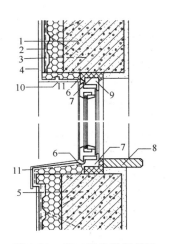

图 1-14　窗口部位保温做法

1—混凝土；2—保温板及钢丝喷涂界面剂；

3—单层网丝网架保温板，外抹掺有抗裂剂的水泥砂浆；4—面砖或涂料；

5—L 形 $\phi6$ 钢筋或尼龙锚栓；6—嵌缝油膏；7—保温棉或泡沫塑料；8—窗台板；

9—窗框；10—塑料滴水条；11—聚苯颗粒保温砂浆，外抹聚合物砂浆压入玻纤网格布

8）首层阳角处应加设一根角形（50 mm×50 mm×2 m）冲孔镀锌铁皮护角。

在抹完第一道抗裂聚合物砂浆后将冲孔金属护角调直压入砂浆内（以护角条孔内挤出砂浆为宜），然后同大面一起压入玻璃纤维网格布将金属护角包裹起来，做法如图 1-15 所示。

9）在抗裂聚合物砂浆表面，按设计要求喷涂外装修涂料。

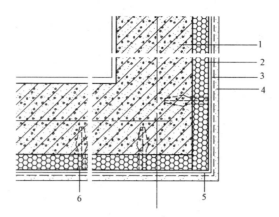

图 1-15 底层阳角部位保温做法

1—混凝土墙；2—泡沫聚苯板外表面刷界面剂；
3—聚合物水泥抗裂砂浆压入涂塑耐碱玻纤网格布；4—装饰面层；
5—金属护角；6—尼龙锚栓涂塑耐碱玻纤网格布搭接长度

（5）成品保护。

1）保温层的保护。

①塔式起重机在吊运物品时要避免碰撞保温板。

②首层阳角在脱模后，及时用竹胶板或其他方法加以保护，以免棱角遭到破坏。

③外挂架下端与墙体接触面必须用板垫实，以免外挂架挤压保温层。

2）抹灰层的保护。

①抹完抗裂聚合物砂浆的墙面不得随意开凿孔洞。

②严禁重物、锐器冲击墙面。

6. 检验与验收

（1）系统材料质量。

1）现浇混凝土模板内置保温板的所有材料质量和技术性能应满足有关国家标准、行业标准、地方标准的要求。

2）现浇混凝土模板内置保温板的保温板制品质量要求应满足有关国家标准、行业标准、地方标准要求。

3）材料及制品性能的检验应根据国家标准、行业标准、地方标准规定的方法，由具有资质的检测部门进行并出具报告。

（2）施工质量。

1）有、无网体系施工质量的检验与验收应满足《建筑装饰装修工程质量验收规范》（GB 50210—2001）、《混凝土结构工程施工质量验收规范》（GB 50204—2002）（2011 版）的相关要求。

2）混凝土墙体检验。墙体混凝土须振捣密实、均匀，墙面及接槎处应光滑、平整，墙面不得有孔洞、露筋及灰渣等缺陷。混凝土允许偏差及检验方法见表 1-31。

表 1-31 墙体混凝土允许偏差和检验方法

项　　目	允许偏差（mm）		检验方法
	多层	高层	
轴线位移	8	5	尺量检查

项 目		允许偏差（mm）		检验方法
		多层	高层	
标高	层高	±10	±10	水准仪或尺寸
	全高	±30	±30	
截面尺寸		±5 −2	±5 −2	尺量检查
墙面垂直度		5	5	2m靠尺板检查
墙面平整		4	4	靠尺板和楔尺检查
预埋件中心偏移		3	3	尺量检查
预留洞中心偏移		3	3	尺量检查
聚苯板压缩厚度		1/10	1/10	尺检，上、中、下面侧三点取平均值

必要时可采取取芯及回弹、超声等非破损检验办法。

4）抹灰工程施工允许偏差见表1-32。

表1-32 抹灰工程施工允许偏差和检验方法

项 目	允许偏差（mm）		检 查 方 法
	普通抹灰	高级抹灰	
表面平整度			2m靠尺板和楔尺
表面垂直	4	3	2m靠尺板和楔尺
阴阳角方正	4	3	用200mm方尺检查
分格条平直度	4	3	拉5m线和尺检查
墙裙、勒脚上口直线度	4	3	拉5m线和尺检查

5）抹完聚合物砂浆面层后的质量要求见表1-33。

表1-33 聚合物水泥砂浆面层允许偏差和检验方法

项 目	允许偏差（mm）	检 验 方 法
表面平直	4	2m靠尺板和楔尺
表面垂直	4	2m靠尺板和楔尺
阴阳角方正	4	用200mm方尺检查
分格条平直	4	拉5m线和尺检查
墙裙、勒脚上口直线度	4	拉5m线和尺检查

7. 应注意的质量问题

（1）控制钢筋保护层必须用水泥砂浆垫块，不能用塑料卡。砂浆垫块布置应合理，绑扎牢固，以确保钢筋保护层厚度符合要求。

（2）L形$\phi 6$钢筋的加工尺寸，以及对穿过钢丝网架聚苯板厚度处的防锈处理必须按设计要求进行，以确保钢丝网架聚苯板的安装质量和使用质量。

（3）装饰面层施工时，应合理选材，使装饰涂料、腻子和水泥砂浆防护层三者有较好地相容性，以确保面层的施工质量。

（4）安装钢丝网架聚苯板时，对非标准尺寸或尺寸不规则的聚苯板可以进行现场裁切，但要求切口必须与板面垂直。

四、机械固定 EPS 钢丝网架板外墙外保温系统工程

机械固定 EPS 钢丝网架板外墙外保温系统（以下简称机械固定系统）由机械固定装置、腹丝非穿透型 EPS 钢丝网架板、掺外加剂的水泥砂浆厚抹面层和饰面层构成。以涂料做饰面层时，应加抹玻纤网抗裂砂浆薄抹面层。

机械固定系统适用于砌体、框架填充墙和现浇剪力墙建筑，施工简便，易于操作，钢丝抹灰层 25 mm 厚，耐火性能超过 1.2 h；钢丝网抹灰基层可靠，适合粘贴面砖饰面。过去采用的 1:3 水泥砂浆抹面，强度高，属刚性，灰层厚，易产生干缩和温度裂缝，严重影响使用寿命和保温效果。根据建筑节能发展需要，若采用此工艺，需提高 EPS 钢丝网架板现场安装质量，改进抹灰配比做法，合理设置保温系统的变形缝，全面改进、整体提高势在必行。

1. 系统特点

（1）外墙外保温用 EPS 钢丝网架板（简称 SB 板），是以阻燃型聚苯乙烯板为保温芯材，配有双向斜插入的高强度钢丝，并与单面覆以网目 50 mm×50 mm 的 ϕ2.0 钢丝网片焊接，成为带有整体焊接钢丝网架的保温板材。根据保温需要，斜插丝不穿透 EPS 板的为 SB1 板，斜插丝穿透 EPS 板的为 SB2 板。

按照《钢丝网架水泥聚苯乙烯夹芯板》（JC 623—1996）的要求，SB 板必须是机械连续自动焊接而成，严禁手工焊网。

（2）SB 板可以和多种墙体复合，如实心砖墙、多孔砖墙、混凝土空心砌块墙体及现浇钢筋混凝土墙体。

（3）SB1 板构造如图 1-16 所示。

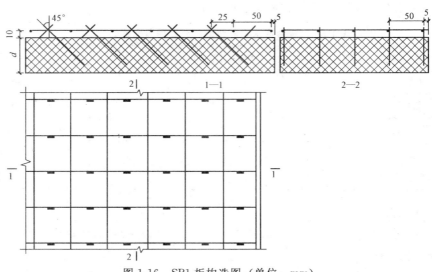

图 1-16　SB1 板构造图（单位：mm）

2. 材料要求

材料要求见表 1-34。

表 1-34　材料要求

项　目	内　容
钢丝	SB 板板面网片的冷拔钢丝为（2.0±0.05）mm，用于斜插的镀锌冷拔钢丝为（2.0±0.05）mm，其抗拉强度不小于 550 N/mm²，钢网脱焊、漏焊点不得超过 2%，连续脱焊点不应多于 2 个，斜插丝脱焊点不得超过 2%
芯板	阻燃型聚苯乙烯芯板密度为 15～20 kg/m³，氧指数大于或等于 30，其余应符合《绝热用模塑聚苯乙烯泡沫塑料》（GB/T 10801.1—2002）的规定
抹灰砂浆	用于 SB 板的砂浆面层宜采用不低于 M10 的抗裂水泥砂浆。如饰面层为弹性涂料时，为避免墙体开裂，应在西山墙中层抹灰后压入耐碱玻纤网格布，网格布应符合现行行业标准《耐碱玻纤网布》（JC/T 841—2007）的规定

3. 构造要求

（1）采用 SB1 板与砌体复合时，应在墙体预埋 ϕ6 拉结筋，双向间距 500 mm，梅花形布置，ϕ6 拉结筋距保温板端边 120～150 mm。

（2）在每层外墙圈梁或框架梁上，预埋铁件与承托角钢焊牢，焊缝厚度 h_f＝6 mm，四边围焊。承托角钢尺寸根据芯板厚度确定。

（3）在完成的实心砖或钢筋混凝土墙体上复合 SB 板，锚固铁件可用 ϕ6 膨胀螺栓固定，梅花形布置，每平方米不少于 7 个，或根据抗风计算增加。

（4）SB 板局部加强采用增设局部钢丝网或增加钢筋的方法，钢丝网和钢筋与 SB 板钢丝架之间采用绑扎连接方法。

（5）建筑装饰分格缝的凹进深度不得透过底层抹灰，分格间距根据设计要求确定。

（6）山墙等大面积抹灰，超过 15 m² 以上时，宜设变形缝，变形缝嵌填弹性密封膏。

4. 技术要求

（1）根据不同地区风荷载和建筑物高度，保温墙面所承受的最大风荷载和拉结筋、膨胀螺栓的拉拔力由生产厂家提供数据，由设计人员进行验算。

（2）中高层、高层建筑外墙外保温层的钢丝应有防雷接地措施，以防雷击事故。接地措施由设计人员根据具体情况确定。

5. SB 板安装施工

SB 板安装施工内容见表 1-35。

表 1-35　SB 板安装施工

项　目	内　容
施工准备	（1）材料。SB 板、各种宽度的冷拔镀锌钢丝平网、角网、U 形网、ϕ6 钢筋、锚固铁件、膨胀螺栓和 22# 镀锌铅丝、承托角钢、预埋件。 （2）工具。冲击钻、铁锤、扳手、断丝剪、钢尺、钢锯及常用工具。 （3）作业条件。 1）检查 SB 板质量。对于运输、堆放造成的变形，必须予以矫正，脱焊点必须补焊或用钢丝扎紧。 2）清理墙面。清除墙面上灰渣，并将墙面上不平整处补平

项　　目	内　　容
施工操作要点	（1）实心墙先在墙内预埋 $\phi 66$ 拉结筋，筋长 320 mm，预埋端设 20 mm 弯钩，外露 160 mm，拉结筋双向中距不应大于 500 mm，多孔砖墙预埋拉结筋构造同实心墙；混凝土墙用 $\phi 66$ 胀管螺栓固定，每平方米不少于 7 个固定胀管螺栓。拉结筋（或胀管螺栓）呈梅花形布置，外露拉结筋预刷两道防锈漆。沿门窗洞的拉结筋距洞边宜为 75 mm。 （2）在圈梁或框架梁上预埋连接件，其中距应小于或等于 1 200 mm，SB 板承托角钢与预埋连接件焊接。 （3）SB 板按设计裁板，拼接后安装就位。砌体墙拉结筋穿透 SB 板后扳倒，把钢丝网片压紧，并用钢丝扎紧。 （4）门窗洞口四角应铺 L 形 SB 板，不应采用直缝拼板，洞口四角的 SB 板应附加 45°斜铺的 400 mm×200 mm 钢丝网。 （5）板与板应挤紧，聚苯板不碰头时可用聚苯板条塞实，以保证保温层严密。 （6）外墙阴阳角及门窗口、阳台底边处等，须附加钢丝网（平网、角网、U 形网）。 （7）钢筋混凝土墙上复合 SB 板，可用 $\phi 6$ 膨胀螺栓通过锚固件固定在墙体上。锚固件为镀锌薄钢板，槽深根据保温板厚度确定。 （8）大墙面超过 15 m² 时，宜设置水平和垂直变形缝，变形缝净宽 20 mm，内填聚乙烯棒形背衬，外嵌弹性密封膏。变形缝两侧 SB 板应用 U 形钢丝网包边，砂浆抹平后缝宽 20 mm

6. 外墙面抹灰

（1）抹灰前准备。

1）抹灰前要认真清除板面灰尘、污垢、油渍等。

2）检查加固阴阳角及拼缝网片，应顺直、平整、牢固。

（2）原材料。

1）抹面砂浆水泥为 P•O 32.5 级普通硅酸盐水泥。砂：中砂，含泥量≤3%。底层和中层水泥砂浆按 1:4 的比例配制。

2）界面处理剂为聚合物水泥浆，内掺 4% 的抗裂剂和适量熟石灰粉。28 d 抗压强度应达到 10 MPa。面层为细砂水泥砂浆内掺 8% 抗裂剂和 1% 甲基纤维素。

3）耐碱玻纤网格布。

（3）抹灰。

1）抹灰前，在 SB 板面未涂刷的界面剂部分，均匀喷涂或刷涂一层界面处理剂。

2）抹灰分底层、中层和罩面层。底层厚 12～15 mm，中层厚 8～10 mm，罩面层厚 3～5 mm，总厚度不小于 25 mm。西山墙应在中层抹灰后，压入一层玻纤网格布，再抹罩面层灰。

3）饰面。涂料饰面时，应在罩面层上先刮一层专用罩面腻子，不平处应用砂纸磨平。面砖饰面时，在罩面层上用专用黏结砂浆黏结面砖，用专用胶粉勾缝。

五、硬泡聚氨酯现场喷涂外墙外保温系统工程

1. 系统构造及性能

（1）硬泡聚氨酯现场喷涂外墙外保温系统构造。现场喷涂硬泡聚氨酯外墙外保温系统根据饰面层做法的不同，可分为涂料饰面系统及面砖饰面系统两种。

基本构造为聚氨酯防潮底漆层、聚氨酯保温层、聚氨酯界面砂浆层、胶粉聚苯颗粒保温浆料找平层、抗裂砂浆复合涂塑耐碱玻纤网格布（涂料饰面）或抗裂砂浆复合热镀锌电焊网尼龙胀栓锚固（面砖饰面）抗裂防护层，表面刮涂抗裂柔性耐水腻子、涂刷饰面涂料或用面砖黏结砂浆粘贴面砖构成饰面层，其系统构造如图1-17所示。

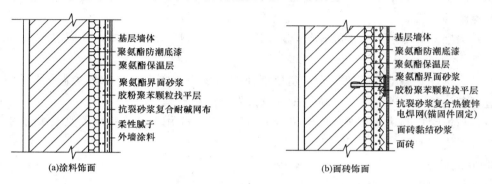

图 1-17　现场喷涂硬泡聚氨酯外墙外保温系统

（2）硬泡聚氨酯现场喷涂外墙外保温系统性能见表1-36。

表 1-36　硬泡聚氨酯现场喷涂外墙外保温系统性能指标

试 验 项 目		性 能 指 标	
耐候性		经"80次高温（70℃）→淋水（15℃）循环和20次加热（50℃）→冷冻（−20℃）循环"后不得出现开裂、空鼓或脱落。抗裂防护与保温层的拉伸黏结强度不应小于0.1 MPa，破坏界面应位于保温层	
吸水量（g/m²），侵水1 h		≤1 000	
抗冲击强度	涂料饰面	普通型（单网）	3J 冲击合格
		加强型（双网）	10J 冲击合格
	面砖饰面	3J 冲击合格	
抗风压值		不小于工程项目的风荷载设计值	
水蒸气湿流密度 [g/（m²·h）]		≥0.85	
不透水性		试样抗裂砂浆层内侧无水渗透	
耐磨损，500 L 砂		无开裂，龟裂或表面剥落、损伤	
系统抗拉强度（涂料饰面）（MPa）		≥0.1 并且破坏部位不得位于各层界面	
饰面砖黏结强度（MPa）（现场抽测）		≥0.4	

2. 适用范围

（1）适用于需冬季保温、夏季隔热的多层及中高层新建民用建筑、工业建筑及既有建筑外墙外保温工程；基层墙体可为混凝土或各种类型的砌体结构；抗震设防烈度小于或等于8度的建筑物。

（2）外饰面粘贴面砖时，抗裂防护层中的热镀锌电焊网要用塑料锚栓双向@500 mm锚固，确保外饰面层与基层墙体的有效连接。

（3）热桥部位如门窗洞口、飘窗、女儿墙、挑檐、阳台、空调机搁板等部位应加强保温，不便于喷涂聚氨酯的部位应抹胶粉聚苯颗粒保温浆料。

（4）基层墙体的平整度误差不应超过3 mm，否则应先对基层墙体进行找平后方可进行喷涂聚氨酯的施工。

（5）为确保聚氨酯与基层墙体的有效黏结，基层墙体应充分干燥，并应对基层墙体进行界面处理。

（6）为确保聚氨酯的有效发泡，基层墙面的温度不应太低，一般环境温度低于10℃不应再进行喷涂施工，若非施工，则应采用低温发泡的聚氨酯。

（7）门窗洞口等边角处难以喷涂聚氨酯的部位，应采用粘贴或锚固聚氨酯块材的方法在喷涂前施工完毕。

3. 施工准备

（1）材料要求。

1）保温材料及其配套材料进入现场应进行复检，材料的合格证、检测报告应齐全；应检查所用材料是否在有效期内。

2）聚氨酯底漆的主要性能指标见表1-37。

表1-37　聚氨酯底漆的主要性能指标

项　　目		单　位	技　术　指　标
原漆外观		—	淡黄至棕黄色液体、无机械杂质
施工性		—	刷涂无困难
干燥时间	表干时间	h	≤4
	实干时间	h	≤24
附着力	干燥基层	级	≤1
	潮湿基层	级	≤1
耐碱性		—	48 h不起泡、不起皱、不脱落

3）聚氨酯泡沫塑料的主要性能指标见表1-38。

表1-38　聚氨酯泡沫塑料的主要性能指标

项　　目	单　　位	指　　标
喷涂效果	—	无流挂、塌泡、破泡、烧芯等不良现象，泡孔均匀、细腻、24 h后无明显收缩
干密度	kg/m³	35～50
压缩强度（屈服点时或形变10%时的强度）	MPa	≥0.15
抗拉强度	MPa	≥0.15
导热系数	W/（m·K）	≤0.025
尺寸稳定性（70℃，48 h）	%	≤5

项　目	单　位	指　标
水蒸气透湿系数〔温度（23±2）℃、相对湿度（0～85％）〕	ng/（Pa·m·s）	≤6.5
吸水率（V/V）	％	≤3
燃烧性（垂直法）： 平均燃烧时间 平均燃烧高度	s mm	≤30 ≤250

4）聚氨酯界面剂及界面砂浆的主要性能指标见表 1-39。

表 1-39　聚氨酯界面剂及界面砂浆的主要性能指标

项　目		单　位	技　术　指　标	
界面处理剂	容器中态度	—	搅拌后无结块，呈均匀状态	
	施工性	—	刷涂无困难	
	低温贮存稳定性	—	3 次试验后，无结块、凝聚及组成物的变化	
	拉伸黏结度（与水泥砂浆）	MPa	常温常态	≥0.70
			耐水	≥0.50
			耐冻融	≥0.50
	拉伸黏结度（与聚氨酯）	MPa	常温态	≥0.20 聚氨酯破坏
			耐水	≥0.20 聚氨酯破坏
			耐冻融	≥0.20 聚氨酯破坏
界面砂浆拉伸黏结强度	与聚氨酯试块	常温常态	MPa	≥0.15 且聚氨酯试块破坏
		侵水 7 d		≥0.15 且聚氨酯试块破坏
	与胶粉聚苯颗粒浆料试块	常温常态		≥0.10 且胶聚苯颗粒浆料试块破坏
		侵水 7 d		

5）聚氨酯预制件胶黏剂性能指标见表 1-40。

表 1-40　聚氨酯预制件胶黏剂性能指标

项　目		单　位	指　标
容器中状态	A 组分	—	均匀膏状物，无结块、凝胶、结皮或不易分散的固体团块
	B 组分		均匀棕黄色胶状物
干燥时间	表干时间	h	≤4
	实干时间		≤24
拉伸黏结强度（与水泥砂浆）	标准状态	MPa	≥0.5
	侵水后		≥0.3
拉伸黏结强度（与聚氨酯）	标准状态	MPa	≥0.15 或聚氨酯试块破坏
	侵水后		≥0.15 或聚氨酯试块破坏

6）胶粉聚苯颗粒保温浆料技术性能见表 1-41。

表 1-41　胶粉聚苯颗粒保温浆料技术性能

项　目	单　位	指　标
湿表观密度	kg/m³	≤520
干表观密度	kg/m³	≤300
导热系数	W/(m·K)	≤0.070
抗压强度（56 d）	kPa	≥300
燃烧性	—	难燃 B₁ 级
抗拉强度	kPa	≥100
压剪黏结强度	kPa	≥50
线性收缩率	%	≥50
软化系数	—	≥0.7

7）聚苯颗粒技术性能见表 1-42。

表 1-42　聚苯颗粒技术性能

项　目	单　位	指　标
堆积密度	kg/m³	12～21
粒度（5 mm 筛孔筛余）	%	≤5

8）保温胶粉料、水泥抗裂砂浆技术性能见表 1-43。

表 1-43　保温胶粉料、水泥抗裂砂浆技术性能

项　目	单　位	指　标
砂浆稠度	mm	80～130
可操作时间	h	不少于 2
在可操作时间内拉伸黏结强度	MPa	≥0.7
拉伸黏结强度（常温 28 d）	MPa	≥0.7
浸水黏结强度（常温 28 d，浸水 7 d）	MPa	≥0.5
抗弯曲性	—	5%变曲变形无裂纹
渗压力比	%	≥200

9）涂塑耐碱玻璃纤维网格布技术性能见表 1-44。

表 1-44　涂塑耐碱玻璃纤维网格布技术性能

项　目		单　位	指　标
网眼尺寸	普通型	mm	4×4
	加强型		6×6
单位面积质量	普通型	g/m²	≥180
	加强型		≥500

项　目		单　位	指　标
断裂强度	经向 普通型	N/50 mm	≥1 250
	经向 加强型	N/50 mm	≥3 000
	纬向 普通型	N/50 mm	≥1 250
	纬向 加强型	N/50 mm	≥3 000
耐碱强度保持度	经向	%	≥90
	纬向		≥90
单位面积质量	普通型	g/m²	≥20
	加强型		

10）高分子乳液弹性底层涂料技术性能见表 1-45。

表 1-45　高分子乳液弹性底层涂料技术性能

项　目		单　位	指　标
干燥时间	表干时间	h	≤4
	实干时间	h	≤8
拉伸强度		MPa	≥1.0
断裂伸长率		%	≥300
低温柔性（绕 ϕ10 棒）		—	0℃无裂纹，不透水
不透水性（0.3 MPa，0.5 h）			不透水
加热伸缩率	伸长	%	≤1.0
	缩短	%	≤1.0

11）抗裂柔性耐水腻子技术性能见表 1-46。

表 1-46　柔性耐水腻子技术性能

项　目		单　位	指　标
容器中状态		—	无结块、均匀
施工性		—	刮涂无困难
干燥时间（表干）		h	≤5
打磨性		—	手工可打磨
耐水性（96 h）		—	无异常
耐碱性（48 h）		—	无异常
黏结强度	标准状态	MPa	≥0.60
	冻融循环（5 次）	MPa	≥0.40
柔韧性		—	直径 50 mm，无裂纹
低温贮存稳定性		—	—5℃冷冻 4 h 无变化，刮涂无困难

12）水泥。强度等级为 42.5 的普通硅酸盐水泥，水泥性能符合相应标准规范的要求。

13）中细砂。应符合国家普通混凝土砂质量标准及检验方法中细度模数的规定，含泥量少于 3%。

14）配套材料。聚氨酯预制边角模块长度为 900 mm，夹角为直角（90°），基本外形及尺寸应符合图 1-18 的要求，外观应基本平整，无严重凹凸不平及变形，标准厚度部位完整，不允许有缺损，接槎部位允许有缺省，但面积应小于或等于 25 cm²。

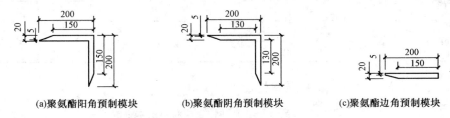

图 1-18　聚氨酯预制边角模块外形及尺寸要求（单位：mm）

（2）主要机具。聚氨酯双组分现场发泡喷涂机、强制式砂浆搅拌机、手提搅拌器、垂直运输机械、水平运输车、射钉枪、专用检测工具、经纬仪、放线工具、剪刀、滚刷、铁锹、铁锤、錾子、裁纸刀、手锯、壁纸刀、托线板、靠尺、方尺、塞尺、探针、钢尺等。

（3）作业条件。

1）基层墙体应符合《混凝土结构工程施工质量验收规范》（GB 50204—2002）（2011版）和《砌体结构工程施工质量验收规范》（GB 50203—2011）的要求。基层墙体的平整度误差不应超过 3 mm，否则应先对基层墙体进行找平后方可进行喷涂聚氨酯的施工。

2）确保聚氨酯与基层墙体的有效黏结，基层墙体应充分干燥，并应对基层墙体进行界面处理。

3）门窗洞口等边角处难以喷涂聚氨酯的部位应采用黏结或锚固聚氨酯块材的方法在喷涂前施工完成。

4）墙面应清理干净，清洗油渍，施工孔洞、架眼以及阳台板、墙板残缺处应用水泥砂浆修补整齐、清扫浮灰等，旧墙面松动、风化部分应剔除干净。

5）外墙面上的雨水管卡、预埋铁件、设备穿墙管道应提前安装完毕，并预留出外保温层的厚度。

6）施工用吊篮或专用外脚手架搭设牢固，安全检验合格后方可上人施工。脚手架横竖杆距离墙面、墙角适度，脚手板铺设与外墙分格相适应。施工时应有防止工具、用具、材料坠落的措施。

7）作业时环境温度不低于 10℃，风力不应大于 5 级，风速不宜大于 10 m/s。严禁雨天施工。雨期施工时应做好防雨措施。

（4）材料配制。

1）聚氨酯防潮底漆的配制。聚氨酯防潮底漆与稀释剂按 0.5：1（质量比）搅拌均匀，并在 4 h 内用完。

2）聚氨酯预制块胶黏剂的配制。固化剂与胶黏剂按 1：4（体积比）搅拌均匀，并在 4 h 内用完。

3）硬泡聚氨酯的配制。聚氨酯白料与聚氨酯黑料按 1：1（体积比）配制，采用高压无气喷涂机在大于 10 MPa 的压力条件下混合喷出。

4）聚氨酯界面砂浆的配制。聚氨酯界面剂与水泥按 1：0.5 的质量比用砂浆搅拌机或手提式搅拌器搅拌均匀，拌和好的界面砂浆应在 2 h 内用完。

4. 施工工艺

（1）工艺流程。现场喷涂硬泡聚氨酯外墙外保温系统施工工艺流程如图 1-19 所示。

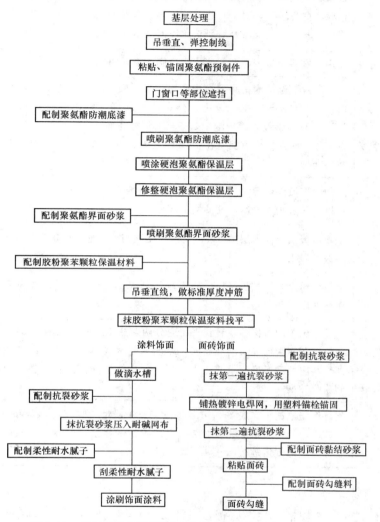

图 1-19　现场喷涂硬泡聚氨酯外墙外保温系统施工工艺流程

（2）施工要点（表 1-47）。

表 1-47　施工要点

项　　目	内　　容
基层处理	墙面应清理干净，清洗油渍、清扫浮灰等。墙面松动、风化部分应剔除干净。墙表面凸起物大于或等于 10 mm 时应剔除
吊垂直、套方、弹控制线	根据建筑要求，在墙面弹出外门窗水平、垂直控制线及伸缩线、装饰线等。在建筑外墙大角及其他必要处挂垂直基准钢线和水平线。对于墙面宽度大于 2 m 处，需增加水平控制线，做标准厚度冲筋

项　目	内　容
粘贴聚氨酯预制块	在大阳角、大阴角或窗口处，安装聚氨酯预制块，并达到标准厚度。窗口、阳台角、小阳角、小阴角等也可用靠尺遮挡做出直角。以预制块标尺为依据，再次检验墙面平整度，对于不达标的墙体部位应补抹水泥砂浆或用其他找平材料进行修补。基层平整度修补后要求允许偏差达到±3 mm
涂刷聚氨酯防潮底漆	用滚刷将聚氨酯防潮底漆均匀涂刷，无漏刷透底现象
喷涂硬泡聚氨酯保温层	开启聚氨酯喷涂机将硬泡聚氨酯均匀地喷涂于墙面之上，当厚度达到约10 mm时，按300 mm间距、梅花状分布插定厚度标杆，每平方米密度宜控制在9～10支。然后继续喷涂硬泡聚氨酯至与标杆齐平（隐约可见标杆头）。施工喷涂可多遍完成，每次厚度宜控制在10 mm之内。不易喷涂的部位可用胶粉聚苯颗粒保温浆料处理
修整聚氨酯保温层	硬泡聚氨酯保温层喷涂20 min后用裁纸刀、手据等工具开始清理、修整遮挡部位以及超过垂线控制厚度的突出部分
涂刷聚氨酯界面砂浆	硬泡聚氨酯保温层喷涂4 h之内，用滚刷均匀地将聚氨酯界面砂浆涂于硬泡聚氨酯保温层表面
吊垂直线，做标准厚度冲筋	吊胶粉聚苯颗粒找平层垂直厚度控制线、套方做口，用胶粉聚苯颗粒保温浆料做标准厚度灰饼
抹20 mm胶粉聚苯颗粒找平层	胶粉聚苯颗粒保温浆料找平层应分两遍施工，每遍间隔在24 h以上。抹第一遍胶粉聚苯颗粒保温浆料应压实，厚度不宜超过10 mm。抹第二遍胶粉聚苯颗粒保温浆料应达到厚度要求并用大杠搓平，抹子局部修补平整，用托线尺检测后达到验收标准
抗裂防护层及饰面层施工	待保温层施工完成3～7 d且保温层施工质量验收以后，即可进行抗裂层和饰面层施工。抗裂防护层和饰面层施工按胶粉聚苯颗粒外墙外保温系统的抗裂防护层和饰面层的规定进行

　　5. 质量验收要点

　　（1）所用材料品种、规格、性能应符合设计要求和相关规定并具备附有 CMA 标志的材料检测报告和出厂合格证。

　　（2）保温层厚度及构造做法应符合建筑节能设计要求。

　　（3）保温层与墙体以及各构造层之间必须黏结牢固，无脱层、空鼓及裂缝，面层无粉化、起皮、爆灰。

　　（4）表面平整、洁净，接槎平整，线角顺直、清晰，毛面纹路均匀一致。

　　（5）墙面所有门窗口、孔洞、槽、盒的位置和尺寸正确，表面整齐洁净，管道后面抹灰平整。

　　（6）分格缝宽度、深度均匀一致，平整光滑，棱角整齐，横平竖直、通顺。滴水线（槽）流水坡向正确，线（槽）顺直。

　　（7）聚氨酯防潮底漆要求涂刷均匀，无漏刷之处。

（8）硬泡聚氨酯保温层厚度、平整度应满足设计要求，黏结牢固，不得有起鼓、翘边现象。

（9）聚氨酯界面砂浆层要求涂刷均匀不得有漏底现象。

（10）胶粉聚苯颗粒保温层要求黏结牢固，不得有起鼓现象。

（11）水泥抗裂砂浆复合耐碱网格布层要求平整无皱褶、翘边。网格布不能有外露。

（12）允许偏差项目及检验方法见表 1-48。

表 1-48　允许偏差和检验方法

项　　目	允许偏差（mm）	检验方法
立面垂直	4	用 2 m 托线板检查
表面平整	4	用 2 m 靠尺及塞尺检查
阴阳角垂直	4	用 2 m 托线板检查
阴阳角方正	4	用 2 m 方尺及塞尺检查
分面总高度（缝）平直	3	拉 5 m 小线和尺量检查
立面总高度垂直	$H/1\,000$ 且 ≤20	用经纬仪、吊线检查
聚氨酯保温层厚度	平均≥设计值	用探针、钢尺检查

6. 应注意的问题

（1）防止聚氨酯外保温层厚度控制不均，砖墙面平整度超过 5 mm，施工中配料控制不当等。

（2）空鼓、开裂。基层处理不好，界面层处理不好；施工分层压得不实；施工养护不到位，前一层未干就上后一层等。

（3）保温层吃口。施工门窗口应留出保温层的厚度。

（4）涂料应与底漆及抗裂砂浆相容。

（5）喷涂聚氨酯设备使用后应及时清理，避免管道阻塞。设备操作应有专人负责，严格遵守其操作规程。

六、胶粉聚苯颗粒贴砌聚苯板外墙外保温系统工程

1. 系统构造

（1）基本构造。胶粉聚苯颗粒贴砌聚苯板外墙外保温系统由于聚苯板内粘贴层、外找平层和板缝填充层均为胶粉聚苯颗粒黏结保温浆料（简称黏结保温浆料），故该系统也称为三明治系统。

根据饰面层做法的不同，三明治系统可分为涂料饰面系统及面砖饰面系统两种。基本构造为：保温黏结层由 15 mm 厚黏结保温浆料抹于墙体表面，再贴砌开好横向槽并涂刷界面剂的聚苯板，预留的 10 mm 板缝砌筑碰头灰挤出刮平，表面再用 10 mm 厚黏结保温浆料找平，形成黏结保温浆料＋聚苯板＋黏结保温浆料无空腔复合保温层；抗裂防护层采用抗裂砂浆复合涂塑耐碱玻纤网格布（涂料饰面）或抗裂砂浆复合热镀锌钢丝网尼龙胀栓锚固（面砖饰面）构成抗裂防护层，表面刮涂抗裂柔性耐水腻子、涂刷饰面涂料或面砖黏结砂浆粘贴面砖构成饰面层，其体系构造如图 1-20 所示。

图 1-20　胶粉聚苯颗粒贴砌聚苯板外墙外保温系统基本构造

（2）基本特点。

1）热桥部位如门窗洞口、飘窗、女儿墙、挑檐、阳台、空调机搁板等部位应加强保温，不好用聚苯板进行保温的部位应抹胶粉聚苯颗粒保温浆料进行保温。

2）膨胀聚苯板应预先开出梯形槽，每块板上还应开出两个用于透气及粘贴加强用的塞孔（塞孔可为圆柱形、方柱形或纵截面为凸字形），膨胀聚苯板双面均应喷刷界面砂浆。其外形及尺寸要求应符合图 1-21 的规定。

3）挤塑聚苯板的每块板应预先开出两个用于透气及粘贴加强用的塞孔（塞孔可为圆柱形、方柱形或纵截面为凸字形），挤塑聚苯板双面均应喷刷界面砂浆。其外形及尺寸要求应符合图 1-22 的规定。

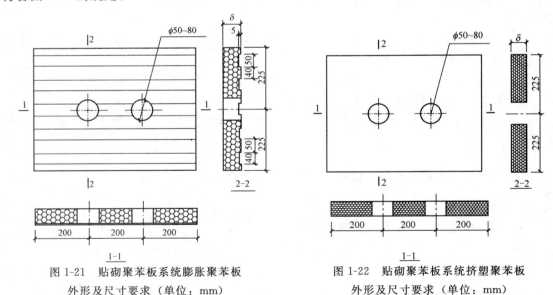

图 1-21　贴砌聚苯板系统膨胀聚苯板　　　　图 1-22　贴砌聚苯板系统挤塑聚苯板
　　　　外形及尺寸要求（单位：mm）　　　　　　　外形及尺寸要求（单位：mm）

4）聚苯板之间应留有 10 mm 宽的板缝以便透气，并有利于粘贴时不会在板四周形成空鼓。板缝及塞孔均用胶粉聚苯颗粒黏结保温浆料填实。

5）建筑物高度不高（60 m 以下）、耐候性要求不太高或防火要求不太高且聚苯板粘贴的平整度比较高时，聚苯板面层的胶粉聚苯颗粒黏结保温浆料找平层可省去，直接在聚苯板面层进行抗裂防护层及饰面层施工。

6）面砖饰面时，需有加强措施。抗裂防护层中应加入热镀锌电焊网，并用塑料膨胀锚栓、预埋锚筋等与基层墙体有效连接。

2. 材料性能要求

(1) 挤塑聚苯板为阻燃型的，应预先开孔，双面均应喷刷界面砂浆。挤塑聚苯板性能应符合表 1-49 的规定，其外形及尺寸要求应符合图 1-22 的规定。

表 1-49　挤塑聚苯板性能指标

项　目	单　位	指　标
表观密度	kg/m³	28～32
导热系数	W/ (m·K)	≤0.03
抗拉强度	MPa	≥0.25
尺寸稳定性 (70℃, 48 h)	%	0.2

(2) 胶粉聚苯颗粒黏结保温浆料性能应符合表 1-50 的规定。

表 1-50　黏结保温浆料性能指标

项　目		单　位	指　标
湿表观密度		kg/m³	≤520
干表观密度		kg/m³	≤300
导热系数		W/ (m·K)	≤0.07
抗压强度 (56 d)		MPa	≥0.3
燃烧性能		—	难燃 B₁ 级
拉伸黏结强度（与带界面砂浆的水泥砂浆试块）	常温常态 (56 d)	MPa	≥0.12
拉伸黏结强度（与带界面砂浆的聚苯板）	常温常态 (56 d)	MPa	≥0.10 或聚苯板破坏

(3) 抗裂防护层、饰面层材料和其他辅助材料性能应符合要求。

3. 施工工艺及技术要点

(1) 施工条件。

1) 基层墙体应符合《混凝土结构工程施工质量验收规范》（GB 50204—2002）（2011版）和《砌体结构工程施工质量验收规范》（GB 50203—2011）的要求。对于砌块工程，基层表面应抹水泥砂浆找平后方可进行施工。

2) 墙面应清理干净，清洗油渍，施工孔洞、架眼以及阳台板、墙板残缺处应用水泥砂浆修补整齐、清扫浮灰等；旧墙面松动、风化部分应剔除干净。

3) 外墙面上的雨水管卡、预埋铁件、设备穿墙管道等应提前安装完毕，并预留出外保温层的厚度。

4）施工用吊篮或专用外脚手架搭设牢固，安全检验合格后方可上人施工。脚手架横竖杆距离墙面、墙角适度，脚手板铺设与外墙分格相适应。施工时应有防止工具、用具、材料坠落的措施。

5）作业时环境温度不应低于 5℃，风力不应大于 5 级，风速不宜大于 10 m/s。严禁雨天施工。雨期施工时应做好防雨措施。

（2）工具与机具。

1）强制式砂浆搅拌机、垂直运输机械、水平运输手推车、手提式搅拌器、手锯、水桶、剪刀、滚刷、铁锹、扫帚、铁锤、壁纸刀等。

2）常用的检测工具：经纬仪及放线工具、托线板、方尺、探针、钢尺等。

3）电动吊篮或专用保温施工脚手架。

（3）材料配制。胶粉聚苯颗粒黏结保温浆料的配制。采用 300 L 以上的砂浆搅拌机或满足浆料在搅拌机中的容积不超过搅拌机容积 70% 的搅拌机。先将 36～38 kg 水倒入搅拌机内（加入的水量以满足施工和易性为准），倒入一袋（35 kg）胶粉料，搅拌 5 min，再倒入一袋（200 L）聚苯颗粒复合轻骨料继续搅拌 3 min，直至搅拌均匀。该浆料应随搅随用，且在 4 h 内用完。

（4）施工工艺流程，如图 1-23 所示。

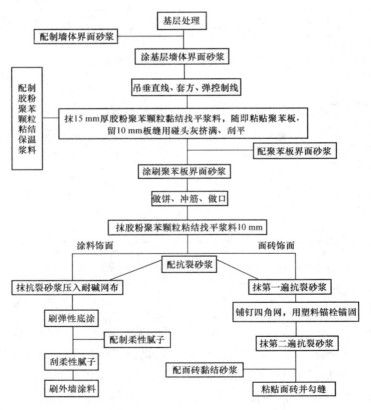

图 1-23　施工工艺流程

（5）施工要点（表1-51）。

表1-51　施工要点

项　目	内　容
基层处理	墙面应清理干净、清洗油渍、清扫浮灰等。墙面松动、风化部分应剔除干净。墙表面凸起物大于或等于10 mm时应剔除
界面处理	对要求做界面处理的基层应满涂基层界面砂浆，用滚刷或喷枪将界面砂浆均匀涂刷，拉毛不宜太厚，保证所有墙面做到毛面处理
吊垂直、套方、弹控制线	根据建筑要求，在墙面弹出外门窗水平、垂直控制线及伸缩线、装饰线等。在建筑外墙大角及其他必要处挂垂直基准钢线和水平线
贴砌聚苯板	在墙角或门窗碛口处贴标准厚度板，拉水平控制线，抹约15 mm厚的底层黏结保温浆料后随即粘贴预制好的聚苯板，凹槽向墙，粘贴聚苯板时应均匀轻柔挤压聚苯板，使聚苯板埋入浆料，随时用2 m靠尺和托线板检查平整度和垂直度。聚苯板间应用浆料砌筑约10 mm的板缝，注意灰缝不饱满处用黏结保温浆料勾平。 排板时应按水平顺序排列，上下错缝粘贴，阴阳角处应做错茬处理，窗口处聚苯板裁成刀把形。 聚苯板排板遇到非标准尺寸时，可进行现场裁切。裁切时应注意边口尺寸整齐，切口应与聚苯板面垂直。整墙面阳角处应尽可能使用整板，必须使用非整板时，非整板的宽度不应小于300 mm。聚苯板表面平整度和垂直度不达标时，应用粗砂纸将其打磨至达标为止
涂刷聚苯板界面砂浆	聚苯板贴砌24 h后满涂聚苯板界面砂浆，用滚刷或喷枪均匀涂刷，拉毛不宜太厚，但必须保证所有外露的聚苯板面都做到毛面处理
做饼、冲筋，收口	套方做口，按厚度线用黏结保温浆料或聚苯板作标准厚度灰饼
面层抹10 mm厚黏结保温浆料	聚苯板界面砂浆涂刷完成24 h后，用黏结保温浆料在聚苯板上罩面找平；聚苯板间若有预留间隔带应采用黏结保温浆料填塞，混凝土梁柱、门窗洞口、墙体边角处等特殊部位以及防火隔离带部位的保温作业均用黏结保温浆料进行处理。在黏结保温浆料和抗裂砂浆配制时，搅拌需设专人专职进行，以保证配合比的准确
划分格线、门、窗口滴水槽	在保温层施工完成后，根据设计要求弹出滴水槽控制线，用壁纸刀沿线划开设定的凹槽，槽深15 mm左右，用抗裂砂浆填满凹槽，将塑料滴水槽（成品）嵌入凹槽与抗裂砂浆黏结牢固，收去两侧沿口浮浆，滴水槽应镶嵌牢固、水平
抗裂防护层及饰面层施工	待保温层施工完成3～7 d且保温层施工质量验收以后，即可进行抗裂层施工

七、岩棉板外墙外保温系统工程

1. 系统特点与适用范围

（1）岩棉板外墙外保温系统适用于全国各地区需冬季保温、夏季隔热的多层及中高层新建民用建筑和工业建筑，也适用于既有建筑的节能改造工程。

（2）岩棉板外墙外保温系统适用于抗震设防烈度小于或等于8度的建筑物，适用于防火要求比较高的建筑物。

（3）岩棉板外墙外保温系统的基层墙体为混凝土空心砌块、灰砂砖、多孔砖、空心砖、实心砖、加气混凝土砌块等砌体结构外墙或全现浇钢筋混凝土外墙。

2. 系统构造

岩棉外墙外保温系统由基层墙体、岩棉板保温层、找平层、抗裂防护层和饰面层组成如图 1-24 所示。岩棉板保温层用塑料膨胀锚栓配合热镀锌电焊网锚固在基层墙体上，岩棉板外表面及热镀锌电焊网上均需喷砂界面剂，以提高岩棉板的防水性及热镀锌电焊网的防腐蚀性，同时也有利于将找平层材料与岩棉板牢固地黏结在一起。找平层采用胶粉聚苯颗粒保温浆料，起补充保温及找平双重作用，找平层厚度不应低于 20 mm。饰面层采用弹性涂料。

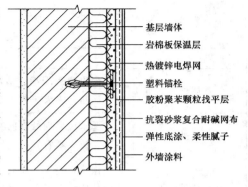

图 1-24 岩棉外墙外保温系统基本构造

基层墙体
岩棉板保温层
热镀锌电焊网
塑料锚栓
胶粉聚苯颗粒找平层
抗裂砂浆复合耐碱网布
弹性底涂、柔性腻子
外墙涂料

3. 设计要点

(1) 岩棉板的厚度应符合国家和本地区现行的相关建筑节能设计标准的规定。

(2) 热桥部位如门窗洞口、飘窗、女儿墙、挑檐、阳台、空调机搁板等部位应加强保温，不好用岩棉板进行保温的部位应抹胶粉聚苯颗粒保温浆料进行保温。

(3) 岩棉板需用外侧的热镀锌电焊网通过锚固件与基层墙体有效连接。

(4) 岩棉板要做好防潮措施，使用时应对岩棉各面进行界面处理，以提高岩棉板的表面强度和防潮性能，岩棉板上墙后不要长期暴露，应及时做好面层的防护。雨期及雨天均应做好防雨措施。

(5) 门窗侧壁、墙体底部、墙体转角处的岩棉板要用 U 形或 L 形热镀锌电焊网片包边，塑料膨胀锚栓也需要穿过包边网片及岩棉板与基层墙体稳固连接。

4. 施工准备

(1) 系统及材料性能要求。

1) 岩棉外墙保温系统性能指标应符合表 1-52 的要求。

表 1-52 岩棉外墙外保温系统性能指标

试 验 项 目		性 能 指 标
耐候性		表面无裂纹、粉化、剥落现象，抗裂防护层与找平层的拉伸黏结强度不应小于 0.1 MPa，破坏界面应位于找平层
吸水量（浸水 1 h）（g/m²）		≤100
抗冲击强度（J）	普通型（单网）	≥3
	加强型（双网）	≥10
抗风压值		不小于工程项目的风荷载设计值
耐冻融		表面无裂纹、空鼓、起泡、剥离现象，抗裂防护层与找平层的拉伸黏结强度不应小于 0.1 MPa，破坏界面应位于找平层
水蒸气湿流密度 [g/（m²·h）]		≥0.85
不透水性		试样防护层内侧无水渗透
耐磨损，500 L 砂		无开裂，龟裂或表面保护层剥落、损伤

试　验　项　目	性　能　指　标
系统抗拉强度（MPa）	≥0.1并且破坏部位不得位于各层界面
热阻	复合墙体热阻符合设计要求

2）岩棉板的性能指标应符合表 1-53 的要求。

表 1-53　岩棉板性能指标

项　目	单　位	指　标
密度	kg/m³	≥150
密度允许偏差	%	±10
纤维平均直径	μm	≤7
导热系数	W/（m·K）	≤0.045
蓄热系数	W/（m²·K）	≥0.75
渣球含量（颗粒直径大于 0.25 mm）	%	≤6.0
质量吸湿率	%	≤1.0
憎水率	%	≥98
热荷重收缩温度	℃	≥650
有机物含量	%	≤4.0
抗压强度（10%压缩量）	kPa	≥40
剥离强度	kPa	≥14
燃烧性能等级	—	A 级

3）喷砂界面剂的性能指标应符合表 1-54 的要求。

表 1-54　喷砂界面剂性能指标

项　目			指　标
容器中状态			搅拌后无结块，呈均匀状态
施工性			喷涂无困难
低温贮存稳定性			3 次试验后，无结块、凝聚及组成物的变化
耐水性			168 h 无异常
pH 值			9～11
拉伸粘结强度（MPa）	与水泥砂浆	常温常态	≥0.5
		浸水后	≥0.3
	与岩棉板	常温常态	≥0.10 或岩棉板破坏
		浸水后	≥0.08 或岩棉板破坏
	与胶粉聚苯颗粒保温浆料	常温常态	≥0.10 或胶粉聚苯颗粒保温浆料试块破坏
		浸水后	≥0.08 或胶粉聚苯颗粒保温浆料试块破坏

4）其他组成材料性能指标应符合《胶粉聚苯颗粒外墙外保温系统》（JG 158—2004）中第 5.3 条～第 5.10 条、第 5.13 条～第 5.14 条的要求。

（2）施工条件。

1）基层墙体应符合《混凝土结构工程施工质量验收规范》（GB 50204—2002）（2011版）和《砌体结构工程施工质量验收规范》（GB 50203—2011）的要求。

2）门窗框及墙身上各种进户管线、水落管支架、预埋管件等按设计安装完毕，并预留出外保温层的厚度。

3）施工中环境温度不应低于5℃，风力不应大于5级，风速不宜大于10 m/s。严禁雨天施工，雨期施工时应采取防雨措施。

（3）施工机具。外接电源设备、垂直运输机械、水平运输手推车、强制式砂浆搅拌机、电动搅拌器、称量衡器、电锤、喷枪、手提式切割机、手锯、水桶、滚刷、铁锹、铁锤、剪刀、壁纸刀、钳子、经纬仪、放线工具、托线板、垂直检测尺、直角检测尺、靠尺、塞尺、探针、钢尺及常用抹灰工具、抹灰专用检测工具等。

（4）材料配制。参照"胶粉聚苯颗粒保温浆料外墙外保温系统"构造和技术要求中的材料配制要求进行配制。

5. 施工

（1）施工程序。岩棉外墙外保温系统施工程序如图1-25所示。

（2）施工操作要点。

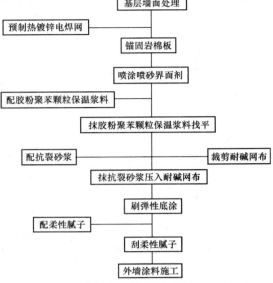

图 1-25　岩棉外墙外保温系统施工程序

1）基层墙面处理。彻底清除基层墙体表面浮灰、油污、脱模剂、空鼓及风化物等影响墙面施工的物质。墙体表面凸起物大于或等于10 mm时应剔除。

2）保温层施工准备。

①吊垂直，弹出岩棉板定位线。在建筑外墙大角（阳角、阴角）及其他必要处挂垂直基准钢线，每个楼层适当位置挂水平线，以控制岩棉线的垂直度和平整度。

②根据岩棉板的厚度，预制U形和L形热镀锌电焊网片。

3）保温层施工。

①根据岩棉板定位线安装岩棉板，岩棉板要错缝拼接，可用普通水泥砂浆将岩棉板固定在基层墙体上。

②在岩棉板上垂直墙面用电锤钻孔，钻孔深度不得小于锚固深度，每平方米墙面至少要钻4个锚固孔，锚固孔从距离墙角、门窗侧壁100～150 mm以及从檐口与窗台下方150 mm处开始设置。沿窗户四周，每边至少应钻3个锚固孔。

③在岩棉板上铺设热镀锌电焊网，用塑料锚栓根据锚固孔的位置锚固岩棉板及热镀锌电焊网。门窗侧壁及墙体底部要用预制的U形热镀锌电焊网片包边，墙体转大角处用L形热镀锌电焊网边包，这些包边网片要随同岩棉板一起被锚固件穿过，并用手压紧，以便定位。热镀锌电焊网采用单孔搭接，搭接处每米至少应用塑料锚栓锚固3处。

④岩棉板固定好处，按每平方米至少4个的密度在热镀锌电焊网下安装塑料垫片，将热镀锌电焊网垫起5 mm，以保证岩棉板与热镀锌电焊网能保持一定的距离，以利于找平层的施工。

⑤采用专用喷枪将喷砂界面剂均匀喷到岩棉板表面，确保岩棉板表面及热镀锌电焊网上均喷上了喷砂界面剂，以增强岩棉板的表面强度及防水性能和热镀锌电焊网的防腐性能。

4）找平层施工。

①吊胶粉聚苯颗粒找平层垂直控制线、套方做口，按设计厚度用胶粉聚苯颗粒做标准厚度贴饼、冲筋。

②抹胶粉聚苯颗粒进行找平。应分两遍施工，每遍间隔在 24 h 以上。抹第一遍胶粉聚苯颗粒时应压实，厚度不宜超过 10 mm。抹第二遍胶粉聚苯颗粒时应达到冲筋厚度，用大框搓平，用抹子局部修补平整；30 min 后，用抹子再赶抹墙面，用托线尺检测后达到验收标准。

③找平层固化干燥后（用手掌按不动表面为宜，一般为 3～7 d）方可进行抗裂防护层施工。

5）抗裂防护层及饰面层施工（表 1-55）。

表 1-55　抗裂防护层及饰面层施工

项　　目	内　　容
抹抗裂砂浆压入耐碱网布	将 3～4 mm 厚抗裂砂浆均匀地抹在保温层表面，立即将裁好的耐碱网格布用抹子压入抗裂砂浆内，网格布之间的搭接不应小于 50 mm，并不得使网格布皱褶、空鼓、翘边。 首层应铺贴双层耐碱网布，第一层铺贴加强耐碱网布，加强耐碱网布应对接，然后进行第二层普通耐碱网布的铺贴，两层耐碱网布之间抗裂砂浆必须饱满。 在首层墙面阳角处设 2 m 高的专用金属护角，护角应夹在两层耐碱网布之间。其楼层阳角处两侧的耐碱网布双向绕角相互搭接，各侧搭接宽度不小于 200 mm
刷弹性底涂	在抗裂砂浆施工 2 h 后刷弹性底涂，使其表面形成防水透气层。涂刷应均匀，不得漏涂，以渗入抗裂砂浆内不形成可剥离的弹性膜为宜
刮柔性腻子	在抗裂砂浆层基本干燥后刮柔性腻子，一般刮两遍，使其表面平整光洁
外饰面施工	浮雕涂料可直接在弹性底涂上进行喷涂，其他涂料在腻子层干燥后进行刷涂或喷涂

6. 质量要求

（1）主控项目。

1）采用材料品种、质量、性能应符合有关国家标准、行业标准及本导则的规定。

2）保温层厚度及构造做法应符合建筑节能设计要求。

3）保温层与墙体以及各构造层之间必须黏结牢固，无脱层、空鼓、裂缝，面层无粉化、起皮、爆灰等现象。

（2）一般项目。

1）表面平整洁净，接槎平整，线角顺直、清晰，无明显抹纹。

2）护角符合施工规定，表面光滑、平顺、门窗框与墙体间缝隙堵塞密实，表面平整。

3）耐碱网格布铺压严实，不得有空鼓、褶皱、翘曲、外露等现象，搭接长度必须符合规定要求。加强部位的耐碱网格布做法应符合设计要求。

4）孔洞、槽、盒的位置和尺寸正确、表面整齐、洁净，管道后面平整。

5）有排水要求的部位应做滴水线（槽）。滴水线（槽）应顺直，流水坡向应正确，坡度应符合设计要求。

6) 胶粉聚苯颗粒找平层要求黏结牢固，不得有起鼓现象。

（3）外保温墙面允许偏差和检验方法应符合表 1-56 规定。

表 1-56 外保温墙面允许偏差和检验方法

项　　目	允许偏差（mm）	检　验　方　法
表面平整	4	用 2 m 靠尺和塞尺检查
立面垂直	4	用 2 m 垂直检测尺检查
阴、阳角方正	4	用直角检测尺检查
分格缝（装饰线）直线度	4	拉 5 m 线，不足 5 m 拉通线，用钢直尺检查
岩棉缝保温层厚度	负偏差不大于 5	用探针、钢尺检查

八、挤塑聚苯板薄抹灰外墙外保温系统

1. 概述

（1）挤塑聚苯板薄抹灰外墙外保温系统是以挤塑聚苯乙烯泡沫板为保温材料，为确保安全，采用粘钉结合的方式将挤塑板固定在墙体的外表面上，聚合物砂浆作保护层，以耐碱玻纤网格布为增强层，外饰面为涂料、彩色砂浆的外墙外保温系统。

（2）为保证保温工程的质量，减少材料的浪费，本系统要求对不平整的墙面做找平层。当墙面平整度、垂直度检验合格，符合国家规范的质量验收标准时可不做找平层。

（3）保温层采用墙体专用挤塑泡沫板。其厚度应根据国家对不同地区现行节能设计标准和计算方法经计算确定。其安装必须采用专用胶黏剂并辅助专用保温钉机械固定。

（4）保护面层为干混聚合物砂浆，以耐碱玻纤网格布增强。

（5）基层可为各类墙体，如砖墙、砌块墙和混凝土墙等新建或旧房改造的外墙外保温工程。

（6）结构的安全性、耐久性、抗冲击性和可靠性是建筑物的基本要求。本系统采用了专用挤塑聚泡沫板，面层采用了耐候性及抗裂性强的聚合物砂浆，以确保结构的安全性和材料的耐久性。

2. 系统性能要求

（1）因外墙外保温系统直接暴露在大气中，本系统根据《外墙外保温工程技术规程》（JGJ 144—2004）的要求进行了系统的耐候性试验，各项指标符合国家行业标准的要求。

（2）挤塑泡沫板外墙外保温系统的各项性能。

1）外墙外保温专用挤塑板。外墙外保温专用挤塑板采用专门用于墙体的保温板，这种板材强具备导热系数低、吸水率小和强度高等特点，其性能指标见表 1-57。

表 1-57 挤塑聚苯板的主要性能指标

试　验　项　目	企业标准
导热数据［W/（m·k）］，25℃，生产以后 90 d	≤0.028 9
表观密度（kg/m³）	25～32
压缩强度（kPa）	150～250

试 验 项 目	企业标准
垂直于板面方向的抗拉强度（kPa）	≥250
吸水率（％）（V／V，浸水 96 h）	≤1.5
尺寸稳定性，（70℃±2℃下，48 h，％）	≤2.0

在长期高湿度或浸水环境下，挤塑聚苯板仍能保持其优良的保温隔热性能。

外墙外保温专用挤塑聚苯板的泡孔尺寸为 0.2～0.4 mm，闭孔结构均匀封闭，因此有较好的力学性能，抗压强度在 150～250 kPa 之间，密度控制在 25～32 kg/m³ 以内，使其有较好的柔韧性，减少温度变形。

2) 专用胶黏剂。专用胶黏剂是用于挤塑聚苯保温板与墙面黏结的胶黏剂，是由水泥、细骨料、聚合物改性剂等配制而成的干混砂浆，其性能指标见表 1-58。

表 1-58　专用胶黏剂性能指标

试 验 项 目		（JG 149—2003）指标	企 业 标 准	测 试 结 果
拉伸黏结强度（MPa）（与水泥砂浆）	原强度	≥0.60	≥0.70	1.44
	耐水	≥0.40	≥0.50	1.25
拉伸黏结强度（MPa）（与挤塑聚苯板）	原强度	≥0.25，破坏界面在膨胀聚苯板上	≥0.25，破坏界面在挤塑聚苯板上	0.36，挤塑聚苯板破坏
	耐水	≥0.10，破坏界面在膨胀聚苯板上	≥0.05，破坏界面在挤塑聚苯板上	0.36，挤塑聚苯板破坏
可操作时间（h）		1.5～4.0	1.5～4.0	2.0

3) 面层聚合物砂浆。面层聚合物砂浆是用于保温板面层的防护砂浆，是由水泥、细骨料、聚合物改性剂等在工厂配制而成的干混砂浆，能保护保温层，具有耐冲击和防开裂的作用，其性能指标见表 1-59。

表 1-59　面层聚合物砂浆性能指标

实 验 项 目		（JG 149—2003）指标	企 业 标 准	测 试 结 果
拉伸黏结强度（MPa）（与挤塑板）	原强度	≥0.10，破坏界面在膨胀聚苯板上	≥0.25，破坏界面在挤塑聚苯板上	0.37，挤塑聚苯板破坏
	耐水	≥0.10，破坏界面在膨胀聚苯板上	≥0.25，破坏界面在挤塑聚苯板上	0.36，挤塑聚苯板破坏
	耐冻融	≥0.10，破坏界面在膨胀聚苯板上	≥0.20，破坏界面在挤塑聚苯板上	0.36，挤塑聚苯板破坏
柔韧性（压折比）		≤3.0	≤3.0	2.8
可操作时间（h）		1.5～4.0	1.5～4.0	2

注：（JG 149—2003）为《膨胀聚苯板抹灰外墙外保温系统》。

4) 耐碱网格布。耐碱玻纤网格布由耐碱玻璃纤维编织而成，并采用抗碱高分子化合物涂塑，使其拥有双重耐碱性能，以提高在碱性环境下的耐久性和抗裂性，与聚合物砂浆复合起到加强作用，网格布性能指标见表 1-60。

表 1-60　网格布性能指标

试 验 项 目	(JG 149—2003) 指标	企业标准	测 试 结 果
网眼尺寸	4×4	4×6	4×4
单位面积质量（g/m²）	≥130	≥160	172
耐碱断裂强力（经、纬向）（N/50 mm）	≥750	≥800	1 062（径向），914（纬向）
耐碱断裂强力保留率（经、纬向），（%）	≥50	≥60	74.9（径向），71.7（纬向）
断裂应变（经、纬向），（%）	≤5.0	≤5.0	4.3（径向），3.6（纬向）

5）专用固定件。挤塑聚苯板薄抹灰外墙外保温系统采用粘钉结合的固定方式，并且根据使用高度的不同采用不同数量的固定件，其指标见表 1-61。

表 1-61　固定件的性能指标

测 试 项 目		性 能 指 标	实 测 值
拉拔力（kN）	C20 混凝土墙体	≥0.80	≥1.2
	烧结实心砖墙体	≥0.64	≥1.0
	多孔砖墙体	≥0.64	≥1.0
	陶粒混凝土砌块墙体	≥0.64	≥0.90
	混凝土空心砌块墙体	≥0.64	≥0.80
单个固体固定件对系统传热增加值（W/K）		≤0.004	≤0.003

该固定件采用工程塑料制作，尾部有设计独特的回拧锚固机构，适用于不同的基层墙体，同时为减少冷桥，锚固件的设计和用材均采取了相应措施。

6）界面剂。专用外墙外保温体系界面剂是以丙烯酸类为主、含有多种有机组分的水溶性乳液。该界面剂的主要作用是改善挤塑板与聚合物砂浆黏结表面的性能，以提高两者之间的黏结强度，其性能指标见表 1-62。

表 1-62　界面剂的性能指标

项　　目	性 能 指 标
外观	色泽均匀，无沉淀
固含量，（%）（m/m）	≥25
pH 值	6～7
破坏形式	挤塑板内破坏

3. 构造和施工要求

（1）构造。

挤塑聚苯板薄抹灰外墙外保温系统基本构造图，如图 1-26 所示。该图是以外墙专用挤塑板为保温材料，采用粘钉结合方式将挤塑板固定在墙体的外表面上，聚合物砂浆作保护层，以耐碱玻纤网格布为增强层，外饰面为水溶性弹性涂料的外墙外保温系统基本构造图。

（2）施工。

1）施工条件。

①待基层墙面抹完水泥砂浆找平层，并已干燥经验收

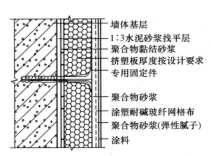

图 1-26　挤塑聚苯板薄抹灰
外墙外保温系统基本构造图

墙体基层
1:3水泥砂浆找平层
聚合物黏结砂浆
挤塑板厚度按设计要求
专用固定件
聚合物砂浆
涂抹耐碱玻纤网格布
聚合物砂浆（弹性腻子）
涂料

合格，门窗框、各种管线、预埋件、预留孔洞、支架已安装到位后，再进行外保温施工。

②施工现场环境温度在施工及施工后不得低于5℃，风力不大于5级。

③为保证施工质量，施工面应避免阳光直射。必要时应在脚手架上搭设防晒布，遮挡墙面。

④雨天施工时应采取有效措施，防止雨水冲刷墙面。

⑤墙体系统在施工过程中所采取的保护措施，应待泛水、密封膏等永久保护按设计要求施工完毕后方可拆除。

2) 施工程序。挤塑聚苯板薄抹灰外墙外保温系统施工流程如图1-27所示。

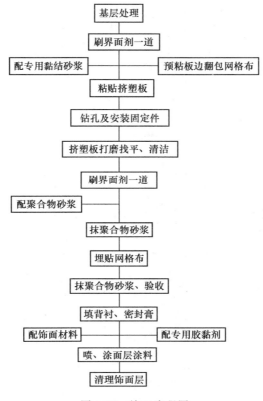

图1-27 施工流程图

3) 施工要点（表1-63）。

表1-63　施工要点

项　　目	内　　容
基层处理	必须彻底清除基层表面浮灰、涂料、油污、脱模剂及风化物等影响黏结强度的污物。为增加挤塑板与黏结砂浆及保护面层的结合力，应在挤塑板表面滚（喷）涂专用界面剂，待晾干至粘手时再用聚合物砂浆作黏结或作保护层
调制聚合物砂浆	使用干净的塑料桶按1：5的水灰比加入清水和干砂浆，然后用手持式电动搅拌器搅拌约5～10 min，直至搅拌均匀，且稠度适中为止。应将配好的砂浆静置5min，再搅拌即可使用。调好的砂浆宜在1 h内用完。（本聚合物砂浆只需加入洁净水，不能加入其他任何材料）

项　目	内　容
安装挤塑板	（1）标准板面尺寸为 1 200 mm×600 mm，非标准板可按实际需要进行加工。挤塑板尺寸允许偏差为±1.5 mm，大小面垂直。安装允许偏差及检查方法见表 1-64。 （2）网格布翻包。膨胀缝两侧、孔洞边的挤塑板上预贴窄幅网格布。 （3）在挤塑板上涂抹黏结砂浆。将涂抹好的挤塑板立即贴在墙面上，动作要迅速。应用 2 m 靠尺压平操作，保证其平整度和粘贴牢固
安装固定件	待挤塑板粘贴牢固，一般在 8～24 h 内将固定件安装完毕，按设计要求的位置用冲击钻钻孔，锚固深度为 50 mm，钻孔深度为 60 mm。固定件个数及具体规定应根据建筑物的高度和部位确定
打磨	挤塑板接缝不平处应用粗砂纸打磨。打磨后应用刷子或压缩空气将操作过程中产生的碎屑、其他浮灰清理干净
抹聚合物砂浆	清扫挤塑板面，滚（喷）涂界面剂，待晾干至不粘手时将聚合物砂浆均匀地抹在挤塑板上，厚度约 2 mm 左右
压入网格布	抹聚合物砂浆后立即压入网格布。按要求进行剪裁，并应留出搭接宽度。网格布的剪裁应顺经纬向进行
抹聚合物砂浆（压平）	抹完砂浆后，压入网格布，待砂浆干至不粘手时，抹面层聚合物砂浆，厚度以盖住网格布为准，约 1 mm 左右。使砂浆保护层总厚度约（2.5±0.5）mm 左右。为提高首层墙面的抗冲击能力，应辅加一层网格布
补洞和对墙面损坏处的修理	应采用与基材相同的材料及时对孔洞及损坏处进行修补
变形缝的处理	在变形缝处填塞发泡聚乙烯圆棒，其直径应为变形缝宽的 1.3 倍，然后分两次勾填嵌缝膏，深度为缝宽的 50%～70%

表 1-64　安装允许偏差及检查方法

项　目		允许偏差（mm）	检查方法
平整度		3	用 2 m 靠尺检查
垂直度	每层	5	用 2 m 托线板检查
	全高	$H/1\,000$，且不大于 20	用经纬仪或吊线和尺检查
阴阳角垂直度		2	用 2 m 靠尺检查
阴阳角方正度		2	用 200 mm 方尺和楔形尺检查
接缝偏差		1	用直尺和楔形尺检查

第二节 外墙内保温节能工程施工

一、增强石膏聚苯复合保温板外墙内保温工程

1. 施工准备

（1）材料。

1）增强石膏聚苯复合保温板。其质量应符合标准规定，主要性能指标为：板重不大于 25 kg/m² （60 mm 厚板）；收缩率不大于 0.08%；热阻不小于 0.8 （m²·K）/W；含水率不大于 5%；抗弯荷载不小于 1.8G （G 为板材重量）；抗冲击性：垂直冲击 10 次，背面无裂纹（砂袋重 10 kg，落距 500 mm）；条板规格：长 2 400～2 700 mm，宽 595 mm，厚有 50～90 mm 共 5 种。

2）辅助材料。

①石膏类胶黏剂（用于保温板与墙体固定）：黏结强度≥1.0 MPa，使用时间为 0.5～1.0 h。

②聚合物砂浆型胶黏剂（用于粘贴防水保温踢脚和抹门窗口护角）：是用聚合物乳液和强度为 32.5 级的水泥配制而成。用水泥∶细砂＝1∶2，掺聚合物乳液∶水＝1∶1 的混合胶液拌和成适当稠度的砂浆胶黏剂。

③中碱玻纤网格布（挂胶）：网孔中心距不大于 4 mm×4 mm，单位面积重量不小于 80 g/m²；经纬向抗断裂力均不小于 900 N/50 mm；含胶量为 8%。

④仿棉无纺布：用于板缝处理。

⑤嵌缝腻子（用于板缝处理）：初凝时间不小于 0.5 h，抗压强度不小于 3.0 MPa，抗折强度不小于 1.5 MPa。

⑥石膏腻子（用于满刮墙面）：抗压强度不小于 2.5 MPa，抗折强度不小于 1.0 MPa，黏结强度不小于 0.2 MPa，终凝时间不超过 4 h。

（2）机具设备。

1）机具。刀锯、手刨、灰槽、托板、水桶、橡皮锤、钢丝刷、撬杠、木楔、开刀、扫帚等。

2）计量检测用具。钢尺、托线板、线坠等。

（3）作业条件。

1）结构工程经验收合格。

2）标高控制线（＋500 mm）弹好并经预检合格。

3）外墙门窗框安装完，与墙体安装牢固，缝隙用砂浆填塞密实。塑钢、铝合金门窗框缝隙按产品说明书要求的材料堵塞，并贴好保护膜。

4）水暖及装饰工程需用的管卡、挂钩和窗帘杆卡子等埋件留出位置或埋设完；电气工程的暗管线、接线盒等埋设完，并应完成暗管线的穿带线工作。

（4）技术准备。

1）编制保温板施工方案并经审批。

2）大面积施工前先做样板，并经监理、建设单位及有关质量部门检查合格后，方可大面积施工。

3）对操作人员进行安全技术交底。

2. 系统构造

系统构造如图 1-28 所示。

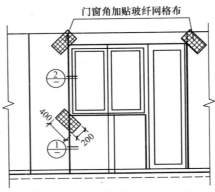

门窗角加贴玻纤网格布

增强石膏聚苯复合保温板粘贴立面示例

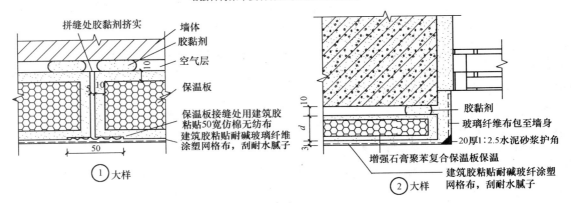

拼缝处胶黏剂挤实　墙体
　　　　　　　　　胶黏剂
　　　　　　　　　空气层
　　　　　　　　　保温板
保温板接缝处用建筑胶粘贴50宽仿棉无纺布
建筑胶粘贴耐碱玻璃纤涂塑网格布，刮耐水腻子

① 大样

胶黏剂
玻璃纤维布包至墙身
20厚1:2.5水泥砂浆护角
增强石膏聚苯复合保温板保温
建筑胶粘贴耐碱玻纤涂塑网格布，刮耐水腻子

② 大样

图 1-28　增强石膏聚苯板复合外墙内保温系统构造示意图（单位：mm）

3. 施工工艺

（1）施工工艺流程：

基层处理→分档、弹线→配板→墙面贴饼→安装接线盒、管卡、埋件→粘贴防水保温踢脚板→安装保温板→板缝处理、贴玻纤网格布→刮腻子。

（2）施工方法。

1）基层处理。将混凝土墙表面凸出的混凝土或砂浆剔平，用钢丝刷满刷一遍，然后用扫帚蘸清水把表面残渣、浮尘及脱模剂清理干净。表面沾有油污的部分，应用清洗剂或去污剂处理，用清水冲洗干净晾干。穿墙螺栓孔用干硬性砂浆分层堵塞密实、抹平。将砖墙表面舌头灰。残余砂浆、浮尘清理干净，堵好脚手眼。

2）分档、弹线。以门窗洞口边为基准，向两边按板宽分档。按保温层的厚度在墙、顶上弹出保温墙面的边线，按防水保温踢脚层的厚度在地面上弹出防水保温踢脚面的边线，并在墙面上弹出踢脚的上口线。

3）配板。根据开间或进深尺寸及保温板实际规格，预排出保温板，有缺陷的板应修补。排板从门窗口开始，非整张板放在阴角，据此弹出保温板位置线。当保温板与墙的长度不相适应时，应将部分保温板预先拼接加宽（或锯窄）成合适的宽度，并放置在阴角处。

4）墙面贴饼。根据排板线，检查墙面的平整、垂直，找规矩。在贴饼位置上，用钢丝刷刷出直径不少于 100 mm 的洁净面并浇水润湿，刷一道聚合物水泥浆。用 1：3 水泥砂浆贴饼，灰饼大小一般直径为 100 mm，厚度为 20 mm（空气层厚度），设置埋件处做出 200 mm×200 mm 的灰饼。

5）安装接线盒、管卡、埋件。接线盒应与复合板面相平，管道埋件按设计要求埋设牢固。

6）粘贴防水保温踢脚板（水泥聚苯颗粒踢脚板）。在踢脚板内侧，上下各按 200～300 mm 的间距布设黏结点，同时在踢脚板底面及侧面满刮胶黏剂，按线粘贴踢脚板。粘贴时用橡皮锤贴紧敲实，挤实碰头缝，并将挤出的胶黏剂随时清理干净。踢脚板应垂直、平整，上口平直，与结构墙间的空气层为 10 mm 左右。

7）安装保温板。

①将接线盒、管卡、埋件的位置准确地翻样到板面，并开出洞口。

②复合板安装顺序宜从左至右进行。安装前，将与板接触面的浮灰清扫干净，在复合板的四周边满刮黏结石膏，板中间抹成梅花型黏结石膏点，数量应大于板面面积的 10％（直径不小于 100 mm，间距不大于 300 mm），并按弹线位置直接与墙体粘牢。

③安装时边用手推挤，边用橡皮锤敲振，使拼合面挤紧冒浆，贴紧灰饼。随时用开刀将挤出的胶黏剂刮平。板顶面应留 5 mm 缝，用木楔子临时固定，其上口用石膏胶黏剂填塞密实（胶黏剂干后撤去木楔，用胶黏剂填塞密实）。

按以上施工方法依次安装复合板。

④安装过程中随时用 2 m 靠尺及塞尺测量墙面的平整度，用 2 m 托线板检查板的垂直度。

⑤保温板安装完毕后，用聚合物水泥砂浆抹门窗口护角。保温板在门窗洞口处的缝隙和露出的接线盒、管卡、埋件与复合板开口处的缝隙，用胶黏剂嵌塞密实。

8）板缝处理、贴玻纤网格布。

①复合板安装完胶黏剂并达到强度后，检查所有缝隙是否黏结良好，有裂缝时，应及时修补。将板缝内的浮灰及残留胶黏剂清理干净，在板缝处刮一道接缝腻子，粘贴 50 mm 宽仿棉无纺布一层，压实粘牢，表面用接缝腻子刮平。所有阳角粘贴 200 mm 宽（每边各 100 mm）玻纤布，其方法同板缝。墙面阴角和门窗口阳角处加贴玻纤布一层（角两侧各 100 mm）。门窗口角斜向加贴 200 mm×400 mm 玻纤网格布。

②板缝处理完后，在板面满贴玻璃纤维布一层，玻璃纤维布应横向粘贴，用力拉紧、拉平，上下搭接不小于 50 mm，左右搭接不小于 100 mm。

9）刮腻子。玻璃纤维布黏结层干燥后，墙面满刮 2～3mm 石膏腻子，分 2～3 遍刮平，与玻璃纤维布一起组成保温墙的面层，验收后按设计做内饰面。

（3）季节性施工。

1）雨期施工时，保温板应在库内存放，运输过程中采取防雨措施，防止石膏板被雨淋。

2）冬期施工时，做好门窗封闭，根据气温采取保温措施，环境温度不应低于 5℃，防止石膏胶黏剂受冻。

4．成品保护

（1）保温板安装后，对墙角、窗台等部位及时做护角保护，防止损坏棱角。

（2）施工中各专业工种应紧密配合，做好预留、预埋，减少剔凿。

（3）安装埋件应在保温板胶黏剂硬化后进行，且应用电钻钻孔，严禁随意剔凿开洞。

（4）施工期间应采取有效措施，防止明水浸湿保温墙面。黏结石膏和复合保温板应存放在干燥的室内，防止受潮。

（5）保温板运输、装卸、堆放应横向立放，避免碰撞。堆放场地应坚实、平整、干燥。

5. 应注意的质量问题

（1）增强石膏聚苯复合板板缝胶黏剂应填塞密实，良好。当胶黏剂干燥后出现裂缝时，应及时修补。

（2）板缝处理时，不得用玻纤布代替仿棉无纺布，布应与板体接缝黏结牢固，防止产生裂缝。

二、增强粉刷石膏聚苯板外墙内保温工程

1. 施工准备

（1）材料。

1）聚苯乙烯泡沫塑料板性能应符合现行国家标准《绝热用模塑聚苯乙烯泡沫塑料》（GB 10801.1—2002）中第Ⅰ、Ⅱ类产品的规定。规格一般为 600 mm×900 mm、600 mm×1 200 mm，厚度有 30～90 mm 共 7 种。应有出厂合格证及性能检测报告。

2）黏结石膏、粉刷石膏、耐水性粉刷石膏性能指标见表 1-65。

表 1-65 黏结石膏、粉刷石膏、耐水性粉刷石膏性能指标

项　　目		单位	黏结石膏	粉刷石膏	耐水性粉刷石膏
可操作时间		min	≥50	≥50	≥50
保水率		％	≥70	≥65	≥75
抗裂性		—	24 h 无裂纹	24 h 无裂纹	24 h 无裂纹
凝结时间	初凝时间	min	≥60	≥75	≥75
	终凝时间		≤120	≤240	≤240
强度	绝干抗折强度	MPa	≥3.0	≥3.0	≥3.5
	绝干抗压强度		≥6.0	≥6.0	≥7.0
	剪切黏结强度		≥0.5	≥0.4	≥0.4
收缩率		％	≤0.06	≤0.05	≤0.06
软化系数		—	—	—	≥0.5

3）中碱网格布。中碱网格布分为 A 型和 B 型，其性能及规格要求见表 1-66。

表 1-66 中碱网格布性能及规格要求

项　　目	单　位	指　　标	
		A 型玻纤布（被覆用）	B 型玻纤布（粘贴用）
布重	g/m²	≥80	≥45
含胶量	％	≥10	≥8
抗拉断裂荷载	N/50mm	经向≥600 纬向≥400	经向≥300 纬向≥200
幅宽	mm	600 或 900	600 或 900

项　　目	单　　位	指　　标	
		A 型玻纤布（被覆用）	B 型玻纤布（粘贴用）
网眼尺寸	mm	5×5 或 6×6	2.5×2.5

4）耐水腻子的性能指标见表 1-67。

表 1-67　耐水腻子性能指标

项　　目		单　　位	技　术　指　标	
			Ⅰ 型	Ⅱ 型
容器中状态		—	外观白色状、无结块、均匀	
料浆可使用时间		h	终凝不小于 2	
施工性		—	刮涂无困难、无起皮、无打卷	
干燥时间		h	≤5	
白度		%	≥80	
打磨性		—	手指干擦不掉粉，用砂纸易打磨	
软化系数		%	不小于 0.70	不小于 0.50
耐碱性		24 h	无异常	无异常
黏结强度	标准状态	MPa	＞0.60	＞0.50
	浸水以后	MPa	＞0.35	＞0.30
低温储存稳定性		—	−5℃冷冻 4 h 无变化，刮涂无困难	

5）网格布胶黏剂。固含量大于或等于 0.5%，黏度为 400 mPas。

6）砂。平均粒径为 0.35～0.5 mm 的中砂，砂的颗粒要求质地坚硬、洁净，含泥量不得大于 3%，不得含有草根、树叶和其他有机物杂质。砂在使用前应按使用要求过不同孔径的筛子。

7）水泥。矿渣水泥、普通硅酸盐水泥强度等级不低于 32.5 级。水泥进场应有产品合格证和出厂检验报告，进场后应进行取样复试。水泥的凝结时间和安定性复验合格。当对水泥质量有怀疑或水泥出厂超过三个月时，在使用前必须进行复试，并按复试结果使用。

（2）机具设备。

1）工具。筛子、抹子、灰槽、铁锹、托板、壁纸刀、剪刀、橡皮锤、扫帚、钢丝刷等。

2）计量检测用具。钢尺、方尺、托线板、线坠等。

3）安全防护用品。口罩、手套、护目镜等。

（3）作业条件。

1）结构工程经验收合格。

2）标高控制线（+500 mm）弹好并经预检合格。

3）外墙门窗框安装完，与墙体安装牢固，缝隙用砂浆填塞密实。塑钢、铝合金门窗框缝隙按产品说明书要求的材料堵塞，并贴好保护膜。

4）水暖及装饰工程需用的管卡、挂钩和窗帘杆卡子等埋件留出位置或埋设完；电气工程的暗管线、接线盒等埋设完，并应完成暗管线的穿带线工作。

（4）技术准备。

1）编制施工方案并经审批。

2）大面积施工前先做样板，并经监理、建设单位及有关质量部门检查合格后，方可大面积施工。

3）对施工人员进行安全技术交底。

2. 系统构造

增强粉刷石膏聚苯板外墙内保温构造，如图 1-29 所示。

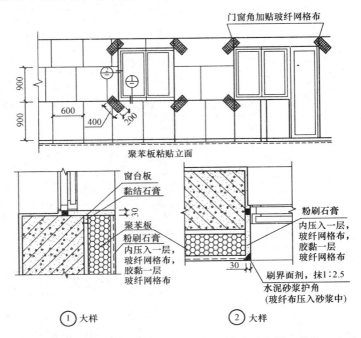

图 1-29　增强粉刷石膏聚苯板外墙内保温构造示意图（单位：mm）

3. 施工工艺

（1）工艺流程。

清理基层→弹线、贴灰饼、分块→配置黏结石膏砂浆→粘贴聚苯板→抹灰、挂 A 型网格布→粘贴 B 型网格布→门窗洞口护角及踢脚板→刮耐水腻子。

（2）施工方法。

1）清理基层。将混凝土墙表面凸出的混凝土或砂浆剔平，用钢丝刷满刷一遍，然后用扫帚蘸清水把表面残渣、浮尘及脱模剂清理干净。表面沾有油污的部分，应用清洗剂或去污剂处理，用清水冲洗干净晾干。穿墙螺栓孔用于硬性砂浆分层堵塞密实、抹平。将砖墙表面舌头灰、残余砂浆、浮尘清理干净，堵好脚手眼。

2）弹线、贴灰饼、分块。按设计选用的空气层、聚苯板的厚度，在与外墙内表面相邻的墙面、顶棚和地面上弹出聚苯板粘贴控制线、门窗洞口控制线；如对空气层厚度有严格要求，根据聚苯板粘贴控制线，按 2 m×2 m 的间距做出 50 mm×50 mm 灰饼。

排板时，以楼层结构净高尺寸减 20～30 mm（根据楼板的平整度而定）为准，根据保温板的尺寸，按水平顺序错缝、阴阳角错槎、板缝不得正好留在门窗口四角处的原则合理进行排列分块，并在墙上弹线。

3）配制黏结石膏砂浆。黏结石膏：中砂＝4：1（体积比）或直接使用预混好中砂的黏结石膏，加水充分拌和到稠度合适为止。一次拌和量要确保在 50 min 内用完，稠化后禁止加水稀释。

4）粘贴聚苯板。

①用黏结石膏砂浆以梅花形在聚苯板上设置黏结点，每个黏结点直径不小于 100 mm；沿聚苯板四边设矩形黏结条，黏结条边宽不小于 50 mm，同时在矩形条上预留排气孔，整体黏结面积不小于 30％，如图 1-30 所示。

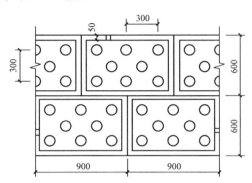

图 1-30　聚苯板排块粘贴示意图（单位：mm）

②粘贴聚苯板时，由下至上逐层按线顺序进行，用手挤压并用橡皮锤轻敲，使黏结点与墙面充分接触，并要确保空气层的厚度。施工中应随时用托线板检查聚苯板的垂直度和平整度，粘贴 2 h 内不得碰动。

③裁切聚苯板在遇到电气盒、插座、穿墙管线时，应先确定位置再裁切，裁切的洞口要大于配件周边 10 mm 左右。

④聚苯板粘贴后，用聚苯条填塞缝隙，并用黏结石膏将缝隙填充密实。聚苯板与相邻墙面、顶棚的接槎应用黏结石膏嵌实刮平，聚苯板邻接门窗洞口、接线盒处的空气层不得外露。

5）抹灰、挂 A 型网格布。

①配制粉刷石膏砂浆，配合比为粉刷石膏：中砂＝2：1（体积比）（或采用预混好中砂的粉刷石膏），加水充分拌和到合适稠度，粉刷石膏砂浆的一次拌和量以在 50 min 内用完为宜。

②在聚苯板表面弹出踢脚高度控制线，在控制线以上用粉刷石膏砂浆在聚苯板面上按常规做法做出标准灰饼，厚度控制在 8～10 mm。灰饼硬化后，直接在聚苯板上抹粉刷石膏砂浆。按灰饼用杠尺刮平，木抹子搓毛。在抹灰层初凝前，横向绷紧被覆 A 型中碱玻纤网布，用抹子压入到抹灰层内，然后抹平、压光，网格布要尽量靠近表面。踢脚板位置不抹粉刷石膏砂浆，网格布直铺到底。

③凡是与相邻墙面、窗洞、门洞接槎处，网格布都要预留出 100 mm 的接槎宽度；整体墙面相邻网格布接槎处搭接不小于 100 mm；在门窗洞口、电气盒四周对角线方向斜向加铺 400 mm×200 mm 网格布条。对于墙面积较大的房间，如采取分段施工，网格布应留槎 200 mm，搭接不小于 100 mm。

6）粘贴 B 型网格布。粉刷石膏抹灰层基本干燥后，在抹灰层表面用胶黏剂粘贴 B 型中碱玻璃纤维网格布并绷紧，相邻网格布接槎处搭接不少于 100 mm。

7）门窗洞口护角及踢脚板。门窗洞口、立柱、墙阳角部位护角抹聚合物水泥砂浆。做法为：聚苯板表面先涂刷界面剂，再抹 1：2.5 水泥砂浆，压光时应把粉刷石膏抹灰层内甩出的网格布压入水泥砂浆面层内；做水泥踢脚板时，应先在聚苯板上满刮一层界面剂，再抹聚合物水泥砂浆。压光时应把粉刷石膏抹灰层内甩出的网格布压入水泥砂浆面层内。

8) 刮耐水腻子。网格布胶黏剂硬化后，满刮 2～3 mm 耐水腻子，分两遍刮成，干后用砂纸打磨平整，验收后按设计做内饰面。

（3）季节性施工。

1) 雨期施工时，聚苯板应在库内存放，运输安装过程中采取防雨措施，防止雨淋受潮。

2) 冬期施工时，做好门窗封闭，根据气温采取保温措施，环境温度不应低于 5℃，防止黏结材料受冻。

4. 成品保护

（1）保温板施工后，对墙角、窗台及时做护角保护，防止损坏棱角。

（2）施工期间应采取有效措施，防止明水浸湿保温墙面。黏结石膏、粉刷石膏应存放在干燥的室内，防止受潮。

（3）保温墙附近不得进行电、气焊操作，防止重物碰撞和挤靠墙面。

（4）施工中各专业工种应紧密配合做好预留、预埋，对抹完粉刷石膏的保温墙，不得进行任意剔凿。

5. 应注意的质量问题

（1）每块聚苯板与墙体的黏结面积不应小于 30%，防止聚苯板松脱。

（2）二层网格布的施工应与基层粘贴牢固，搭接应符合要求，防止表面产生裂缝。

（3）应在门窗洞口处采用刀把型材粘贴，并在四角加铺 200 mm×400 mm 网格布，防止门窗洞口产生裂缝。

三、胶粉聚苯颗粒保温浆料外墙内保温工程

1. 施工准备

（1）材料。

1) 水泥。矿渣水泥或普通水泥强度等级不低于 32.5 级。应有出厂证明和复试单，当出厂超过三个月时，水泥必须做复试并按试验结果使用，严禁使用受潮水泥。

2) 砂。平均粒径为 0.35～0.5 mm 的中砂，砂的颗粒要求质地坚硬、洁净，含泥量不得大于 3%，不得含有草根、树叶、碱质和其他有机物等杂质。砂在使用前应按使用要求过不同孔径的筛子。

3) 界面剂。界面剂应有产品合格证、性能检测报告，必应符合地方标准的相关规定，进场后及时进行检验。

4) 胶粉料。其主要技术性能指标见表 1-68。

表 1-68　胶粉料主要技术性能指标

项　目	单　位	指　标
初凝时间	h	≥4
终凝时间	h	≤16
安定性	—	合格
拉伸黏结强度（常温 28 d）	MPa	≥0.6
浸水拉伸黏结强度（常温 28 d，浸水 7 d）	MPa	≥0.4

5）聚苯颗粒主要技术性能指标见表1-69。

表 1-69　聚苯颗粒主要技术性能指标

项　目	单　位	指　标
堆积密度	kg/m³	12～21
粒度（5 mm筛孔筛余）	%	≤5

6）玻璃纤维网格布主要技术性能指标见表1-70。

表 1-70　玻璃纤维网格布技术性能指标

项　目		单　位	指　标
网孔中心距		mm	4×4
单位面积质量		g/m²	≥160
断裂拉力	经向	N/50 mm	≥1 250
	纬向	N/50 mm	≥1 250
耐碱性强度保留率28 d	经向	%	≥90
	纬向		
涂塑量		g/m²	≥20

7）抗裂柔性腻子主要技术性能指标，见表1-71。

表 1-71　抗裂柔性腻子技术性能指标

项　目		单　位	指　标
施工性		—	刮涂无困难
干燥时间（表干）		h	<5
打磨性		%	20～80
耐水性48 h		—	无异常
耐碱性24 h		—	无异常
黏结强度	标准状态	MPa	>0.60
	浸水后	MPa	>0.40
低温储存稳定性		—	−5℃冷冻4 h无变化，刮涂无困难
柔韧性		—	直径50 mm，无裂纹
稠度		mm	110～130

（2）机具设备（表1-72）。

表 1-72　机具准备

项　目	内　容
机械	强制式砂浆搅拌机、手提式搅拌器
工具	手推车、灰槽、灰勺、刮杠、靠尺板、铁抹子、木抹子、阴阳角抹子、水桶、壁纸刀、滚刷、铁锹、扫帚、铁锤、錾子等
计量检测用具	磅秤、钢尺、水平尺、方尺、托线板、线坠、探针等
安全防护用品	口罩、手套、护目镜等

（3）作业条件。

1）结构工程已验收合格。

2）测设标高控制线（＋500 mm 线），并经预检合格。

3）门窗框已安装完，与墙体连接牢固，缝隙堵塞密实，有完好的保护措施。

4）墙面的预埋件留出位置或已安装完。水电管线、箱、盒安装完。

5）抹灰用的高凳或架子搭设完。脚手架铺设符合安全要求并检查合格。

（4）技术准备。

1）编制分项工程施工方案并经审批。对操作人员进行安全技术交底。

2）在大面积施工前应先做样板，经监理、建设单位确认后，方可进行大面积施工。

2. 系统构造

胶粉苯颗粒保温浆料外墙内保温系统构造如图 1-31 所示。

3. 施工工艺

（1）施工工艺流程。

配制砂浆→基层墙体处理→涂刷界面砂浆→吊垂直、套方、弹控制线、贴饼冲筋→抹胶粉聚苯→颗粒保温浆料→保温层验收→抹抗裂砂浆、压入网格布→抗裂层验收→刮柔性抗裂腻子。

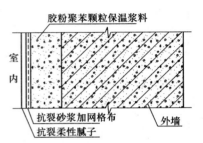

图 1-31　胶粉聚苯颗粒保温浆料
外墙内保温系统构造图

（2）施工方法。

1）配制砂浆。

①界面砂浆的配制。配合比为水泥∶中砂∶界面剂＝1∶1∶1（重量比），准确计量，搅拌成均匀膏状。

②胶粉聚苯颗粒保温浆料的配制。胶粉聚苯颗粒保温浆料由胶粉料与聚苯颗粒（两种材料分袋包装）组成，先将 35～40 kg 水倒入砂浆搅拌机内，然后倒入一袋 25 kg 的保温胶粉料，搅拌 3～5 min 后，再倒入一袋 200 L 的聚苯颗粒轻骨料继续搅拌 3 min，可按施工稠度适当调整加水量。搅拌均匀后倒出，随拌随用，并在 4 h 内用完。配制完的胶粉聚苯颗粒保温浆料性能指标见表 1-73。

表 1-73　胶粉聚苯颗粒保温浆料技术性能指标

项　目	单　位	指　标
湿表观密度	kg/m³	≤450
干表观密度	kg/m³	≤230
导热系数	W/（m·K）	≤0.060
压缩强度	kPa	≥200
线性收缩率	%	≤0.3
软化系数	—	≥0.5
难燃性	—	B₁

③抗裂砂浆的配制。配合比为抗裂剂∶水泥∶中砂＝1∶1∶3（重量比），加水用砂浆搅拌机或手提搅拌器搅拌均匀，稠度为 80～130 mm，拌好的砂浆不得任意加水，并在 2 h 内用完。抗裂砂浆由聚合物乳液掺加多种外加剂制成，具有良好的拉伸黏结强度和浸水拉伸黏

结强度等特点，其技术性能指标见表 1-74。

表 1-74　抗裂砂浆技术性能指标

项　　目	单　　位	指　　标
砂浆稠度	mm	80～130
可操作时间	h	≥2.0
拉伸黏结强度（常温 28 d）	MPa	＞0.8
浸水拉伸黏结强度 （常温 28 d，浸水 7 d）	MPa	＞0.6
抗弯曲性	—	5％弯曲变形无裂缝

2）基层墙体处理。剔除混凝土墙面凸出部分及杂物，用钢丝刷满刷一遍，然后用扫帚蘸清水把表面残渣、浮尘清扫干净；表面沾有油污时，用去污剂处理，并用清水冲洗晾干。将砖墙表面的舌头灰、残余砂浆、灰尘清理干净，堵好脚手眼，浇水湿润。

3）涂刷界面砂浆。用滚刷或扫帚蘸取界面砂浆均匀涂刷（甩）在墙面上，不得漏刷（甩），也不宜太厚。

4）吊垂直、套方、弹控制线、贴饼冲筋。分别在门窗口角、垛、墙面等处吊垂直、套方，并在侧墙、顶板处根据保温层厚度弹出抹灰控制线。用胶粉聚苯颗粒保温浆料做灰饼，灰饼间距 1.2～1.5 mm，并用胶粉聚苯颗粒保温浆料冲筋，筋宽 50～100 mm，可冲立筋也可冲横筋。

5）抹胶粉聚苯颗粒保温浆料（表 1-75）。

表 1-75　抹胶粉聚苯颗粒保温浆料

项　　目	内　　容
抹第一遍保温浆料	第一遍抹灰厚度为总厚度的一半（最大厚度不大于 20 mm），用刮杠垂直、水平刮找一遍，用木抹子搓毛。保温浆料抹上墙粘住后，不宜反复赶压
抹第二遍保温浆料	第一遍稍干后抹第二遍保温浆料。第二遍抹灰厚度要达到冲筋厚度（如超过 20 mm，则再增加一遍抹灰），每抹完一个墙面，用刮杠刮平找直后用铁抹子压实赶平。阳角处应抹 1∶2 聚合物水泥砂浆

6）保温层验收。保温层固化干燥后（表面用手按不动为宜），用检测工具进行检验，表面应垂直平整，阴阳角应方正顺直，对不符合要求的墙面进行修补。

7）抹抗裂砂浆、压入网格布。在保温层验收合格后，用铁抹子在保温层上抹抗裂砂浆，厚度为 3～4 mm，不得漏抹。在刚抹好的砂浆上用铁抹子压入裁好的网格布，要求网格布竖向铺贴，并全部压入抗裂砂浆内。网格布不得有干贴现象，粘贴饱满度应达到 100％，不得有褶皱、空鼓、翘边现象。接槎处搭接应不小于 50 mm，先压入一侧网格布，抹一些抗裂砂浆，再压入另一侧，两层搭接网格布之间要布满抗裂砂浆，严禁干槎搭接。阳角处两侧网格布双向绕角相互搭接。在门窗口、洞口边应 45°斜向加贴一道 200 mm×400 mm 网格布。

8）抗裂层验收。抹完抗裂砂浆，检查垂直平整和阴阳角方正，对于不符合要求的墙面，进行修补。厨房、卫生间抹完抗裂砂浆后，用木抹子搓平。

9）刮柔性抗裂腻子。在抹完抗裂砂浆 24 h 后即可刮抗裂柔性腻子，分 2～3 遍刮完，要求平整光滑，满足做涂饰的要求。对有防水要求的部位应刮柔性防水腻子。

（3）季节性施工。

1）雨期施工，保温材料应入库存放，不得雨淋受潮，并经常测试砂子含水率，随时调整砂浆用水量。

2）冬期施工，保温浆料、抗裂砂浆应采用热水拌和，运输时采取保温措施，涂抹时保温浆料温度不得低于 5℃。

3）冬期施工应做好门窗封闭，采取保温措施，室内环境温度不低于 5℃。应设专人负责进行保温、测温工作，确保保温浆料、抗裂砂浆不受冻。

4. 成品保护

（1）门窗框上残存的砂浆应及时清理干净，铝合金门窗框应贴好保护膜。

（2）架子拆除时应轻拆轻放，对边角处应做木板保护，防止污染和损坏已抹好的墙面。

（3）禁止在地面上直接拌和胶粉聚苯颗粒保温浆料和抗裂砂浆，以防污染和破坏地面。

（4）保护好墙上的埋件、电线槽（盒）、水暖设备和预留孔洞等，以防堵塞。

（5）过时浆料不得使用。各构造层硬化前避免水冲、撞击和挤压。

5. 应注意的质量问题

（1）抹保温浆料前，应做好基层处理，均匀涂刷界面砂浆；保温浆料一次不得抹得过厚，应分层抹压，掌握好抹灰间隔时间，防止抹灰层下坠，产生空鼓、开裂。

（2）做好门窗洞口四角斜向网格布加强层的施工，防止在四角产生裂缝。

（3）门窗洞口、阳角等部位应用聚合物水泥砂浆做护角，避免棱角损坏。

四、增强水泥聚苯复合保温板外墙内保温工程

1. 施工准备

（1）材料及工具。

1）材料。

①增强水泥聚苯复合保温板，性能、质量必须符合《外墙内保温板质量检验评定标准》（DBJ 01－30—2000）的要求。

外墙内保温板通常分为条板和小块板两种见表 1-76。

表 1-76　外墙内保温板规格

分类	厚度（mm）	宽度（mm）	长度（mm）	边肋（mm）	聚苯乙烯泡沫板厚度（mm）	面积厚度（mm）
条板	60	595	2 400～2 700	≤20	≥40	10
	70					
小块板	50	595	900～1 500	≤10		5
	60			无肋		

②辅助材料性能。

a. 聚合物水泥砂浆胶黏剂（用于粘贴保温板和板缝处理）：黏结强度≥1.0 MPa，使用时间为 0.5～1.0 h。

b. 耐碱玻纤涂塑网格布技术指标见表 1-77。

表 1-77　耐碱玻纤涂塑网格布技术指标

项　目		单　位	指　标
网孔中心距		mm	≤4×4
单位面积重量		g/m²	≥80
断裂强力	经向	N/50 mm	≥900
	纬向	N/50 mm	≥900
耐碱保留率（28 d）	经向	％	≥90
	纬向	％	
含胶量		％	8

c. 乳胶（聚醋酸乙烯乳液），用于粘贴耐碱玻纤涂塑网格布。其固体含量：23％±2％；压缩剪切强度≥3.0 MPa。

d. 石膏腻子，用于满刮墙面。抗压强度≥2.5 MPa；抗折强度≥1.0 MPa；黏结强度≥0.2 MPa；终凝时间不超过4 h。

2）工具。

刀锯、灰槽、托板、水桶、2 m托线板、靠尺、钢卷尺、橡皮锤、钢丝刷、木楔、开刀、扫帚等。

（2）作业条件。

1）屋面防水层及结构工程分别交工和验收完毕，墙面弹出＋50 mm或＋100 mm标高线。

2）外墙门窗口已安装完毕。

3）水暖及装饰工程分别需用的管卡、炉钩和窗帘杆固定件等埋件宜留出位置。电气工程的暗管线、接线盒等必须埋设完毕，并应完成暗管线的穿带线工作。

4）操作地点环境温度不低于5℃。

2. 系统构造

增强水泥聚苯复合板外墙内保温系统构造如图1-32所示。

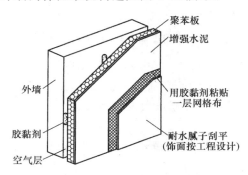

图 1-32　增强水泥聚苯复合板外墙内保温系统构造示意

3. 施工工艺

（1）施工工艺流程。

结构墙面清理→弹出保温板位置线→抹冲筋带→粘贴、安装保温板→板边、板缝及门窗四角处粘贴玻纤布条→整个墙面粘贴玻纤布→抹门窗口护角→保温墙面刮腻子。

（2）施工要点。

1）凡凸出墙面超过 20 mm 的砂浆、混凝土块必须剔除并扫净墙面。

2）根据开间或进深尺寸及保温板实际规格，预排保温板。排板应从门窗口开始，非整板放在阴角，据此弹出保温板位置线。

3）在墙距顶、地面各 200 mm 处及墙中部，用 1：3 水泥砂浆冲筋 4 道，筋宽 60 mm，筋厚以保证空气层厚度为准，通长冲筋中间应断开 100 mm 作为通气口。

4）粘贴、安装保温板。

①在冲筋带粘接面及相邻板侧面和上端满刮胶黏剂。

②将保温板粘贴上墙，揉挤安装就位，并随时用 2 m 托线板检查，用橡皮锤将其找正，板底留 20～30 mm 缝隙并用木楔子临时固定，小块板应上下错搓安装。粘贴后的保温板整体墙面必须垂直平整，板缝挤出的胶黏剂应随时刮平。

③板缝以及门窗口的板侧，均应另用胶黏剂嵌填或封堵密实。板下端用木楔临时固定，板下空隙用 C20 细石混凝土堵实，常温下 3 d 后再撤去木楔。

5）保温墙上贴玻纤布。

①粘贴前清除保温板面的浮灰及残留胶黏剂。

②两板拼缝处用乳胶粘贴 50 mm 宽玻纤布条一层，门窗口角加贴玻纤网格布（图 1-33），粘贴时要压实、粘牢、刮平。墙面阴角和门窗口阳角处加贴 200 mm 宽玻纤布一层（角两侧各 100 mm）。然后在板面满贴玻纤布一层，玻纤布应横向粘贴，粘贴时用力拉紧、拉平，上下搭接不小于 50 mm，左右搭接不小于 100 mm。

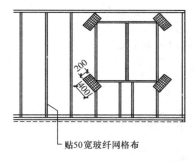

图 1-33　门窗角加贴玻纤网格布（单位：mm）

6）保温板安装完毕后，用聚合物水泥砂浆抹门窗口护角。

7）待玻纤布黏结层干燥后，墙面满刮 2～3 mm 石膏腻子，分 2～3 遍刮平，与玻纤布一起组成保温墙的面层，最后按设计规定做内饰面层。

（3）水电专业配合要求。

1）水电专业必须与保温板施工密切配合，各种管线和设备的埋件必须固定于结构墙内，锚固牢固，孔洞位置应留准确，且应用电钻钻孔。

2）电气接线盒等埋设深度应与保温层厚度相应，凹进保温墙面不大于 2 mm。

4．其他注意事项

（1）保温板运输、装卸堆放应横向立放，严禁碰撞。堆放场地应坚实、平整、干燥。并应有防雨防潮措施。

（2）粘贴保温板和玻纤布时，板面上及掉在地上的胶黏剂应及时清理干净。

（3）操作完毕和下班前，应将拌制胶黏剂的用具洗净。

（4）严格遵守有关的安全操作规程，实现安全生产和文明施工。

五、外墙内保温工程验收规定

1. 一般规定

（1）外墙内保温工程应按现行国家标准《建筑工程施工质量验收统一标准》（GB 50300—2001）和《建筑节能工程施工质量验收规范》（GB 50411—2007）的有关规定进行施工质量验收。

（2）外墙内保温工程主要组成材料进场时，应提供产品品种、规格、性能等有效的型式检验报告，并应按表1-78规定进行现场抽样复验，抽样数量应符合现行国家标准《建筑节能工程施工质量验收规范》（GB 50411—2007）的规定。

表 1-78　内保温系统主要组成材料复验项目

组 成 材 料	复 验 项 目
复合板	拉伸黏结强度，抗冲击性
有机保温板	密度，导热系数，垂直于板面方向的抗拉强度
喷涂硬泡聚氨酯	密度，导热系数，拉伸黏结强度
纸蜂窝填充憎水型膨胀珍珠岩保温板	导热系数，抗拉强度
岩棉板（毡）	标称密度，导热系数
玻璃棉板（毡）	标称密度，导热系数
无机保温板	干密度，导热系数，垂直于板面方向的抗拉强度
保温砂浆	干密度，导热系数，抗拉强度
界面砂浆	拉伸黏结强度
胶黏剂	与保温板或复合板拉伸黏结强度的原强度
黏结石膏	凝结时间，与有机保温板拉伸黏结强度
粉刷石膏	凝结时间，拉伸黏结强度
抹面胶浆	拉伸黏结强度
玻璃纤维网布	单位面积质量，拉伸断裂强力
锚栓	单个锚栓抗拉承载力标准值
腻子	施工性，初期干燥抗裂性

注：界面砂浆、胶黏剂、抹面胶浆、制样后养护7 d进行拉伸黏结强度检验。发生争议时，以养护28 d为准。

（3）内保温工程应按现行国家标准《建筑节能工程施工质量验收规范》（GB 50411—2007）规定进行隐蔽工程验收。对隐蔽工程应随施工进度及时验收，并应做好下列内容的文字记录和图像资料：

1）保温层附着的基层及其表面处理；

2）保温板黏结或固定，空气层的厚度；

3）锚栓安装；

4）增强网铺设；

5）墙体热桥部位处理；

6）复合板的板缝处理；

7）喷涂硬泡聚氨酯、保温砂浆或被封闭的保温材料厚度；

8）隔汽层铺设；

9）龙骨固定。

（4）内保温分项工程宜以每 500～1 000 m² 划分为一个检验批，不足 500 m² 也宜划分为一个检验批；每个检验批每 100 m² 应至少抽查一处，每处不得小于 10 m²。

（5）内保温工程竣工验收应提交下列文件：

1）内保温系统的设计文件、图纸会审、设计变更和洽商记录；

2）施工方案和施工工艺；

3）内保温系统的型式检验报告及其主要组成材料的产品合格证、出厂检验报告、进场复检报告和现场检验记录；

4）施工技术交底；

5）施工工艺记录及施工质量检验记录。

2. 主控项目

（1）内保温工程及主要组成材料性能应符合本规程的规定。

检查方法：检查产品合格证、出厂检验报告和进场复验报告。

（2）保温层厚度应符合设计要求。

检查方法：插针法检查。

（3）复合板内保温系统、有机保温板内保温系统和无机保温板内保温系统保温板粘贴面积应符合本规程规定。

检查方法：现场测量。

（4）复合板内保温系统、有机保温板内保温系统和无机保温板内保温系统，保温板与基层墙体拉伸黏结强度不得小于 0.10 MPa，并且应为保温板破坏。

检查方法：按现行行业标准《建筑工程饰面砖黏结强度检验标准》（JGJ 110—2008）的规定现场检验，试样尺寸应为 100 mm×100 mm。

（5）保温砂浆内保温系统，保温砂浆与基层墙体拉伸黏结强度不得小于 0.1 MPa，且应为保温层破坏。

检查方法：按现行行业标准《建筑工程饰面砖黏结强度检验标准》（JGJ 110—2008）的规定现场检验，试样尺寸应为 100 mm×100 mm。

（6）保温砂浆内保温系统，应在施工中制作同条件养护试件，检测其导热系数、干密度和抗压强度。保温砂浆的同条件养护试件应见证取样送检。

检验方法：核查试验报告。

保温砂浆干密度应符合设计要求，且不应大于 350 kg/m³。

检查方法：现场制样，并按现行国家标准《建筑保温砂浆》（GB/T 20473—2006）的规定检验。

（7）喷涂硬泡聚氨酯内保温系统，保温层与基层墙体的拉伸黏结强度不得小于 0.10 MPa，抹面层与保温层的拉伸黏结强度不得小于 0.10 MPa，且破坏部位不得位于各层界面。

检查方法：按现行国家标准《硬泡聚氨酯保温防水工程技术规范》（GB 50404—2007）的规定现场检验。

(8) 当设计要求在墙体内设置隔汽层时，隔汽层的位置、使用的材料及构造做法应符合设计要求和有关标准的规定。隔汽层应完整、严密，穿透隔汽层处应采取密封措施。

检验方法：对照设计观察检查；核查质量证明文件和隐蔽工程验收记录。

(9) 热桥部位的处理应符合设计和本规程的要求。

检验方法：对照设计和施工方案观察检查；检查隐蔽工程验收记录。

3. 一般项目

(1) 内保温工程的饰面层施工质量应符合现行国家标准《建筑装饰装修工程质量验收规范》（GB 50210—2001）的有关规定。

(2) 抹面层厚度应符合《外墙内保温保温工程技术规程》（JGJ/T 261—2011）的规定。

检查方法：插针法检查。

(3) 内保温系统抗冲击性应符合《外墙内保温保温工程技术规程》（JGJ/T 261—2011）的规定。

检查方法：按《外墙内保温板》（JG/T 159—2004）的规定检验。

(4) 当采用增强网作为防止开裂的措施时，增强网的铺贴和搭接应符合设计和施工方案的要求。抹面胶浆抹压应密实，不得空鼓，增强网不得皱褶、外露。

检验方法：观察检查；核查隐蔽工程验收记录。

(5) 复合板之间及龙骨固定系统面板之间的接缝方法应符合施工方案要求，复合板接缝应平整严密。

检验方法：观察检查。

(6) 墙体上易碰撞的阳角、门窗洞口及不同材料基体的交接处等特殊部位，抹面层的加强措施和增强网做法，应符合设计和施工方案的要求。

检验方法：观察检查；核查隐蔽工程验收记录。

第三节　墙体自保温节能工程施工

一、多孔砖（多孔砌块）墙体砌筑工程

1. 施工准备

(1) 材料。

1) 多孔砖（多孔砌块）。烧结多孔砖和多孔砌块按主要原料分为黏土砖和黏土砌块（N）、页岩砖和页岩砌块（Y）、煤矸石砖和煤矸石砌块（M）、粉煤灰砖和粉煤灰砌块（F）、淤泥砖和淤泥砌块（U）、固体废弃物砖和固体废弃物砌块（G）。

砖和砌块的外型一般为直角六面体，在与砂浆的接合面上应设有增加结合力的粉刷槽和砌筑砂浆槽。

2) 水泥。一般采用强度等级为 32.5 级的普通硅酸盐水泥或矿渣硅酸盐水泥，有出厂合格证明。水泥进场使用前，应分批对其强度、安定性进行复验。检验批应以同一生产厂家、同一编号为一批。当在使用中对水泥质量不确定或水泥出厂超过 3 个月时，应做复查试验，并按其结果使用。不同品种的水泥，不得混合使用。

3) 砂。宜用中砂，细度模数控制在 2.5 左右。当配制强度等级为 M5 以下的水泥混合砂浆，砂的含泥量不超过 10%；配制水泥砂浆及强度等级为 M5 及其以上的水泥混合砂浆，砂的含泥量不超过 5%，并不含草根等有害杂物。

4）掺合料。宜选用石灰膏、磨细生石灰粉、粉煤灰等，其质量应符合有关要求。生石灰粉熟化时间不得少于 7 d；当采用磨细生石灰粉时，其熟化时间不得少于 2 d。不得使用脱水硬化的石灰膏。

5）水。使用饮用水或不含有害物质的洁净水，水质应符合国家现行标准《混凝土用水标准》（JGJ 63—2006）的规定。

6）其他材料。塑化剂、防冻剂、微沫剂、拉结筋、预埋件、过梁、梁垫等。

（2）机具设备。

1）机械。砂浆搅拌机、卷扬机及井架、切割机、磅秤、翻斗车等。

2）工具。吊斗、砖笼、手推车、胶皮管、筛子、铁锹、半截灰桶、小水桶、喷水壶、托线板、线坠、水平尺、小线、砖夹子、大铲、刨锛、皮数杆、钢卷尺、缝溜子、2 m 靠尺、笤帚等。

（3）作业条件。

1）地基、基础工程隐检手续已完成。

2）按设计标高已抹好水泥砂浆防潮层。

3）基层找平。施工前应用水准仪抄平，当第一皮砖下灰缝厚度超过 20 mm 时，应采用 C20 豆石混凝土找平。

4）已弹好轴线、墙身线、门窗洞口位置线，引测标高控制线，经验线符合设计要求，并办理预检手续。

5）按建筑平面形式和施工段的划分立好皮数杆，皮数杆的间距以 15～20 m 为宜，转角、交角处均应设立。皮数杆设立应牢固、竖直，标高一致，办理完预检手续。

（4）技术准备。

1）绘制多孔砖（多孔砌块）排列平、立面图（即排砖图）。

2）取得试验室的砂浆配合比通知单，准备好试模。

3）根据多孔砖（多孔砌块）尺寸及建筑物层高确定灰缝厚度，绘制皮数杆，同时在皮数杆上标明门窗洞口及过梁尺寸。

4）对操作工人进行技术交底。

2. 施工工艺

（1）施工工艺流程。

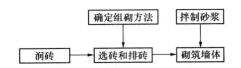

（2）施工方法。

1）润砖。常温施工时，多孔砖（多孔砌块）在砌筑前 1～2 d 浇水湿润，砌筑时，砖的含水率宜控制在 10%～15% 之间，一般当水浸入砖四周 15～20 mm，含水率即满足要求。不得用干砖上墙。

2）确定组砌方法。砌体应上下错缝、内外搭砌，宜采用一顺一丁、梅花丁或三顺一丁砌筑形式。砖柱不得采用先砌四周后填心的包心砌法。

3）选砖和排砖（表 1-79）。

表 1-79　选砖和排砖

项　目	内　容
选砖	选砖应按照标准进行。砌清水墙、柱用的多孔砖（多孔砌块）应选择边角整齐，无弯曲、裂纹，色泽均匀，敲击时声音响亮，规格基本一致的砖

项　目	内　容
排砖摞底	依据墙体线、门窗洞口线及相应控制线，按排砖图在工作面试排。一般外墙第一层砖摞底时，两山墙排丁砖，前后檐纵墙排条砖。窗间墙、垛尺寸如不符合模数，可将门窗洞口的位置左右移动（≤60 mm）。如有"破活"时，七分头或丁砖应排在窗口中间、附墙垛或其他不明显部位。移动门窗口位置时，应注意不要影响暖卫立管的安装和门窗的开启。排砖应考虑门窗洞口上边的砖墙合拢时不出现"破活"。后檐墙排第一皮砖时，要考虑甩窗口后砌条砖，窗角上必须是七分头，墙面单丁才是"好活"

注：清水墙排砖以整砖、半砖或七分头进行排列时俗称"好活"，否则为"破活"。

4）拌制砂浆。

①砌筑砂浆，应通过试验确定配合比。砂浆现场拌制时，各组分材料应采用重量比计量。计量精度水泥为±2%，砂、灰膏控制在±5%以内。

②凡在砂浆中掺入有机塑化剂、防冻剂等，应经检验和试配符合要求后，方可使用。有机塑化剂应有砌体强度的型式检验报告。

③砂浆应采用机械搅拌，搅拌时间自投料完算起应符合下列规定：

a. 水泥砂浆和水泥混合砂浆不得少于 2 min；

b. 水泥粉煤灰砂浆和掺有外加剂的砂浆不得少于 3 min；

c. 掺有有机塑化剂的砂浆，应为 3～5 min。

④砂浆的稠度应控制在 60～80 mm 为宜。

⑤砂浆应随拌随用。水泥砂浆和水泥混合砂浆应分别在拌成后 3～4 h 内使用完毕；当施工期间最高气温超过 30℃时，应在拌成后 2～3 h 内使用完毕。超过上述时间的砂浆不得使用，并不得再次拌和后使用。

⑥砂浆拌和后和使用中，当出现泌水现象，应在砌筑前再次拌和。

⑦砂浆试块。每一检验批且不超过 250 m³ 砌体的各种类型及强度等级的砌筑砂浆，每台搅拌机至少做一组试块（一组 6 块）。砂浆强度等级或配合比变化时，应另做试块。

5）砌筑墙体（表 1-80）。

表 1-80　砌筑墙体

项　目	内　容
盘角	砌砖应先盘大角。每次盘角不应超过 5 层，新盘大角要及时进行吊、靠，如有偏差应及时修正。要仔细对照皮数杆砖层和标高，控制水平灰缝均匀一致。大角盘好后，复查平整和垂直完全符合要求，再进行挂线砌筑
砌砖	（1）挂线。砌筑一砖厚混水墙时，采用外手挂线；砌筑一砖半墙必须双面挂线；砌长墙多人使用一根通线时，中间应设几个支点，小线要拉紧，每层砖都要穿线看平，使水平灰缝均匀一致，平直通顺。遇刮风时，应防止挂线成弧状。 （2）砌砖。砌筑墙体时，多孔砖的孔洞应垂直于受压面，砌筑前应试摆，砖要放平跟线。 （3）对抗震地区，砌砖宜采用一铲灰、一块砖、一挤揉的"三一砌砖法"，即满铺、满挤操作法。对非抗震地区，除采用"三一砌砖法"外，也可采用铺浆法砌筑，铺浆长度不得超过 750 mm；当施工气温超过 30℃时，铺浆长度不得超过 500 mm。

项　目	内　容
砌砖	（4）砌体灰缝应横平竖直。水平灰缝厚度和竖向灰缝宽度宜为 10 mm，但不应小于 8 mm，也不应大于 12 mm。砌体灰缝砂浆应饱满，水平灰缝的砂浆饱满度不得低于 80%；竖向灰缝宜采用加浆填灌的方法，严禁用水冲浆灌缝。竖向灰缝不得出现透明缝、瞎缝和假缝。 （5）砌清水墙应随砌随刮去挤出灰缝的砂浆，等灰缝砂浆达到"指纹硬化"（手指压出清晰指纹而砂浆不粘手）时即可进行划缝，划缝深度为 8～10 mm，深浅一致，墙面清扫干净；砌混水墙应随砌随将舌头灰刮尽。 （6）砌筑过程中，要认真进行自检。砌完基础或每一楼层后，应校核砌体的轴线和标高；对砌体垂直度应随时检查。如发现有偏差超过允许范围，应随时纠正，严禁事后砸墙。 （7）砌体相邻工作段的高度差，不得超过一层楼的高度，也不宜大于 3.6 m。临时间断处的高度差，不得超过一步脚手架的高度。工作段的分段位置，宜设在伸缩缝、沉降缝、防震缝构造柱或门窗洞口处。 （8）常温条件下，每日砌筑高度应控制在 1.4 m 以内。 （9）隔墙顶应用立砖斜砌挤紧
木砖预留和墙体拉结筋	（1）木砖应提前做好防腐处理。预埋木砖应小头在外、大头在内，数量按洞口高度决定。洞口高在 1.2 m 以内，每边放 2 块；高 1.2～2 m，每边放 3 块；高 2～3 m，每边放 4 块。木砖位置一般在距洞口上边或下边三皮砖处，中间均匀分布。 （2）钢门窗、暖卫管道、硬架支模等的预留孔，均应在砌筑时按设计要求预留，不得事后剔凿。 （3）墙体拉结筋的长度、形状、位置、规格、数量、间距等均应按设计要求留置，不得错放、漏放
留槎	（1）外墙转角处应双向同时砌筑；内外墙交接处必须留斜槎，斜槎水平投影长度不应小于高度的 2/3，留槎必须平直、通顺。 （2）非承重墙与承重墙或柱不同时砌筑时，可留阳槎加设预埋拉结筋。拉结筋沿墙高按设计要求或每 500 mm 预留 $2\phi6$ 钢筋，其埋入长度从留槎处算起，每边不小于 1 000 mm，末端加 90°弯钩。 （3）施工洞口留阳槎也应按上述要求设水平拉结筋。 （4）留槎处继续砌砖时，应将其浇水充分湿润后方可砌筑
过梁、梁垫的安装	（1）安装过梁、梁垫时，其标高、位置、型号必须准确，坐浆饱满。坐浆厚度大于 20 mm 时，要铺垫豆石混凝土。当墙中有圈梁时，梁垫应和圈梁浇筑成整体。 （2）过梁两端支承长度应一致。 （3）所有大于 400 mm 宽的洞口均应按设计加过梁；小于 400 mm 的洞口可加设钢筋砖过梁
构造柱做法	（1）设置构造柱的墙体，应先砌墙，后浇混凝土。砌砖时，与构造柱连接处应砌成马牙槎，每个马牙槎沿高度方向的尺寸不宜超过 300 mm，马牙槎应先退进，构造柱应有外露面。 （2）柱与墙的拉结筋应按设计要求放置，设计无要求时，一般沿墙高 500 mm，每 120 mm 厚墙设置 1 根 $\phi6$ 的水平拉结筋，每边深入墙内不应小于 1 000 mm

项　目	内　容
勾缝	（1）墙面勾缝应横平竖直，深浅一致，搭接平顺。 （2）清水砖墙勾缝应采用加浆勾缝，并宜采用细砂拌制的1∶1.5水泥砂浆。当勾缝为凹缝时，凹缝深度宜为4～5 mm。 （3）混水墙宜用原浆勾缝，但必须随砌随勾，并使灰缝光滑密实

3. 质量标准

（1）主控项目。

1）砖和砂浆的强度等级必须符合设计要求。

抽检数量：每一生产厂家，烧结普通砖、混凝土实心砖每15万块，烧结多孔砖、混凝土多孔砖、蒸压灰砂砖及蒸压粉煤灰砖每10万块各为一验收批，不足上述数量时按1批计，抽检数量为1组。

检验方法：查砖和砂浆试块试验报告。

2）砌体灰缝砂浆应密实饱满，砖墙水平灰缝的砂浆饱满度不得低于80%；砖柱水平灰缝和竖向灰缝饱满度不得低于90%。

抽检数量：每检验批抽查不应少于5处。

检验方法：用百格网检查砖底面与砂浆的黏结痕迹面积。每处检测3块砖，取其平均值。

3）砖砌体的转角处和交接处应同时砌筑，严禁无可靠措施的内外墙分砌施工。在抗震设防烈度为8度及8度以上的地区，对不能同时砌筑而又必须留置的临时间断处应砌成斜槎，普通砖砌体斜槎水平投影长度不应小于高度的2/3。多孔砖砌体的斜槎长高比不应小于1/2。斜槎高度不得超过一步脚手架的高度。

抽检数量：每检验批抽查不应少于5处。

检验方法：观察检查。

4）非抗震设防及抗震设防烈度为6度、7度地区的临时间断处，当不能留斜槎时，除转角处外，可留直槎，但直槎必须做成凸槎，且应加设拉结钢筋，拉结钢筋应符合下列规定：

①每120 mm墙厚放置1ϕ6拉结钢筋（120 mm厚墙应放置2ϕ6拉结钢筋）；

②间距沿墙高不应超过500 mm；且竖向间距偏差不应超过100 mm；

③埋入长度从留槎处算起每边均不应小于500 mm，对抗震设防烈度6度、7度的地区，不应小于1 000 mm；

④末端应有90°弯钩。

抽检数量：每检验批抽查不应少于5处。

检验方法：观察和尺量检查。

（2）一般项目。

1）砖砌体组砌方法应正确，内外搭砌，上、下错缝。清水墙、窗间墙无通缝；混水墙中不得有长度大于300 mm的通缝，长度200～300 mm的通缝每间不超过3处，且不得位于同一面墙体上。砖柱不得采用包心砌法。

抽检数量：每检验批抽查不应少于5处。

检验方法：观察检查。砌体组砌方法抽检每处应为 3～5 m。

2）砖砌体的灰缝应横平竖直，厚薄均匀。水平灰缝厚度及竖向灰缝宽度宜为 10 mm，但不应小于 8 mm，也不应大于 12 mm。

抽检数量：每检验批抽查不应少于 5 处。

检验方法：水平灰缝厚度用尺量 10 皮砖砌体高度折算。竖向灰缝宽度用尺量 2 m 砌体长度折算。

3）砖砌体尺寸、位置的允许偏差及检验应符合表 1-81 的规定。

表 1-81　砖砌体尺寸、位置的允许偏差及检验

项　　目			允许偏差（mm）	检 验 方 法	抽 检 数 量
轴线位移			10	用经纬仪和尺或用其他测量仪器检查	承重墙、柱全数检查
基础、墙、柱顶面标高			±15	用水准仪和尺检查	不应小于 5 处
墙面垂直度	每层		5	用 2 m 托线板检查	不应小于 5 处
	全高	10 m	10	用经纬仪、吊线和尺或其他测量仪器检查	外墙全部阳角
		10 m	20		
表面平整度	清水墙、柱		5	用 2 m 靠尺和楔形塞尺检查	不应小于 5 处
	混水墙、柱		8		
水平灰缝平直度	清水墙		7	拉 5 m 线和尺检查	不应小于 5 处
	混水墙		10		
门窗洞口高、宽（后塞口）			±10	用尺检查	不应小于 5 处
外墙下窗口偏移			20	以底层窗口为准，用经纬仪或吊线检查	不应小于 5 处
清水墙游丁走缝			20	以每层第一皮砖为准，用吊线和尺检查	不应小于 5 处

4．应注意的质量问题

（1）基础砖摞底要正确，收退大放角两边要相等，退到墙身之前要检查轴线和边线是否正确，如偏差较小可在基础部位纠正，不得在防潮层以上退台或出沿，以免基础墙与上部墙错台。

（2）排砖时必须把立缝排匀，砌完一步架高度，每隔 2 m 间距在丁砖立楞处用托线板吊直弹线，二步架往上继续吊直弹线，由底往上所有七分头的长度应保持一致，上层分窗口位置时必须同下窗口保持竖直线，以避免出现清水墙游丁走缝。

（3）立皮数杆要保证标高一致，盘角时灰缝要掌握均匀，砌砖时小线要拉紧，每层松紧度要一致，防止一层线松，一层线紧，以防止灰缝大小不匀。

（4）清水墙排砖时，为了使窗间墙、垛排成"好活"，把"破活"排在中间或不明显位置，在砌过梁上第一皮砖时，不得随意变活物

（5）砌墙遇有风时，挂线应绷直，不能成弧，以免墙随线走，造成砖墙鼓胀。

（6）砌筑中，应注意将半头砖分散使用在较大的墙体面上；砌首层或楼层的第一皮砖要核对皮数杆的标高及层高；一砖厚墙应外手挂线；舌头灰应及时刮尽等，以避免砌成螺丝墙

及混水墙粗糙的现象。

（7）构造柱外砖墙应砌成马牙槎并应正确设置拉结筋。从柱脚砌砖开始，两侧都应先退后进，当马牙槎深 120 mm 时，宜第一皮进 60 mm，再上一皮进 120 mm，以保证混凝土浇筑时角部密实。构造柱内的落地灰、砖渣等杂物必须清理干净，防止混凝土内夹渣。

二、混凝土小型空心砌块墙体砌筑工程施工

1. 施工准备

（1）材料（表 1-82）。

表 1-82　材　料

项　　目	内　　容
混凝土小型砌块	品种、规格、外观质量、含水率级别、强度等级、抗渗性、抗冻性等必须符合现行国家标准《普通混凝土小型空心砌块》（GB 8239—1997）的规定及设计要求。有出厂证明，进场应复试，施工时所用的小砌块的产品龄期不应小于 28 d
水泥	一般采用普通硅酸盐水泥或矿渣硅酸盐水泥，有出厂合格证明。水泥进场使用前，应分批对其强度、安定性进行复验。检验批应以同一生产厂家、同一编号为一批。当在使用中对水泥质量有怀疑或水泥出厂超过三个月时，应复查试验，并按其结果使用。不同品种的水泥不得混合使用
水	使用饮用水或不含有害物质的洁净水，水质应符合国家现行标准《混凝土用水标准》（JGJ 63—2006）的规定
砂	宜采用中砂，细度模数宜控制在 2.5 左右，过 5 mm 孔径的筛子，配制强度等级为 M5 以下的水泥混合砂浆时，砂的含泥量不超过 10％；配制水泥砂浆及强度等级为 M5 及其以上的水泥混合砂浆时，砂的含泥量不超过 5％，并不含草根等杂物
石灰膏	石灰熟化时间不少于 7 d，已脱水硬化的石灰膏不得使用。经试配也可采用符合标准的粉煤灰
水平拉结网片	采用镀锌 ϕ^b4 冷拔低碳钢丝点焊网片
其他材料	豆石、膨胀剂、减水剂、拉结钢筋、预埋件等

（2）机具设备。

1）机械。砂浆搅拌机、提升架、切割机、磅秤、翻斗车、振捣器。

2）工具。砌块砖笼、小推车、筛子、柳叶灰铲、木榔头（皮锤）、勾缝灰溜、皮数杆、水平尺、2 m 靠尺、小线、托灰板、线坠、灰桶、插钎、喷壶、锯条等。

（3）作业条件。

1）施工前必须做完基础工程，办理完隐、预检手续。

2）基层找平。施工前用水准仪抄平，当水平灰缝厚度超过 20 mm 时采用 C20 豆石混凝土找平。

3）弹好轴线、砌体墙身位置线、门窗洞口位置线，引测标高控制线，经验线符合图纸设计要求，办理预检手续。

4）搭设操作和卸料架子。

5）按建筑平面形式和施工段的划分立好皮数杆，控制好灰缝和各部位标高。皮数杆间距不宜超过 15 m，转角处均应设立。皮数杆应垂直、牢固、标高一致，办理预检手续。

（4）技术准备。

1）绘制砌块排列平、立面和构造详图。

2）对工人进行技术培训，未经培训合格者，不得上岗。

3）根据砌块尺寸和灰缝厚度计算皮数和排数，绘制皮数杆。

4）应对现场砌块的规格、数量及含水率进行检查。

5）砂浆和芯柱混凝土经试配确定配合比，准备好砂浆和混凝土试模。

6）砌块在工程正式施工之前，宜在施工现场组砌有代表性的一段样板墙，以确定相关质量标准和要求。

2. 施工工艺

（1）施工工艺流程。

（2）施工方法。

1）选砖和排砖。

①选砖。挑选小砌块，进行尺寸和外观检查。有缺陷的小砌块严禁在承重墙体使用。清水墙体砌块还要检查颜色，色差大的不得上墙。

②依据砌块墙体线、门窗洞口线以及相应控制线等，按照排砖图在工作面试排，砌块应尽量采用主规格整砖砌块，不许切砖。准确无误后请设计、建设、监理确认。

③外墙排砖原则是多用 390 mm 长主砌块，如果通过移动门窗洞口调整墙垛大小的方法能减少 290 mm、190 mm 砌块的用量，应取得设计认可。

2）拌制砂浆。

①混凝土小型砌块砌筑砂浆应具有高黏结性，良好的流动性、保水性，满足设计强度等级。

②砂浆宜采用机械搅拌，搅拌时间不少于 2 min。砂浆稠度应控制在 50～70 mm 为宜。

③砂浆应随拌随用。水泥砂浆和水泥混合砂浆应分别在拌成后 2.5 h 和 3 h 内用完，夏季施工期间如最高气温超过 30℃，必须分别在 1.5 h 和 2 h 内用完。砂浆如有泌水现象时，在砌筑前应重新拌和。

④外墙砌筑砂浆应具有防渗和收缩补偿功能，需加入适量高性能膨胀剂。凡在砂浆中掺入有机塑化剂、早强剂、缓凝剂、防冻剂等，应经检验和试配符合要求后，方可使用。有机塑化剂应有砌体强度的型式检验报告。

⑤砂浆试块：每检验批且不大于 250 m³ 的砌体，每种强度等级的砂浆至少制作一组（每组 6 个）试块。砂浆试块底模为混凝土小型砌块。

3）砌筑墙体。

①组砌方法。

a. 砌筑应采用对孔错缝组砌方法，砌块上、下错缝，相互搭接，搭接长度应为主砌块的一半（190 mm），必要时可使用 290 mm 长辅助砌块，搭接长度不应小于 90 mm；当墙体的个别部位不能保证此项规定时，应在灰缝中每皮设置拉结筋或钢筋网片，但竖向通缝不得超过两皮小砌块。

b. 砌筑砌块应对孔反砌，壁肋光面、大面朝上（即上孔小、下孔大，底面朝上），采用

"三一砌砖法"。水平灰缝和竖向灰缝厚度应控制在 8～12 mm，宜为 10 mm。水平灰缝采用坐浆法铺浆且铺浆长度不得超过 800 mm；立缝采用砖端头平面铺灰、立面碰头挤压的方法坐浆。砌筑 190 mm 厚墙体需单面挂线，超过 190 mm 厚墙体应双面挂线。

c. 砌筑时从外墙转角开始盘角，每次盘角高度不超过 3 皮砖。盘角后应与皮数杆上的皮数、灰缝厚度、标高保持一致。

d. 砌块内外墙应同时砌筑，严禁留直槎。墙体临时间断处砌成斜槎，斜槎水平投影长度不应小于高度的 2/3。如留斜槎有困难（除墙转角处及抗震设防地区外），可从墙面伸出 190 mm 砌成阴阳直槎，并沿墙高每皮砖在灰缝内预埋拉结筋或钢筋网片，必须准确埋入灰缝和芯柱内，从留槎处算起，每边锚入墙内均不应少于 600 mm。

e. 砌筑时应按设计要求在水平灰缝内放置通长 $\phi^b 4$ 冷拔低碳钢筋拉结网片或拉结筋，如遇两个方向交叉的钢筋网片，不得放在同一皮灰缝内。钢筋网片采用绑扎搭接，搭接长度满足一个网格长度（200 mm）。$\phi^b 4$ 拉结网片设计无特殊要求时一般每三皮砖一道。

f. 随砌筑随刮去挤出灰缝的砂浆，待灰缝砂浆达到"指纹硬化"（手指压出清晰指纹而砂浆不粘手）时即可进行划缝，划缝要密实。灰缝要求深浅一致，横平竖直，搭接平整。灰缝深度宜控制在 5～8 mm 左右。

g. 砌筑时如需要移动已砌好的小砌块或被撞动的小砌块时，需清除原有砂浆重新铺浆砌筑。

h. 砌体相邻工作段的高度差不得大于一个楼层或 4 m。变形缝中的杂物、落灰应及时清除。

i. 承重墙体不得采用小砌块与黏土砖等其他块体材料混合砌筑。

j. 常温条件下，每日砌筑高度宜控制在 1.5 m 或一步脚手架高度内。

k. 在室外散水坡顶面以上，室内地面以下的砌体内，宜设置防潮层。

②砌块墙体与混凝土柱、墙的连接。

a. 砌块墙与混凝土柱、墙交接处的砌块砌筑成马牙槎形式，先退后进，每 600 mm（3 皮砖高度）设 $2\phi 6$ 的水平拉结钢筋，拉结筋长度从留槎处算起，每边均不应小于 600 mm。

b. 承重混凝土砌块墙体按照先砌筑墙体再浇筑混凝土柱、墙的原则施工。

c. 小砌块用于框架填充墙时，应与框架中预埋的拉结筋连接，当填充墙砌至顶面最后一皮时，与上部结构接触处宜用实心砌块斜砌。

③砌体内不宜设脚手眼，如必须设置，可用 190 mm 小砌块侧砌，砌完后用 C15 混凝土填实。但在墙体下列位置不得设置脚手眼：

a. 过梁上部与过梁成 60°角的三角形及梁跨度 1/2 范围内；

b. 宽度小于 1 000 mm 的窗间墙；

c. 梁和梁垫下及其左右各 500 mm 的范围内；

d. 砌体门窗洞口两侧 200 mm 内和转角处 450 mm 的范围内；

e. 外墙任何部位严禁设脚手眼。

④砌块墙体所有大于 400 mm 宽的洞口均按设计加过梁，小于 400 mm 的洞口加设 $2\phi 16$ 过梁钢筋。施工中需要设置的临时施工洞口，侧边离交接处墙面不小于 600mm，并在顶部设过梁。填砌施工洞口的砌筑砂浆等级应提高一级。

⑤预留预埋、管线敷设与设备固定。

a. 门窗洞口采用预灌后埋式安装时，两侧砌块芯孔应先浇筑密实。暖气片、管线固定卡、开关插座、吊柜、挂镜线等需固定的位置可采用实心砌块砌筑。

b. 对设计规定的洞口、管道、沟槽和预埋件等，砌筑时应及时预留和预埋。在小砌块砌体中不得预留或打凿水平沟槽，严禁在砌好的墙体上打凿孔、洞、槽。

c. 电气管线竖向管敷设在相应的砌块芯孔内。开关插座及箱盒位置采用开口砌块，如此处有芯柱，应分段浇筑混凝土。

d. 砌筑时应在灰缝中埋设设备和管道支架。

⑥防渗抗裂措施。

a. 严格按照相应施工规范和设计图纸要求设置洞口周边混凝土现浇带、拉结筋（钢筋网片）、芯柱，保证施工质量。

b. 外墙砌块除必须满足养护 28 d 要求外，若条件许可应提前委托生产，使砌块自然放置三个月以上，并控制其相对含水率，提高抗渗性。

c. 严格控制砂浆饱满度，宜试配掺用防水外加剂的防水砂浆，提高砌体的防水和抗渗性能。

d. 芯孔设导水措施：外墙在未灌芯柱混凝土的砌块孔内预埋 ϕ10 麻绳，间距不大于400 mm，位置在每层楼板上第一皮砌块下，麻绳一端位于芯孔内，一端甩在墙外。也可采用卸水孔的方法：在灰缝中设 ϕ6 孔，里高外低，其位置、间距同导水麻绳。

e. 清水外墙可采取二次勾缝，勾缝砂浆按设计要求加入颜料。勾缝深度不大于 4 mm，保证防水性能，起到装饰效果。勾缝后用锯条轻轻刮去灰缝边的砂浆，被轻微污染的外墙面采用同颜色的涂料刷涂。

f. 砌块外墙墙体内侧宜刮一道刚性防水（水泥）腻子。

h. 外檐施工完后在外墙砌块砖表面喷刷一道无色憎水剂。

4）施工芯柱。

①楼板混凝土浇筑前必须按设计安装好芯柱插筋，插筋锚固长度要满足设计要求或规范规定。芯柱插筋上下全高贯通，与各层圈梁整体浇筑。当上下不贯通时，钢筋锚固于上下层圈梁中。

②芯柱钢筋采用绑扎连接，上下楼层的钢筋可在楼板面上搭接，搭接长度按设计要求施工。

③每层砌筑第一皮小砌块时，在芯柱部位用侧面开口砌块砌筑，转角和十字墙核心的芯柱清扫孔与相邻清扫孔留成连通孔，每层墙体砌筑完毕必须清除芯柱孔洞内的杂物及削掉孔内凸出的砂浆，用水冲洗干净，绑牢、校正芯柱钢筋，经隐检合格后，支模堵好清扫孔。

④芯柱混凝土。

a. 按设计强度浇筑细石混凝土，强度一般不低于 C15，混凝土坍落度控制在（200±20）mm。

b. 芯柱混凝土除满足强度要求外，尚应具有低收缩及微膨胀性，以避免混凝土浇筑后产生收缩，导致芯柱混凝土与砌块内壁分离。

c. 浇筑芯柱混凝土前，砌筑砂浆强度必须达到 1.0 MPa。

d. 每楼层高度的钢筋混凝土芯柱应连续浇筑，每浇灌 400～500 mm 高度振捣一次。浇灌混凝土前应先注入 50～100 mm 厚与混凝土强度等级相同的水泥砂浆，浇筑后的混凝土面低于最上一皮砌块表面 50 mm。

芯柱施工前，应计算芯柱混凝土用量，进行计量浇筑，以防止出现少浇断柱质量问题。

3. 质量标准

（1）主控项目。

1）小砌块和芯柱混凝土、砌筑砂浆的强度等级必须符合设计要求。

抽检数量：每一生产厂家，每 1 万块小砌块为一验收批，不足 1 万块按一批计，抽检数量为一组。用于多层以上建筑的基础和底层的小砌块抽检数量不应少于2组。

检验方法：检查小砌块和芯柱混凝土、砌筑砂浆试块试验报告。

2）砌体水平灰缝和竖向灰缝的砂浆饱满度，按净面积计算不得低于90％。

抽检数量：每检验批抽查不应少于5处。

检验方法：用专用百格网检测小砌块与砂浆黏结痕迹，每处检测3块小砌块，取其平均值。

3）墙体转角处和纵横墙交接处应同时砌筑。临时间断处应砌成斜槎，斜槎水平投影长度不应小于斜槎高度。施工洞口可预留直槎，但在洞口砌筑和补砌时，应在直槎上下搭砌的小砌块孔洞内用强度等级不低于C20（或Cb20）的混凝土灌实。

抽检数量：每检验批抽查不应少于5处。

检验方法：观察检查。

4）小砌块砌体的芯柱在楼盖处应贯通，不得削弱芯柱截面尺寸；芯柱混凝土不得漏灌。

抽检数量：每检验批抽查不应少于5处。

检验方法：观察检查。

（2）一般项目。

1）砌体的水平灰缝厚度和竖向灰缝宽度宜为10 mm，但不应大于12 mm，也不应小于8 mm。

抽检数量：每检验批抽查不应少于5处。

抽检方法：水平灰缝用尺量5皮小砌块的高度折算；竖向灰缝宽度用尺量2 m砌体长度折算。

2）小砌块砌体尺寸、位置的允许偏差应按表1-92的相关规定执行。

4. 应注意的质量问题

（1）严禁使用过期水泥，严格按配合比计量、拌制砂浆，并按规定留置、养护好砂浆试块，确保砂浆强度满足设计要求。

（2）按设计和规范的规定，设置拉结带、拉结筋及压砌钢筋网片。在砌筑时做出标识，便于检查，以防遗漏。

（3）严格按砌块排砖图施工，应注意砌块的规格并正确组砌，避免砌块反放。

（4）严格按皮数杆控制分层高度，掌握铺灰厚度。基底不平时，应事先用细石混凝土找平，及时检查墙面垂直度、平整度。

（5）做好专业之间的协调配合，确保孔洞、埋件的位置、尺寸及标高的准确，避免事后剔凿开洞，影响砌体质量。

（6）砌筑时，不得使用含水率过大的砌块，被水浸透的砌块严禁上墙；一般相对含水率应控制在40％以内，即现场宜采用喷洒润湿的砌块，不宜采用浇水浸泡砌块的方法。

三、加气混凝土砌块墙体砌筑工程施工

1. 施工准备

（1）材料。

1）加气混凝土砌块。其外观质量、强度等级、体积密度、干燥收缩、抗冻性和导热系数应符合现行国家标准《蒸压加气混凝土砌块》（GB 11968—2006）的要求。施工时所用的小砌块的产品龄期不应小于28 d，承重加气混凝土砌块的强度等级应不低于A7.5。

　　注：加气混凝土砌块是以水泥、矿渣、砂、石灰等主要原材加入发气剂、经搅拌成型、蒸压养护而成的实心砌块。尺寸规格为 600 mm×200 mm、600 mm×250 mm、600 mm×300 mm（长×高），宽度模数为 25 mm、50 mm 和 60 mm。加气混凝土砌块按其抗压强度分为 A1.0，A2.0，A2.5，A3.5，A5.0，A7.5，A10 七个强度等级，按其密度分为 B03～B08 六个密度级别（密度为 300～850 kg/m³），按其尺寸偏差与外观质量、密度和抗压强度分为优等品、一等品和合格品。

　　2）水泥。一般采用强度等级为 32.5 或 42.5 的普通硅酸盐水泥或矿渣硅酸盐水泥，应有出厂合格证。水泥进场使用前，应分批对其强度、安定性进行复验。检验批应以同一生产厂家、同一编号为一批。当在使用中不确定水泥质量或水泥出厂超过三个月时，应复查试验，并按其结果使用。不同品种的水泥不得混合使用。

　　3）砂。宜用中砂，并应通过 5 mm 孔径的筛，当配制强度等级为 M5 以下的水泥混合砂浆时，砂的含泥量不超过 10%；配制水泥砂浆及强度等级为 M5 及其以上的水泥混合砂浆时，砂含泥量不超过 5%，并不得含有草根等有机质杂物。

　　4）掺合料。石灰膏、粉煤灰和磨细生石灰粉等，其质量应符合有关要求，生石灰熟化时间不得少于 7 d，严禁使用冻结或脱水硬化的石灰膏。

　　5）水。应使用饮用水或不含有害物质的洁净水，水质应符合国家现行标准《混凝土用水标准》（JGJ 63—2006）的规定。

　　6）胶黏剂。用建筑胶黏剂，其质量应符合相应标准。

　　7）其他。混凝土块、木砖、φ6 钢筋、铁扒钉等。

　　（2）机具设备。

　　1）机械。砂浆搅拌机、筛砂机、淋灰机、提升架等。

　　2）工具。铺灰铲、小撬棍、刀锯、铁锹、平直架、2 m 靠尺、皮数杆、灰斗、吊篮、手推车、小线、砌块夹具等。

　　（3）作业条件。

　　1）砌筑施工前，墙基层施工应完成并经验收合格，应将灰渣杂物及高出部分清除干净，并在砌筑前洒水湿润。

　　2）在结构墙、柱上弹出 500 mm 标高水平线、加气混凝土墙边线、门口位置线。

　　3）做好地面垫层。在砌块墙底部，应砌筑烧结普通砖或浇筑混凝土基础带，其高度不宜小于 200 mm。

　　4）按照设计要求预先在结构墙柱上每 500 mm 左右焊好预留拉结钢筋。

　　5）加气混凝土砌块应在砌筑前 1～2 d 浇水湿润。

　　（4）技术准备。

　　1）按墙段实量尺寸和砌块规格尺寸绘制砌块排列平、立面和构造详图。

　　2）根据砌块尺寸和灰缝厚度计算皮数和排数，制作好皮数杆并将皮数杆竖立墙的两端。

　　3）遇有穿墙管线，应预先核实其位置、尺寸，以预留为主，减少事后剔凿，损害墙体。

　　2. 施工工艺

　　（1）施工工艺流程。

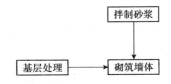

（2）施工方法。

1）基层处理。将砌筑加气混凝土墙根部和混凝土基础带表面上的杂物清扫干净，用砂浆找平，并用水平尺检查其平整度。砌筑时应向砌筑面适当浇水。

2）拌制砂浆。

①砌筑砂浆现场拌制时，各组分材料应采用重量计量，计量应准确（计量精度水泥控制在±2%以内，砂和掺合料等控制在±5%以内）。

②砌筑砂浆宜采用机械搅拌，并注意投料顺序，应先倒砂子，然后倒水泥、掺合料，最后加水，其拌和时间不得少于 2 min，且拌和均匀，颜色一致。

③砂浆应随拌随用，常温下拌好的砂浆应在拌和后 3～4 h 内用完，当气温超过 30℃时，应在拌和后 2～3 h 内使用完毕。对掺有缓凝剂的砌筑砂浆，其使用时间应视其具体情况适当延长。

④当砌筑砂浆出现泌水现象时，应在砌筑前再次拌和。

⑤凡在砂浆中掺入有机塑化剂、早强剂、缓凝剂、防冻剂等，应经检验和试配符合要求后，方可使用。有机塑化剂应有砌体强度的型式检验报告。

⑥砂浆试块。每一检验批且不超过 250 m³ 砌体的各种类型及强度等级的砌筑砂浆，每台搅拌机至少做一组试块（一组 6 块）。砂浆强度等级或配合比变化时，应另做试块。

3）砌筑墙体。

①砌筑前按砌块平、立面和构造图进行排列摆块，不足整块的可以锯截成需要尺寸，但不得小于砌块长度的 1/3。最下一层如灰缝厚度大于 20 mm 时，应用细石混凝土找平铺砌。

②砌筑加气混凝土砌块单层墙，应将加气混凝土砌块立砌，墙厚为砌块的宽度；砌双层墙，应将加气混凝土砌块立砌两层，中间加空气层（厚度约为 70～80 mm），两层砌块间每隔 500 mm 墙高应在水平灰缝中放置 φ4～φ6 的钢筋扒钉，扒钉间距 600 mm。

③砌筑加气混凝土砌块应采用满铺满挤法砌筑，上下皮砌块的竖向灰缝应相互错开，长度不宜小于砌块长度的 1/3 并不小于 150 mm。当不能满足要求时，应在水平灰缝中放置 2φ6 的拉结筋或 φ4 的钢筋网片，拉结筋或钢筋网片的长度不小于 700 mm。转角处应使纵横墙的砌块相互咬砌搭接，隔皮砌块露端面。砌块墙的丁字交接处，应使横墙砌块隔皮露头，并坐中于纵墙砌块。

④加气混凝土砌块墙体拉结筋的设置如下。

a. 承重墙的外墙转角处，墙体交接处，均应沿墙高 1 m 左右在水平灰缝中放置拉结筋，拉结筋为 3φ6，钢筋伸入墙内不小于 1 000 mm。

b. 非承重墙的外墙转角处，与承重墙体交接处，均应沿墙高 1 m 左右在水平灰缝中放置拉结筋，拉结筋为 2φ6，钢筋伸入墙内不小于 700 mm。

c. 墙的窗口处，窗台下第一皮砌块下面应设置 3φ6 拉结筋，拉结筋伸过窗口侧边应不小于 500 mm。墙洞口上边也应放置 2φ6 钢筋，并伸过墙洞口每边长度不小于 500 mm。

d. 加气混凝土砌块墙的高度大于 3 m 时，应按设计规定做钢筋混凝土拉结带。如设计无规定时，一般每隔 1.5 m 加设 2φ6 或 3φ6 钢筋拉结带，以确保墙体的整体稳定性。

⑤加气混凝土砌块墙体灰缝应横平竖直，砂浆饱满，水平灰缝厚度不得大于 15 mm，竖向灰缝宽度不宜大于 20 mm。

⑥加气混凝土砌块墙每天砌筑高度不宜超过 1.8 m。

⑦砌块与门窗口连接。当采用后塞口时，应预制好埋有木砖或铁件的混凝土块，按洞口高度，2 m 以内每边砌筑 3 块，洞口高度大于 2 m 时，每边砌筑 4 块，混凝土块四周的砂浆要饱满密实。安装门框时用手电钻在边框预先钻出钉眼，然后用钉子将木框与混凝土内预埋的木砖钉牢。

⑧砌块与楼板连接。墙体砌到接近上层梁、板底部时，应留一定空隙，待填充墙砌完并至少间隔 7 d 后再用烧结普通砖斜砌挤紧挤牢，砖的倾斜度为 60°左右，砂浆应饱满密实。

3. 质量标准

（1）主控项目。加气混凝土砌块和砂浆的强度等级必须符合设计要求。

检验方法：检查砌块的合格证、产品性能试验报告和砂浆试块的试验报告。

（2）一般项目。

1）加气混凝土砌块墙体一般尺寸的允许偏差及检验方法见表 1-83。

表 1-83　加气混凝土砌块墙体一般尺寸允许偏差及检验方法

项　　目		允许偏差（mm）	检验方法
轴线移位		10	用尺量检验
墙面平整度		8	用 2 m 靠尺和楔形塞尺量检查
垂直度	≤3 m	5	用 2 m 托线板或掉线，尺量检查
	>3 m	10	
门窗洞口高、宽（后塞口）		±5	用尺检查
外墙上、下窗口偏移		20	以底层为准用经纬仪或掉线检查

2）加气混凝土砌块不应与其他块材混砌。

抽检数量：每检验批抽检 20％，且不应少于 5 处。

检验方法：观察检查。

3）加气混凝土砌块砌体的砂浆饱满度不得低于 80％。

抽检数量：每步架子不应少于 3 处，且每处不少于 3 块。

检验方法：用百格网检测砖底面与砂浆黏结痕迹的面积，每处检测 3 块砖，取其平均值。

4）拉结筋（或钢筋混凝土拉结带）。留设间距、位置、长度及配筋的规格、根数应符合设计要求，留置位置应与块体皮数相符合。拉结筋应置于灰缝中，埋置长度应符合设计要求，竖向位置偏差不得超过一皮砌块高度。

抽检数量：每检验批抽检 20％，且不应少于 5 处。

检验方法：观察和尺量检查。

5）砌块砌筑时应错缝搭砌，搭砌长度不宜小于砌块长度的 1/3；竖向通缝不应大于两皮砌块。

抽检数量：每检验批的标准间中抽检 10％，且不应少于 3 间。

检验方法：观察和尺量检查。

6）加气混凝土砌块墙体水平灰缝厚度宜为 15 mm，竖向灰缝宽度宜为 20 mm。

抽检数量：每检验批的标准间中抽检 10％，且不应少于 3 间。

抽检方法：用尺量 5 皮砌块的高度和 2m 砌块长度折算。

7）加气混凝土砌块墙砌至接近梁、板底标高时，应留一定空隙，待填充墙砌完并至少间隔 7d 后，再将其补砌、挤紧。

抽检数量：每检验批抽检 10％填充墙片（每两柱间的填充墙为一墙片），且不应少于 3 片墙。

检验方法：观察检查。

4. 应注意的质量问题

（1）对于断裂砌块应黏结加工后再使用，严禁直接使用碎块砌筑。

（2）砌筑时应按排列组砌图正确组砌，避免排块及局部做法不合理。

（3）在砌筑门、窗洞口时，应事先预制符合要求的混凝土垫块，并按设计构造图放置；过梁梁端部位应按规定砌好四皮砖或放混凝土垫块；在门窗洞口上口设钢筋混凝土带并整道墙贯通，以确保门窗洞口构造做法符合规定。

（4）在结构施工时应按设计要求在板、梁底部预留好拉结筋，做到墙顶连接牢固。

（5）应按设计及有关规定留置拉结筋、拉结带，以确保砌体整体牢固。

（6）砌筑前应根据墙体尺寸及砌块规格，制作皮数杆，并将灰缝做好标记，拉通线砌筑，做到灰缝基本一致，墙面平整。

四、混凝土砌块外墙夹芯保温工程施工

混凝土承重小型空心砌块（简称混凝土砌块）是替代实心黏土砖的重要墙体材料，其砌筑施工工艺可参见本节"二、混凝土小型空心砌块墙体砌筑工程施工"的内容。

混凝土砌块外墙夹芯保温有两种做法：一种是双层砌块墙做法；另一种是采用集承重、保温、装饰为一体的复合砌块直接砌筑。

1. 双层砌块保温墙做法

混凝土砌块夹芯保温外墙，由结构层、保温层、保护层组成。结构层一般采用 190 mm 厚主砌块，保温层一般采用聚苯板、岩棉或聚氨酯现场分段发泡，保温层厚度根据各地区的建筑节能标准确定，保护层一般采用 90 mm 厚劈裂装饰砌块。

（1）节点构造。

1）复合夹心墙体构造如图 1-34 所示。

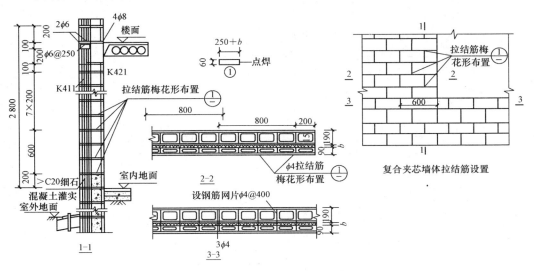

图 1-34　复合夹心墙体构造（单位：mm）

注：1. 拉结筋及钢筋片应做防锈处理，处理后方可使用。

2. 本图仅用于抗震设防烈度小于或等于 7 度地区。

3. 墙体灰缝内设置钢筋网片的部位不设拉结筋。

4. 拉结筋布置水平间距小于或等于 800 mm，竖向间距小于或等于 600 mm，梅花形布置，拉结网片设置竖向间距小于或等于 600 mm。

结构层与保护层砌体间采用曲镀锌钢筋网片或拉结筋连接。ϕ_4^b镀锌钢筋网片如图 1-35 所示，每 3 皮砌块放一层网片。

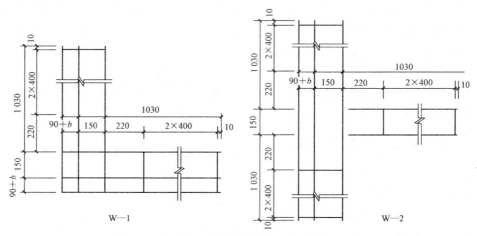

图 1-35　复合夹心墙体拉结筋网片（单位：mm）

b—保温层厚度

2）复合夹心墙体芯柱构造节点 1，如图 1-36 所示。

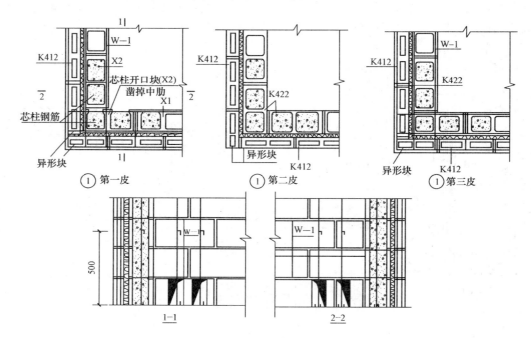

图 1-36　复合夹心墙芯柱构造（节点 1）（单位：mm）

注：1. 每层第一皮砌块砌筑时，芯柱部位应在室内侧设清理口，上下层的芯柱插筋通过清理口搭接；搭接长度为 500 mm，浇筑混凝土前芯孔内废弃物应清除干净，封好清理口。

2. 芯柱应采用大于或等于 C20 高流动度、低收缩细石混凝土浇筑密实。

3. W—1 详见图 1-65 复合夹心墙体拉结筋网片。

4. 不设芯柱或清理口时，节点第一皮的排块采用第三皮方式，网片沿墙高每 600 mm 一道。

5. 异形块根据各地保温层厚度值进行设计。

6. 抗震设防小于或等于 7 度地区的工程，外墙可参照本图采用复合夹心墙体。

3）复合夹心墙体芯柱构造节点2，如图1-37所示。

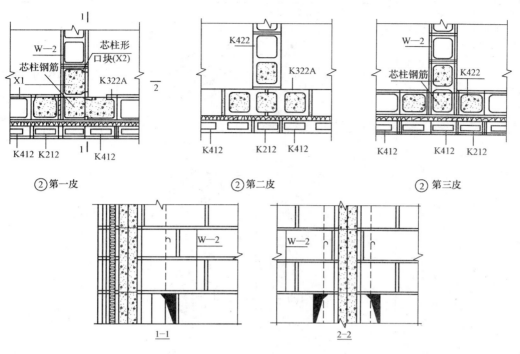

图 1-37　复合夹心墙芯柱构造（节点 2）

注：1. 每层第一皮砌块砌筑时，芯柱处须留出清理口，上下层的芯柱插筋通过清理口搭接；搭接长度为 500 mm，
　　　浇筑混凝土前芯孔内废弃物应清除干净，封好清理口。

2. 芯柱应采用大于或等于 C20 高流动度、低收缩细石混凝土浇筑密实。

3. W—2 详见图 1-65 复合夹心墙体拉结筋网片。

4. 不设芯柱或清理口时，节点第一皮的排块采用第三皮方式，清理口上面的网片 W—2 不增设，网片 W—2 沿
　　墙高每 600 mm 设一道。

5. 抗震设防小于或等于 7 度地区的工程，外墙可参照本图采用复合夹心墙体。

（2）夹芯保温施工。

1）结构层和保护层的混凝土砌块墙同时分段往上砌筑。砌筑时先砌结构层砌块，砌至
600 mm 高时，放置聚苯板，再砌筑外层保护层砌块，砌至 600 mm 高时，放置拉结钢筋网
片，依次往上砌筑。

2）也可先将全楼结构层砌块墙砌完，随砌随放置拉结钢筋网片或拉结筋（设拉结筋的
部位不设拉结钢筋网片），再放置聚苯板，其后自下而上按楼层砌筑保护层砌块，并砌入钢
筋网片。这种施工方法可减少砌筑工序对保护层装饰性砌块的污染。

2. 承重保温装饰复合空心砌块墙做法

承重保温装饰空心砌块是集保温、承重、装饰三种功能于一体的新型砌块，同时解决了
装饰面与结构层稳定可靠连接的问题。砌块型号、规格、形状见表 1-84。

（1）砌块性能。承重保温装饰混凝土空心砌块的主要性能指标是：抗压强度≥10 MPa，抗折
强度≥1.60 MPa，密度≥1 200 kg/m³，抗渗性≤10 mm，传热系数K≤1.10 W/（m² · K），隔声
≥50 dB；聚苯板的密度 18～20 kg/m³，导热系数≤0.042 W/（m · K）。

表 1-84　砌块型号、规格、形状

砌块型号	规格（mm）	形 状	说 明
W₁	390×280×190		主砌块
W₃	290×280×190		辅助块
W₂	190×280×190		辅助块
Q₄（Q₄′）	390×114×190（90）		圈梁主块
Q₃（Q₃′）	290×114×190（90）		圈梁辅助块
Q₂（Q₂′）	190×114×190（90）		圈梁辅助块
Q₁（Q₄′）	280×190×190（90）		L 形辅助块

（2）节点构造。

1）复合砌块 L 墙做法，如图 1-38 所示。

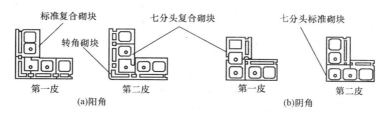

图 1-38 复合砌块 L 墙做法

2）复合砌块丁字墙做法，如图 1-39 所示。

（3）复合砌块施工。砌块施工过程中随时把聚苯板插入复合砌块的空腔里。施工方法同普通混凝土砌块。

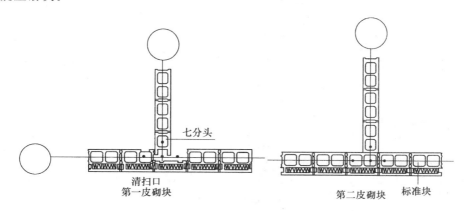

图 1-39 复合砌块丁字墙做法

五、保温砌模现浇钢筋混凝土网格剪力墙施工

保温砌模现浇钢筋混凝土网格剪力墙是指把超轻骨料混凝土制成的具有保温隔热功能的空心砌模用作现浇墙体的模板，现浇混凝土后形成立面为网格状的钢筋混凝土剪力墙，并保留保温砌模。钢筋混凝土网格剪力墙作为承重和抗侧力结构构件，保温砌模起保温隔热的功能。

保温小型空心砌筑模块（简称保温模块）主规格尺寸为 310 mm×400 mm×200 mm（称为301）、外壁厚 110 mm、内壁厚 50 mm（用于外墙）和 200 mm×400 mm×200 mm（称为201）、壁厚 40 mm（用于内承重墙）、纵向有 2 个空洞、沿长度方向有槽。

保温砌模的主要功能是在砌筑成墙体后，前期作为浇筑混凝土网格墙的模板，后期成为墙体的保温层。保温性能应满足设计计算确定。本施工技术适用于以保温砌模现浇钢筋混凝土网格承重剪力墙的多层、中高层居住建筑和其他类似建筑的施工。

1. 施工准备

（1）材料准备。

1）保温砌模。

①保温砌模的抗压强度应大于 0.5 MPa，抗折强度应大于 0.3 MPa，常温下自然养护龄期不少于 28 d，保温砌模强度达到设计值的 100% 方可出厂。

②保温砌模厂应提供产品合格证和质量检测证明。

③保温砌模的规格尺寸见表1-85。

表1-85　规格尺寸　　　　　　　　　（单位：mm）

型　　号		B（宽度）	L（长度）	H（高度）
301（外墙）	公称尺寸	300	400	200
	实际尺寸	310	395	195
201（内墙）	公称尺寸	200	400	200
	实际尺寸	200	395	195

④保温砌膜的尺寸允许偏差见表1-86。

表1-86　尺寸允许偏差

项　目　名　称	单　　位	优　等　品	合　格　品
长度	mm	±2	±4
宽度	mm	±2	±4
高度	mm	±1.5	±2
对角线		±3	±7

⑤保温砌膜的外观质量见表1-87。

表1-87　外观质量

项　目　名　称		单　　位	优等品	合　格　品
缺棱掉角	个数	个	0	≤2
	三个方向投影最小值	mm	0	≤20
垂直度	不大于	mm	1	3
弯曲度	不大于	mm	3	4

⑥保温砌膜的自然状态干密度见表1-88。

表1-88　自然状态干密度

型　　号	单　　位	干燥质量	允许偏差（%）
301	kg/块	5.4	±4
201	kg/块	3.6	±4

⑦施工企业应按设计要求和规定对进入现场的保温砌模进行分批验收。应按《砌体结构工程施工质量验收规范》（GB 50203—2011）进行复验。

2）钢筋。剪力墙、圈梁组合柱等所用钢筋均应有出厂产品合格证，并按规定进行复试，确认合格后方可使用。所用的地锚筋，纵、横钢筋网片均应使用电焊连接，施工现场应按规格码放，应防止锈蚀和污染。

3）砌筑砂浆。

①水泥。应有产品合格证，并按规定进行复试，确认合格后方可使用，一般可选用强度等级为32.5的矿渣硅酸盐水泥或普通硅酸盐水泥。

②砂。应符合《普通混凝土用砂、石质量及检验方法标准》(JGJ 52—2006)，采用中砂或细砂，含泥量不超过3%。

③胶黏剂。选用VAE乳液。

④水。不含有害物质的洁净水。

⑤胶浆配合比。应根据设计的强度等级按重量比配制，采用机械搅拌，胶浆应有良好的和易性和保水性，稠度宜为7~8，砌筑胶浆应在拌成后2h内用完，随用随拌。砌筑胶浆的技术要求见表1-89。

表1-89　砌筑胶浆技术要求

检 验 项 目	技 术 指 标
抗压强度（MPa）	≥1
黏结剪切强度（MPa）	≥0.7
稠度（cm）	7~8
抗下塌性	良好
可操作时间（h）	2

4）混凝土。使用免振自密实混凝土，强度等级由设计确定见表1-90。

表1-90　免振自密实混凝土技术性能指标

检 验 项 目	技 术 指 标
混凝土强度等级	C25~C40 （根据设计确定）
塌落度（mm）	≥260
扩展度（mm）	600~700
排空时间（s）	8~12

注：排空时间指将坍落度筒倒置（小口朝下），下端用木板堵住，从大口处浇满混凝土后抽掉木板，混凝土全部流出所用的时间。

①水泥：宜采用强度等级为32.5的硅酸盐和普通硅酸盐水泥。

②石子：碎石或卵石，粒径不大于16mm，含泥量、泥块含量等指标应符合《普通混凝土用砂、石质量及检验方法标准》(JGJ 52—2006) 规定的要求。

③砂：宜采用中砂或粗砂，含泥量不超过3%。

④粉煤灰：Ⅰ、Ⅱ级低钙粉煤灰，并应有合格证及试验报告，技术指标应符合《用于水泥和混凝土中的粉煤灰》(GB/T 1596—2005)。

⑤水：不含有害物质的纯净水（冬期施工应用热水）。

⑥外加剂：混凝土使用的外加剂应符合国家现行标准的要求，并经过混凝土试配，性能合格方可使用。

5）耐碱玻璃纤维网格布，其技术性能指标应符合表1-91的规定。

表1-91　耐碱玻璃纤维网格布的技术性能指标

经 验 项 目	技 术 指 标
网孔尺寸（mm）	4×4，5×5

经 验 项 目	技 术 指 标
单位面积质量（g/m²）	≥160
经纬向断裂（N）	≥750（50 mm 宽）
断裂强度保持率 （100℃氢氧化钙水溶液浸泡 4 h）（%）	≥50

6）聚合物砂浆，其技术性能指标应符合表 1-92 的规定。

表 1-92　聚合物砂浆的技术性能指标

检 验 项 目		单 位	技 术 指 标
拉伸黏结强度（与水泥砂浆）	常温状态	MPa	≥0.70
	耐温	MPa	≥0.50
	耐水	MPa	≥0.50
	耐冻融	MPa	≥0.50
可操作时间		h	≥2
24 h 吸水量		g/m²	≤1 000
柔韧性水泥基 28 d 压折比（抗压强度/抗折强度）			≤3
水蒸气透过湿流密度		g/m²	≥1.00
抗裂性（厚度 5 mm 以下）			无裂纹
透水性（24 h）			≤3

（2）施工技术准备。

1）保温砌模应根据施工进度要求分层配套运入施工现场。保温砌模堆放场地应夯实并便于排水。装卸时不得倾卸和抛掷，堆放高度不应超过 2 m。

2）基础施工前应用钢尺校核建筑物的放线尺寸，其允许偏差应符合表 1-93 的规定。

表 1-93　放线尺寸允许偏差

长度 L、宽度 B 的尺寸（m）	允许偏差（mm）
L（B）≤30	±5
30＜L（B）≤60	±10
60＜L（B）≤90	±15
L（B）＞90	±20

3）保温砌模砌筑前应熟悉施工图纸，并根据墙体尺寸、楼层标高及门窗、构造柱的数量尺寸编制砌模排列图。

4）根据砌模排列图对砌筑在第一层的砌模进行清扫孔的加工，在保温砌模的一侧锯开 130 mm×120 mm 的孔洞，用于绑扎锚固钢筋和清扫砌筑时的落地砂浆杂物，并加工相当数量的半块砌模以备用。

5）保温砌模砌筑前，应对基础质量进行检查和验收，符合要求后方可进行墙体（砌模）施工。

6）砌筑前应在墙体的阴阳角处立好皮数杆。皮数杆应标志砌模的皮数、灰缝厚度以及门窗洞口、过梁、圈梁和楼板等部位的位置。

（3）机具设备。

1）机具准备：搅拌机、砂浆机、砖笼、刀锯、水平仪、线坠、皮数杆、胶皮锤等。

2）起重设备：塔式起重机、汽车式起重机、浇筑灰斗、浇筑量大也可考虑使用混凝土泵或泵车。

（4）混凝土搅拌配制。

1）采用免振自密实混凝土，强度等级根据设计规定。

2）混凝土坍落度应大于200 mm，扩展度应大于500 mm。

3）宜采用现场搅拌，配制后1 h内浇筑。

2. 保温砌模及网格剪力墙施工要求

（1）保温砌模施工。保温砌模混凝土墙的工艺流程，如图1-40所示。

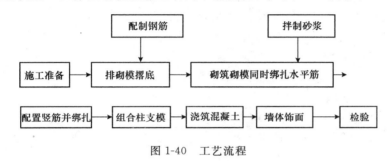

图1-40　工艺流程

（2）砌模施工基本规定。

1）一栋建筑所需的保温砌模应采用同一生产厂家产品。

2）砌筑前应清理砌模上、下两个平面的污物。

3）严禁使用断裂和壁肋有贯通裂缝的保温砌模。

4）地梁上平面清扫后按设计图纸弹线，应从门口或组合柱方向开始砌筑。

5）内、外墙可同时砌筑，纵横墙应直槎对接，砌筑后胶浆抹缝。

6）墙体砌筑高度应根据气温、风压、墙体部位等不同情况分别控制，日砌筑高度1.8～2.2 m（根据季节决定）。

7）保温砌模砌筑好后需要移动或被撞动时，应重新铺浆砌筑。

（3）砌模灰缝应符合下列规定：

1）灰缝应做到横平竖直，水平灰缝的胶浆饱满度不得低于90%，竖缝两侧的砌模均应两边挂灰，砂浆饱满度不得低于80%，不得出现瞎缝、透缝；

2）砌筑时的铺灰长度应为400 mm（一块一铺），严禁用水冲浆灌缝，不得采用石子、木楔等物垫塞灰缝；

3）砌模的水平及垂度灰缝宽度应控制在3～5 mm；

4）砌模墙体应以胶浆勾缝，深度不大于3 mm，并要求平整密实。

（4）砌模墙体施工时，应搭设双排脚手架，不得在砌模墙体上设置脚手架孔，可在圈梁、组合柱上预留8#铅丝，待浇筑完混凝土后用来固定脚手架。

（5）砌模砌筑。

1）每层楼第一层砌模应全部具有清扫口。外墙清扫口朝向内侧，内墙清扫口朝向一致。

2）砌筑时上、下砌模应严格对孔，错缝搭接，墙面必须平整，柱边与门窗口留直槎。

3）门窗上口宽度不大于 2 m 时，门窗上口不做过梁，砌模砌筑应采用模板支托。

4）消防栓、配电盘及管径大于 100 mm 的横向线管的埋设，可在砌筑时根据其外廓尺寸预留出来，做法同窗口。

5）水、暖、消防、电器管件的固定，用预埋件或在浇筑的混凝土达到强度后用膨胀螺栓连接。

6）直径小于 50 mm 的垂直管线可直接埋设在竖孔内。依据设计加设加强筋，浇筑混凝土前作好隐检记录，管口密封。

7）砌模墙体的伸缩缝、沉降缝内，不得夹有砂浆碎砌块及其他杂物。

8）砌筑进度。内、外墙砌筑进度宜整个建筑物同步进行，如建筑面积过大，也可以施工流水段为单元，但与相邻的单元高度差不得超过一个楼层高度，流水段的分段位置宜设在伸缩缝、沉降缝等处。同层分段可设在门窗洞口砌模砌筑过梁一侧。

9）在砌筑每层楼后应校核墙体的轴线尺寸和标高，对于允许内的偏差，可在浇筑混凝土圈梁或楼板时予以调整。

3. 钢筋铺设

（1）砌模内水平筋铺设。

1）砌筑一层铺设一层水平钢筋网片。

2）水平钢筋网片应平放在砌模水平槽的中间位置，水平钢筋网片的横筋应位于砌模肋上。

3）水平钢筋网片的搭接长度应不小于 30 d（d 为纵筋直径），并用钢丝绑扎，每侧 2 个绑扣。

4）砌体与组合柱相接时，其水平筋伸进组合柱长度应不少于 30 d，并与柱筋绑扎，每侧 2 个绑扣。

5）门窗洞口上面的砌体水平筋应根据设计图纸选用，其铺设方法同墙体。

（2）砌模内竖向钢筋网片的放置。

1）地梁（圈梁）浇筑混凝土前预埋墙体锚固筋网片。其纵筋高出地梁（圈梁）上平面 48 d，间距 200 mm，锚固筋网片垂直于墙体轴线。

2）墙体砌筑到一楼层高时才可放置竖向钢筋网片，每孔一片，从上部对准砌模孔向下插入网片，网片应位于孔中，并应垂直于墙体轴线。

3）竖向钢筋网片在下部的清扫口内与锚固筋搭接绑扎，上端应与墙体水平钢筋网片或圈梁纵筋绑扎，搭接长度 48 d。

4）竖向钢筋网片根据楼层高度（并加上深入圈梁的搭接长度）预制加工整根网片筋，网片长度应包括伸入圈梁和上层的搭接长度。

5）门洞口两侧砌模孔内应根据设计要求设置加强筋。

6）组合柱、圈梁钢筋的绑扎与安装应符合《混凝土结构工程施工质量验收规范》（2011版）（GB 50204—2002）（2011 版）要求。

4. 混凝土浇筑

（1）混凝土浇筑前的准备。

1）检查墙体砌筑的黏结强度和抗压强度达到胶浆强度的规定值。

2）将清扫口内的落地砂浆、垃圾及杂物全部清除干净后，用钢模板封堵支牢。

3）在墙体一侧钻观察孔（孔径 50 mm、间距 1.5 m），用木塞堵严，以备检查混凝土浇筑质量。

4）校正钢筋位置并检查搭接长度和绑扎固定情况。

5）向砌模墙体芯柱孔内喷洒适量水泥浆，以达到孔壁湿润为准。

6）门窗洞口的立面和上面用模板封严，并应有牢固的支撑。

7）施工流水分段处应用细钢丝网封堵、绑牢。

8）因使用大流动性混凝土，必须将各处缝隙封严堵实。

（2）混凝土浇筑施工。

1）砌模墙体及钢筋铺设经检验合格后方可浇筑墙体混凝土，并应通知质检和监理人员旁站监督混凝土浇筑。

2）混凝土应在拌成 1 h 内浇筑。

3）墙体浇筑点的水平间距不大于 1 m。

4）分层浇筑高度宜不大于 1.4 m，第一层可浇至与窗下口平齐。以上部分可分成一次或二次浇筑，但分层处不得设在网格墙横梁断面内。

5）在一个施工流水段内，浇筑高度应同步进行。砌模墙体内宜实行混凝土定量浇灌。并设专人检查混凝土水平流动，对有墙体崩模、跑浆处，应及时采取封堵措施。

6）混凝土墙体浇筑一般不用振捣。但发现混凝土流动不良或组合柱等钢筋密集处可用钢钎或小号振捣棒振实。

7）分层浇筑的时间应控制在下层混凝土初凝前进行。

8）墙体内混凝土浇筑后可不必进行喷水养护。

9）圈梁、楼板混凝土的浇筑及养护同普通钢筋混凝土施工。

10）常温下圈梁与楼板混凝土应在墙体混凝土达到设计强度 50％后浇筑，楼板施工需满堂支模。采用装配整体式楼板需硬架支模。

5. 水、电管线安装及墙面施工

（1）水、电管线安装。

1）主体结构完成，并经技术、质检、监理验收合格后方可实施。

2）水暖、消防、电器、箱体、管件在墙体预留的孔洞内安装，利用预埋件或膨胀螺栓与混凝土墙体固定，箱体背后采用砌保温板或钢丝网片抹聚合物水泥砂浆处理。

3）对直径小于 30 mm 的暗管线，在墙面弹出安装线，依线剔槽并用管卡子、膨胀螺栓固定牢固，并用 1：3 水泥砂浆填实、找平。

（2）墙体面层施工应符合下列要求。

1）墙体预埋管件全部完成并验收合格后方可实施。

2）面层施工前应检测墙体外观尺寸，超出允许偏差时应先行修整。

3）门窗洞口处应采用聚合物砂浆粘贴玻纤布包角（玻纤布宽度 300～400 mm），门窗洞口四角沿 45°方向应采用聚合物砂浆粘贴玻纤布条（玻纤布规格为 100 mm×400 mm）。

4）提高抹灰层黏结性能可将水泥胶浆均匀甩在墙面上进行拉毛处理，胶浆疙瘩应均匀牢固，或喷刷界面剂。

5）在门窗口角、墙垛、墙面等处吊垂直、套方、抹灰饼定基准。

6）内外墙底层可采用下述做法。采用掺有抗裂剂的灰砂比为 1：4 的水泥砂浆，底灰厚度为 5～7 mm，并分层与所贴灰饼摸平，并用木杠刮平、找直、木抹搓毛。

7）内墙面层做法。底层砂浆充分硬化（不少于 7 d）后进行，用水淋湿墙面后抹防裂砂浆，厚度在 3 mm 左右，用钢抹压光。

8）外墙面层做法（表 1-94）。

表 1-94　外墙面层做法

项　　目	内　　容
外墙喷刷涂料	用水淋湿墙面，胶浆粘贴玻纤网布（网布搭接宽度不小于 100 mm），抹 3 mm 厚聚合物抗裂砂浆，并压入玻纤网布内，抹平、压光，表面刮涂防水腻子，分格缝嵌入建筑密封膏后刷外墙涂料
外墙粘贴面砖	用水淋湿墙面阴干后，采用专用胶黏剂，厚度 10 mm 左右，粘贴面砖（大面积粘贴前，应进行面砖粘贴强度和拉拔试验），外墙分格缝嵌入建筑密封膏

（3）浴厕、女儿墙防水施工应符合下列要求：

1）应先涂界面剂，抹 5～7 mm 厚掺有抗裂剂的 1∶4 的水泥砂浆底灰，上抹 3 mm 厚聚合物水泥砂浆，砂浆层基本干透后方可做防水层，面层做法可按北京地区浴厕防水做法的有关规定操作；

2）防水层应做闭水试验，合格后方可继续下道工序。

六、310 节能装饰承重砌块的应用技术

1. 材料及相关技术要求

（1）310 节能保温砌块材料。310 节能砌块是集承重、保温、装饰于一体的新型墙体材料。310 节能砌块的主要规格为 390 mm×310 mm×190 mm，其主要原料为砂子、水泥、石子、聚苯板、金属拉钩和无机颜料，从功能上分为内墙承重部分、外墙装饰部分和中间保温部分，由金属连接件将这三部分连接为一体。

310 节能保温砌块性能见表 1-95。

表 1-95　310 节能砌块性能表

项　　目	单　　位	数　　据
砌块规格	mm	390×310×190
抗压强度	MPa	≥10.0
抗折强度	MPa	≥1.60
砌块质量	kg/块	25
砌块密度	kg/m³	≤1 200
砌块抗渗性	mm	≤10
抗冻强度损失	%	≤16.8
传热系数	W/（m²·K）	0.6
空气隔声系数	dB	≥50
聚苯板质量（m²）	kg	≥20

（2）场地要求。混凝土砌块堆放场地应夯实并便于排水。混凝土砌块不得任意倾卸和抛

掷，不宜贴地堆放，须按规格强度等级分别堆放，使用之前严禁浇水淋湿砌块。混凝土砌块应按设计的强度等级和施工进度要求，分层配套运入施工现场，并按以下规定妥善堆放：混凝土砌块堆放高度不宜超过 1.6 m，当采用集装箱或集装托板时，其叠放高度不宜超过两箱或两格（每格 6 皮混凝土砌块）。

（3）相关材料要求。

1）砂浆。混凝土砌块应采用黏聚性和保水性好、强度较高的专用砂浆，砂浆的材料及性能要求应符合标准。

①水泥：应有产品合格证，并按规定进行复试，确认合格后方可用。应根据砌筑砂浆强度等级选择水泥，一般采用 32.5 或 42.5 普通硅酸盐水泥或矿渣硅酸盐水泥。

②石灰膏：生石灰熟化成石灰膏时，应用孔径不大于 3 mm 的筛网过滤，熟化时间不得少于 7 d。贮的石灰膏应防止干燥、冻结和污染。严禁使用脱水硬化的石灰膏，石灰膏如遭冻结应融化后再使用。

③外加剂、掺合料：砌筑砂浆中使用的外加剂和掺合料的品质应符合国家现行标准的要求，并经过砂浆的试配，性能合格后方可使用。

④砂：宜采用中砂或细砂。含泥量不得超过 3％，不得含植物根茎等杂物。

⑤水：不含有害物质的纯净水。

砂浆配合比应根据设计的强度等级经试验确定，并应按重量比配制，采用机械搅拌。砂浆应有良好的和易性和保水性，稠度宜为（75±5）mm，分层度不宜大于 20 mm。室内地面以下的砌体，应用水泥砂浆砌筑；室内地面以下的砌体应用水泥混合砂浆砌筑。水泥砂浆和水泥混合砂浆应分别在拌成后 3～4 h 内用完；施工期间最高气温超过 30℃ 时，必须在 2～3 h 内用完。砂浆随拌随用，在砌筑前如出现泌水现象，应重新拌和。对有抗渗要求的砌体，应采用具有抗渗性的砂浆砌筑。为保证混凝土砌块的砌筑质量，应积极研制并优先采用一定强度等级的专用砌筑砂浆。

2）芯柱混凝土。

①水泥：宜采用强度等级为 42.5 级（或 52.5 级）的硅酸盐或普通硅酸盐水泥。

②石子：碎石或卵石，粒径 5～12 mm，颗粒级配，针片状颗粒含量、含泥量、泥块含量等指标应符合有关规定要求。

③砂：宜采用中砂或粗砂。

④水：不含有害物质的纯净水。

⑤外加剂、掺合料：混凝土使用的外加剂和掺合料的品质应符合国家现行标准的要求，并经过混凝土试配性能合格方可使用。

⑥混凝土：宜采用流态混凝土，坍落度不小于 200 mm，要求硬化时微膨胀与砌块内壁结合好，无缝隙。混凝土配合比应根据设计的强度经试验确定，并应按重量比配制，采用机械搅拌。

为保证钢筋混凝土芯柱的施工质量，应积极研制并优先采用一定强度等级的专用芯柱混凝土。灌孔混凝土的强度等级：C40、C35、C30、C25、C20 要求为砌体强度等级的 2 倍，不应低于 1.5 倍的砌块强度等级。

3）网片。对非盲孔砌筑的砌体，其所用拉结筋和钢筋网片应做镀锌或磷酸乙三酯锈处理。优先采用专业化生产的经防锈处理的平焊钢筋网片。砌体中的加强钢筋网片和拉结筋，应按设计要求埋设在灰缝砂浆层中，其连接部位的搭接长度须大于 30d。

（4）校核基础放线几何尺寸。基础施工前，应用钢尺校核房屋的放线尺寸，其允许偏差不应超过规定的尺寸，L 为长度，B 为宽度：

L（B）＜30 m 允许偏差±5 mm；

30m＜L（B）≤60 m 允许偏差±10 mm；

60m＜L（B）≤90 m 允许偏差±15 mm；

L（B）90 m 允许偏差±20 mm。

砌筑前，应在墙体的阴、阳角处立好皮数杆，皮数杆的间距不宜大于 6 m。皮数杆应标志砌块的皮数、灰缝的厚度以及窗门洞口、过梁、圈梁和楼板等部位的位置。

（5）排块及控制缝。墙体施工前，必须根据设计图上的门窗、过梁和芯柱的位置及楼层标高、砌筑尺寸和灰缝厚度等编制砌块排列图，并应尽量采用主规格砌块。

合理设置控制缝，当砌筑直墙体的长度大于 15 m 时应设置控制缝，控制缝的设置长度宜为 7～12 m，控制缝应设置在窗洞口角处或墙中，竖向设置，填缝材料应符合设计规定。

2. 墙体施工技术和相关工程做法

（1）砌筑条件及要求。砌筑底层墙体前，应对基础质量进行检查和验收，符合要求后方可进行墙体排块施工。排块时应从砌筑物的转角处顺时针或逆时针排列，形成一个闭合的整体；第二皮砌块对孔错缝，奇数皮同第一皮的排列，偶数皮同第二皮的排列，即完成整个建筑物的排块。一栋楼应采用同一混凝土砌块生产厂的产品，混砌也应该采用与小砌块材料强度等级的预制混凝土块。因为小砌块是混凝土制成的薄壁空心墙体材料，块体强度与黏土砖等其他墙体材料强度不等，而且两者间的线膨胀值也不一致。混砌材料强度不同，极易引起砌体裂缝，影响砌体强度。遇下雨、大风和平均气温低于 5℃时应停止施工。

（2）砌筑规则（表 1-96）。

表 1-96　砌筑规则

项　目	内　容
砂浆铺面作法灰缝要求	（1）灰缝应做到横平竖直，水平灰缝的砂浆饱满度不得低于 90%，竖缝两侧的砌体块均应两边挂灰，砂浆饱满度不得低于 90%，不得出现瞎缝、透明缝。 （2）砌筑时，铺灰长度不得超过 400 mm（即两个主规格砌块长度）；严禁用水冲浆灌缝，也不得采用以石子、木楔等物塞灰缝的操作方法。 （3）砌体水平灰缝的厚度和垂直灰缝的宽度应控制在 8～12 mm。 （4）砌筑时宜以原浆压缝，随砌随压，深度不大于 3 mm，并要求平整密实
砌筑顺序要求	（1）内、外墙应用时，砌筑纵横墙应交错搭接。墙体的临时间断处必须砌成斜槎，斜槎长度不应小于高度的 2/3。严禁留直槎，不利于房屋抗震。 （2）按先下后上的顺序，先基础后主体。在砌完每一个楼层后，应校核墙体的轴线尺寸和标高。对允许范围内的轴线和标高偏差，可在楼板面上予以校正
楼板、梁与墙体的搭接	（1）楼板支撑处如无圈梁时，板下宜用 C20 混凝土填实一皮砌块。现浇混凝土圈梁下的一皮混凝土砌块须用上口封砌块或采用其他封闭措施。 （2）梁端支承处的砌体，应根据设计要求用 C20 混凝土填实部分砌体孔洞。如设计无规定，则填实宽度不应小于 400 mm，高度不应小于 190 mm。安装预制梁和板时，必须座浆垫平

（3）圈梁和过梁以及门窗洞口的作法。固定圈梁、挑梁等构件侧模的水平拉杆、扁铁或螺栓应从小砌块灰缝中预留的 $4\phi10$ 孔穿入，不得在小砌块块体上打凿安装洞。内墙可利用侧砌的小砌块孔洞进行支模，模板拆除后应采用 C20 混凝土将孔洞填实。

安装预制梁、板时，必须先找平后灌浆，不得干铺。预制楼板安装也可采用硬架支模法施工。

窗台梁两端伸入墙内的支承部位应预留孔洞。孔洞口的大小、部位和上下皮小砌块孔洞，应保证门窗洞两侧的芯柱竖向贯通。

木门窗框与小砌块墙体两侧连接处的上、中、下部位应砌入埋有沥青木砖的小砌块（190 mm×190 mm×190 mm）或实心小砌块，并用铁钉、射钉或膨胀螺栓固定。

门窗洞口两侧的小砌块孔洞灌填 C20 混凝土后，其门窗与墙体的连接方法可按实心混凝土墙体施工。圈梁施工时，在底面无芯柱处，应先铺钢丝网或钢板网封住砌块孔洞，再设置圈梁钢筋。

（4）网片及拉结筋设置。单排孔小砌块孔肋对齐、错缝对孔。主要保证墙体竖向直接性，避免产生竖向裂缝，影响砌体强度。不能对孔时允许最小搭接长度不小于 90 mm，即主规格小砌块块长的 1/4。不能满足时，应在此水平灰缝中设 $\phi4$ 点焊网片（不宜搭焊），网片两端延长度距垂直灰缝的距离不得小于 300 mm。

砌体中的加强钢筋网片和拉结筋，应按设计要求埋设在灰缝砂浆层中，其连接部位的搭接长度须大于 30 d。拉结筋柱与砌体用 $\phi6$ 拉结筋拉结，拉结形式有胀锚螺栓、预埋铁件、贴模箍、预埋钢筋或按设计，竖向间距宜为 400 mm，伸入墙的长度不应小于 700 mm 或伸至洞口边。

（5）芯柱、管线敷设施工。

1）钢筋混凝土芯柱施工。在楼面砌筑第一皮小砌块时，在芯柱部位，应用开口砌块砌出操作孔（即清扫口），在操作孔侧面宜预留连通孔，在砌块砌筑时，随时刮平芯柱孔洞内凸出的砂浆，浇灌混凝土前，将芯柱孔洞内的垃圾、砂浆和杂物从其下端的开口砌块的清扫口清除出来并用水冲洗。校正钢筋位置并绑扎或焊接固定后，浇水湿润方可浇灌混凝土。

底层芯柱的钢筋宜与基础或基础圈梁的预埋钢筋搭接，每个楼层的芯柱宜采用整根的钢筋，上下楼层间的钢筋可在圈梁的上部搭接，也可在楼板面搭接，搭接长度不可小于 45 d，芯柱部位保证芯孔贯通。

砌完 1.4 m 高度后，应连续浇灌芯柱混凝土，每浇灌 400～500 mm 高度捣实一次或边浇灌边捣实。芯柱混凝土宜采用高性能流态混凝土，每楼层每根芯柱的混凝土分 2～3 段连续浇灌振动密实。若混凝土坍落度大于 200 mm 可一次浇灌，分 2～3 段振动密实。

芯柱与圈梁或现浇混凝土带应整体现浇，如采用槽型小砌块作圈梁模壳时，其底部必须留出芯柱通过的孔洞，与芯柱连接的每层楼板应留口或浇一条现浇板带。

芯柱混凝土应在砌完一个楼层高度的墙体，且砌筑砂浆强度平均值大于或等于 1.0 MPa 时，方可浇灌。浇灌后的芯柱面应低于最上一皮混凝土砌块表面 30～50 mm。

芯柱施工时实行混凝土定量浇灌，并设专人检查混凝土灌入量，认可后方可继续施工。

2）管线的敷设和预埋件设置。对设计规定或施工所需的孔洞、沟槽和预埋件等，应在砌筑时进行预留或预埋，不得在已砌筑的墙体上打洞和凿槽。

照明、电信、闭路电视等线路可采用内穿 12# 铅丝的白色增强塑料管。水平管线宜预埋于专供水平管的实心带凹槽的小砌块内，也可敷设在圈梁模板内侧或现浇混凝土板中。竖向管线应随墙体砌筑埋设在小砌块孔洞内。管线出口内应用 U 形小砌块竖砌，内埋开关、插座或焊接盒等配件，四周用水泥砂浆填实。冷、热水平管可采用实心带凹槽的小砌块进行敷设。立管宜安装在 E 字型小砌块中的一个开口孔洞中。待管道试水验收合格后，采用 C20 混凝土浇灌封闭。

安装后的管道表面应低于墙面 4~5 mm，并与墙体卡牢固定，不得有松动、反弹现象。浇水湿润后用 1：2 水泥砂浆填实封闭。外设 10 mm×10 mm 的 ϕ0.5~ϕ0.8 钢丝网，网宽应跨过槽口，每边不得小于 80 mm。

对设计规定或施工所需的孔洞、管道、沟槽和预埋件等，必须在砌筑时预留或预埋。如果在已砌筑的墙体上打孔洞时，其砂浆强度应超过设计值的 70%，并应采用小型机具施工，防止冲击、振动。

预埋电线管应随砌随埋设，电线管从混凝土砌块孔内穿过，接线盒和开关盒可嵌埋于 U 形砌块或预制的留口砌块内，然后用水泥砂浆填实。

（6）抹灰、勾缝。

1）抹灰施工条件及做法。外墙面或内墙面为混水墙时，须在砌体砌筑 30 d 后方可进行抹灰，抹灰厚度要均匀，一般以 12 mm 为佳，宜分两次抹灰。外墙面抹灰应做分隔缝，分块面积不得大于 15 m²。抹灰后喷水养护时间不得少于 3 d。若混水墙面平整度好，外墙刮防水腻子，内墙刮普通腻子找平。

在进行内外墙抹灰前，应清理砌块表面浮灰、杂物，用水泥砂浆填塞孔洞，水电管槽或梁、柱、板和砌体之间的缝隙，并在前一天浇水湿润用水泥浆或聚合物水泥浆做界面处理。

混凝土构配件与砌体相接处抹灰前，应在墙面铺钉金属网，接缝两侧金属网搭接处抹灰前，应在墙面铺钉金属网，接缝两侧金属网搭接宽度不应小于 100 mm。

2）勾缝做法。为确保工程质量，勾缝也是一项重要环节，内外墙勾缝起着不同的作用。

内墙勾缝。便于装修，内墙原浆勾缝，在砂浆达到"指纹硬化"时随即勾缝，要压密实、平整，勾成平缝。墙体平整度、垂直度很好的情况下可以不再抹灰。

外墙勾缝。为防止外墙灰缝渗水，外墙可采用二次勾缝。

首先砌筑时按原浆勾缝。在砂浆达到"指纹硬化"时，把灰缝略勾深一些，留 12 mm 的余量，灰缝要压密实，然后划出毛刺。

主体完工进行二次勾缝，勾缝前用喷壶把灰缝湿润，采用灰缝比为 1：1 的水泥防水砂浆（采用细砂），内掺一定比例的防水粉或抗渗剂，勾成原缝，灰缝颜色由甲方设计确定。灰缝要求密实压光，保持光滑、平整、均匀，凹进 4 mm 左右。

装饰混凝土砌块饰面墙体，应根据设计要求在现场砌筑一皮样板墙，经建设、设计、施工三方确认后再正式施工。施工过程中要防止装饰墙面的污染。

3. 送检、验收

（1）混凝土砌块砌筑墙体的一般规定。（适用于普通混凝土小砌块和轻集料混凝土小砌块工程的施工质量验收）

1）施工所使用的砌块的产品龄期不应小于 28 d，承重墙体严禁使用断裂小砌块，砌块砌筑时应底面朝上反砌于墙上。

2）砌筑时应清除表面污物和砌块孔洞底部的毛边，墙体应对孔错缝搭砌，搭接长度不应小于 90 mm，墙体个别部位不能满足搭接要求时，应在灰缝中设置拉结筋或钢筋网片，但竖向通缝不得超过两皮砌块。

3）施工时所使用的砂浆，宜选用专用砌块砌筑砂浆或按设计配比。普通混凝土砌块砌筑时严禁浇水或湿砌块上墙，在天气特别干燥炎热时可提前稍喷水湿润，轻骨料砌块砌筑时可提前浇水湿润。

4）底层室内地面以下或防潮层以下的砌体，应采用强度不低于 C20 的混凝土灌实砌块的孔洞。

5）浇筑芯柱的混凝土强度不应小于 C20，其坍落度不应小于 160 mm，砌筑砂浆强度大于 1 MPa 时方可浇筑芯柱混凝土，浇筑前应清理芯柱孔洞内的杂物并用水冲洗，注入适量与芯柱混凝土相同的去石砂浆，再分 3～4 次注入振捣。

（2）砌块的检验与砌筑墙体的验收。

1）每一项目或工程必须使用同一厂家的砌块产品，每一万块抽检一组（每组 3～5 块），用于多层以上基础和底层的砌块抽检数量不应少于 2 组。砂浆试块的抽检数量应符合规范规定。

检验方法：检查砌块和砂浆试块试验报告。

2）砌体水平灰缝和竖向灰缝的砂浆饱满度不得小于 90%，不得出现瞎缝、透明缝。

抽检数量：每检验批不少于 3 处。

检验方法：用专用百格网检测砌块与砂浆黏结痕迹的面积，每处检测 3 块砌块，取其平均值。

3）墙体转角处和纵横墙交接处应同时砌筑，临时间断处应砌成斜搓，斜搓的水平投影长度不应小于高度的 2/3。

抽检数量：每检验批抽检 20% 接搓，且不应少于 5 处。

检验方法：观察检查。

4）墙体的水平灰缝和竖向灰缝宜为 10 mm，不大于 12 mm 且不小于 8 mm。

抽检数量：每层楼的检测点不应少于 3 处。

抽检方法：用尺量 5 皮砌块的高度和 2 m 砌体长度折算。

5）砌筑墙体的一般尺寸偏差应符合规范规定。

砌体的允许偏差应符合表 1-97 的规定。

表 1-97　混凝土砌块砌体尺寸、位置的允许偏差

项　目			允许偏差（mm）	经验方法
轴线位置偏移			10	用经纬仪或拉线和尺量检查
基础和墙砌体顶面标高			±15	用水准仪和尺量检查
垂直度	每层		5	用线锤和 2 m 托线板检查
	全高	≤10 m	10	用经纬仪或重锤挂线和尺量检查
		＞10	20	
表面平整度	清水墙、柱		3	用 2 m 靠尺和塞尺检查
	混水墙、柱		5	
水平灰缝平直度	清水墙 10 m 以内		7	用 10 m 拉线和塞尺检查
	混水墙 10 m 以内		10	
水平灰缝厚度（连续 5 皮砌块累计）			±10	与皮数杆比较，尺量检查

项 目		允许偏差（mm）	经 验 方 法
垂直灰缝宽度（水平方向连续5块累计）		±10	用尺量检查
门窗洞口（后塞口）	宽度	±5	用尺量检查
	高度	±5	
外墙上下窗口偏移		20	以底层窗口为准，用经纬仪或掉线检查

七、粉煤灰陶粒砌块多层住宅围护结构节能工程

1. 粉煤灰陶粒承重砌块保温外墙施工

墙体保温方式主要是主体墙自身保温。在保证砌块的整体性能不受削弱的前提下，外墙采用 390 mm×270 mm×190 mm 的 3 排孔粉煤灰陶粒承重砌块，其中 2 排孔与阻燃型聚苯板 [导热系数≤0.033 W/（m·K）] 复合达到保温要求，其构造形式如图 1-41 所示。

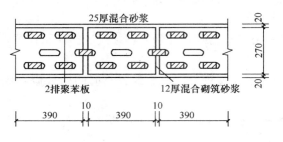

图 1-41　外墙构造（单位：mm）

（1）粉煤灰陶粒承重砌块。

1）材料性能。采用的是高强粉煤灰陶粒，其强度达 8.8 MPa，密度为 600～800 kg/m³，砌块强度达 MU10 以上。各项技术指标应符合《轻集料混凝土小型空心砌块》（GB/T 15229—2011）的有关要求。砌块规格尺寸有：390 mm×270 mm×190 mm、290 mm×270 mm×190 mm、190 mm×270 mm×190 mm、90 mm×270 mm×190 mm。为了达到更好的节能效果，陶粒砌块与聚苯板复合在保证结构不受削弱情况下，270 mm 厚排孔陶粒砌块砌体的热阻值相当于 655 mm 厚黏土实心砖墙的保温性能，达到节能 50％～65％ 的要求。

2）粉煤灰陶粒承重砌块施工要点。

①复合砌块砌筑砂浆的强度不应低于砌块强度，宜采用混合砂浆。

②砌筑砂浆时应采用铺灰器，保证灰缝砂浆饱满，隔绝水平灰缝导热对室内保温的影响。

③墙体砌筑时，采用主规格砌块，严禁与其他砌块混砌。

④砌体高度一次不宜超过 1.2 m，砌体的临时间断处应留在构造柱位置，楼梯间平台应砌成斜槎，长度不小于高度的 2/3。

⑤水平灰缝砂浆饱满度不应低于 90％，竖缝不低于 80％，砂浆灰缝控制在 8～12 mm。构造处拉结筋必须埋设在砂浆中。

⑥砌筑完后砌体留设管线及电盒时，必须采用切割机套割，严禁乱凿破坏墙体。

⑦不得使用龄期不足 28 d 的陶粒砌块及湿砌块，雨后应复核墙体的垂直度。

⑧砌筑前，首先检查陶粒砌块内聚苯板的镶嵌情况，聚苯板不到位不密实严禁上墙使用。

3）砌块的主要施工流程。

清理基层→核算模数试排→检查复合砌块质量情况→铺设铺灰器→铺砂浆→砌筑→完成验收→成品保护。

4）粉煤灰陶粒承重砌块砌体质量标准见表1-98。

表 1-98　粉煤灰陶粒承重砌块砌体质量标准

项　目		允许偏差（mm）	备　注
轴线移位		10	用经纬仪或拉线和尺量检查
顶面标高		±15	用水准仪和尺量检查
垂直	每层	5	用2m靠托线板检查
全高	<10 m	5	用经纬仪或拉线和尺量检查
	>10 m	20	检查
表面平整	清水墙、柱	5	用2m靠尺和楔形塞尺检查
	混水墙、柱	8	
水平灰	清水墙、柱	7	用10m拉线和尺量检查
缝平直	混水墙、柱	10	
水平灰缝厚度（连续5皮砌块累计数）		±10	与皮数杆比较尺量检查
垂直灰缝厚度（连续5皮砌块累计数，包括凹面深度）		±15	吊线和尺量检查，检查以底层第一皮砌块为准
门窗洞口宽度（后塞框）		±5	用经纬仪或吊线检查，以底层窗口为准

（2）有机硅外墙外保温复合材料。

1）材料性能。有机硅外墙外保温复合材料是把建材中纤维状材料（水镁石、海泡石绒）和松散颗粒材料（漂珠、累托石黏土）通过化工材料（硼砂以及有机硅添加剂），利用复合工艺形成的一种保温材料。它的导热系数为0.07 W/（m·K），可用机械加水直接搅拌均匀后使用，膏体密度860 kg/m³，干密度288 kg/m³，抗压强度2.2 MPa，黏结强度2.31 MPa。施工中构造柱和圈梁部分采用了这种保温复合材料，施工简易，便于操作。

2）施工工艺流程。

基底处理→清除灰尘，喷水湿润→用界面剂拉毛处理→吊垂直套方，找规矩，弹控制线→按线抹灰饼冲筋→抹第一遍保温砂浆（10 mm厚）→表面干燥后，再抹第二遍保温砂浆（10 mm厚）→保温层表面干燥刷（喷）FGC（有机硅）憎水剂两遍→划分格线，粘分格条→钉钢丝网→抹混合砂浆饰面→喷憎水剂养护。

3）施工注意事项：

①墙面凹凸地方应剔凿、修补、找平，确保保温层厚度；

②禁止在0℃以下施工；

③样板间验收合格，技术交底后组织大面积施工；

④涂（喷）有机硅憎水剂时，保温层表面必须干燥；

⑤保温砂浆施工时，搅拌完的砂浆应一次用完，分层抹时，每层面层不应压光，应

搓毛。

4）有机硅外墙质量标准见表1-99。

表1-99　有机硅外墙质量标准

项　　目	允许偏差（mm）		检 查 方 法
	保温层	养护层	
每层立面垂直	5	3	2 m托线板
表面平整	4	2	2 m靠尺和塞尺
阴阳角垂直	4	2	2 m托线板
阴阳角方正	5	2	0.2 m靠尺和塞尺
全高度垂直度	$H/100 \leqslant 20$		经纬仪、吊线
保温层厚度	大于设计厚度		棒针插入

2. 地下室顶板保温

（1）地下室顶板保温构造。经计算，不采暖地下室顶板按常规设计远远达不到节能要求。在地下室顶板抹完找平层后，应增加40 mm厚聚苯乙烯泡沫板保温层，外做防裂饰面保护层。其构造如图1-42所示。

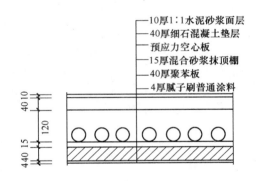

图1-42　地下室顶板构造（单位：mm）

（2）施工工艺流程。

地下室的预制板找平抹灰→干燥后粘贴聚苯板→刮水泥防裂胶腻两遍→做外装饰层。

（3）在施工时必须注意以下几点：

1）预制板找平抹灰必须平整方正；

2）粘贴用聚苯板密度应大于20 kg/m³，粘贴时找平层及聚苯板要同时涂刷胶浆，不得漏刷；

3）粘贴聚苯板，顶压器顶端要平，待聚苯板粘牢后再松动顶压器；

4）刮水泥防裂胶腻时，要分两遍进行。第一遍2 mm厚，在未干之前粘贴低碱网格布，干燥后刮第二遍胶腻，总计胶腻厚度不要超过5 mm。

3. 门窗保温

（1）外窗全部采用传热系数为2.71 W/（m²·K）的单框双玻塑钢窗。阳台门及进户门为40 mm厚岩棉板内夹层的防盗门。

（2）施工工艺流程。

加工制作→窗框安装→窗框校正，固定验收→安装窗扇→窗校正及调整→安装附件→整体验收→注打密封胶→竣工清理。

（3）在施工时注意以下几点。

1）首先对各种加工完的半成品进行检查验收，合格后方可安装塑钢窗。

2）现场的后塞口尺寸应严格控制，高度尺寸不应大于±3mm，并保证洞口方正。

3）安装顺序以单元为组，由上向下，由外向内安装。

4）半成品制作必须保证每个窗尺寸的统一性。双玻中空层应清理干净，采用酒精擦抹，玻璃与胶条应牢固严密，避免气密性受到影响。

4. 屋面保温

屋面保温层在找坡层施工完成后，采用导热系数为 0.072 W/（m·K），150 mm 厚的憎水复合隔热现浇板。

屋面复合隔热板是利用废旧聚苯包装材料经加工粉碎成颗粒加漂珠、少量水泥及胶结材料现浇而成的一种保温层。它的密度为 239 kg/m³，抗压强度为 6.67 MPa，导热系数为 0.072 W/（m·K）。屋面铺设 150 mm 厚后，具有较好的保温性能。

屋面结构形式及工艺流程如下。

预应力空心板或现浇板→20 mm 厚1：3水泥砂浆找平层→冷底子油一度→1：8白灰炉渣找坡层，最薄处 30 mm→干燥后喷憎水剂一遍→铺150 mm 厚复合隔热板→干燥后喷憎水剂→抹20 mm 厚1：3水泥砂浆找平层→Ts高分子卷材→防裂水泥砂浆保护层。

为确保保温层施工质量，应注意以下几点：

（1）严格遵循配合比计量要求，采用机械搅拌，人工铺设，利用搓板拍平压实；

（2）为了达到设计厚度，必须做出标筋拉线控制；

（3）在天气特别干燥的情况下，应有防晒措施，以免水分过快挥发，影响强度，雨天施工应采取防雨措施；

（4）在保温层没有凝固前严禁上人，以免破坏；

（5）表层必须干燥后再喷憎水剂；

（6）施工完的表面应平整，坡度必须符合要求，无积水现象。

5. 冷桥处理

主要冷桥部位在构造柱和圈梁，采用有机硅外墙外保温砂浆进行局部处理，其构造做法如图 1-43 所示。

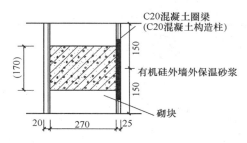

图 1-43　构造柱、圈梁局部做法（单位：mm）

与240 mm 厚砖混结构进行经济对比分析，粉煤灰陶粒砌块多层住宅围护结构虽然在节能方面增加了投入（占总造价的 4.93%）。但综合计算，经济效益是可观的，是值得推广应用的一种建筑节能结构体系。

第二章 屋面保温节能施工

第一节 屋面保温层施工

一、屋面松散材料保温层

1. 构造特点

松散保温材料主要有膨胀珍珠岩、膨胀蛭石、工业炉渣等。工业炉渣由于堆积密度大、保温性能差，逐渐被新型保温材料所代替。而膨胀珍珠岩和膨胀蛭石有其堆积密度小、保温性能高的优越性能，但当松铺施工时，一旦遇雨或浸入施工用水，其保温性能大大降低，且容易引起柔性防水层鼓泡破坏，所以在于燥少雨地区尚在应用，而在多雨地区已很少采用了。同时，松散保温材料施工时，较难控制匀质性和压实表观密度。

2. 施工准备

（1）材料。

1）松散保温材料主要有工业炉渣、膨胀蛭石及膨胀珍珠岩等。

2）松散保温材料的质量指标应满足设计要求见表2-1。

表 2-1　松散保温材料质量要求

项　　　目	膨 胀 蛭 石	膨 胀 珍 珠 岩	工 业 炉 渣
粒径（mm）	3～15	＞0.15（小于0.15的含量不大于8%）	5～40，不得含有石块、土块、重矿渣和未燃尽的煤渣
堆积密度（kg/m³）	≤300	≤120	500～800
导热系数[W/（m·K）]	≤0.14	≤0.07	0.16～0.25

（2）机具设备。搅拌机、平板振捣器、平锹、木刮杠、水平尺、手推车、木拍子、木抹子等。

（3）作业条件。

1）铺设保温材料的基层（结构层）施工完毕，并办理隐检验收手续。

2）铺设隔气层的屋面应先将表面清扫干净，干燥、平整，不得有松散、开裂、空鼓等缺陷；隔气层的构造做法必须符合设计要求和现行屋面工程施工质量验收规范的规定。

3）穿过结构的管根部位，应用细石混凝土填塞密实，以使管子固定。

（4）技术准备。

1）施工方案已编制完成，并做好技术交底及安全交底。

2）保温材料进场后应对密度、粒径进行检查，并检查含水率是否符合设计要求。

3. 施工工艺

（1）施工工艺流程。

清理基层→弹线找坡→铺设保温层→抹找平层。

（2）施工方法。

1）清理基层。应将预制或现浇混凝土基层表面的尘土、杂物等清理干净，且表面干燥。

2）弹线找坡。按设计坡度及流水方向，找出屋面坡度，确定保温层的厚度范围。

3）铺设保温层。

①松散保温层（工业炉渣、膨胀蛭石保温层、膨胀珍珠岩保温层），应经筛选，严格控制粒径和含水率。

②为了准确控制保温材料铺设的厚度，在屋面上每隔 1 m 摆放与保温层同厚的木条控制厚度。

③松散保温材料应分层铺设，适当压实。每层铺设的厚度不宜大于 150mm，其压实的程度及厚度应根据设计要求经试验确定。压实后不得直接在保温层上推车或堆放重物。

④松散保温层应干燥，含水率不得超过设计规定，否则应采取干燥措施或排气措施。

⑤遇下雨或 5 级以上的风时不得铺设松散保温层。

⑥细部处理。

a. 排气管和构筑物穿过保温层的管壁周边和构筑物的四周，应预留排气口。

b. 女儿墙根部与保温层之间应设温度缝，缝宽以 15～20 mm 为宜，并应贯通到结构基层。

c. 保温层的分格缝应符合设计要求和施工规范的规定。

4）抹找平层。

①保温层施工验收合格后，及时进行找平层施工。

②铺抹找平层时，可在松散保温层上铺一层塑料薄膜等隔水物，以阻止砂浆中水分被吸收，造成砂浆中缺水而降低强度和降低保温层的保温性能。

③为防止倒砂浆时挤走保温材料，抹找平层时，先用竹筛或钉有木框的铅丝网覆盖，然后将找平层砂浆倒入筛内，摊平后，取出筛子，找平抹光即可。

4. 质量标准

（1）主控项目。

1）松散保温材料的堆积密度、导热系数、粒径，必须符合设计要求。

检验方法：检查出厂合格证、质量检验报告和现场抽样复验报告。

2）保温层的含水率必须符合设计要求。

检验方法：检查现场抽样检验报告。

（2）一般项目。

1）保温层应分层铺设，压实适当，表面平整，找坡正确。

检验方法：观察检查。

2）保温层厚度的允许偏差：松散保温材料保温层为 +10％～-5％。

检验方法：用钢针插入和尺量检查。

3）屋面松散材料保温层的施工质量检验数量，应按屋面面积每 100 m² 抽查 1 处，每处 10 m²，且不得少于 3 处。

5. 成品保护

（1）松散保温材料在运输中应防水、防散漏，严禁踩踏。产品应按标号、等级在室内堆放，堆放场地应平整、干燥。

（2）在已经铺好的松散保温层上行走、推小车必须铺垫脚手板。

（3）保温层施工完成后，应及时铺抹水泥砂浆找平层，以减少受潮和进水，尤其在雨期施工，应及时采取覆盖保护措施。

6. 应注意的质量问题

（1）使用前，松散保温材料应严格按照有关标准进行选择，并加强保管和处理，材料的密度应符合要求，颗粒和粉末含量比例应均匀，使用前应充分晾干，含水率应符合要求。对不符合要求的材料不得使用。

（2）分层铺设时，在松散材料移动堆积中，应掌握好各层的厚度，找坡应均匀，认真进行操作；抹砂浆找平层时应防止挤压保温层，以免造成松散保温层铺设厚度不均匀。

（3）应注意避免保温层边角处的质量问题（如边角不直，边楂不齐整），以免影响找坡、找平和排水。

二、屋面板状材料保温层

1. 构造特点

板状保温材料有水泥、沥青或有机材料作胶结料的膨胀珍珠岩、蛭石保温板、微孔硅酸钙板、泡沫混凝土、加气混凝土和岩棉板、挤塑或模压聚苯乙烯泡沫板、发泡聚氨酯板、泡沫玻璃等。

其中，泡沫混凝土、加气混凝土等的表观密度大、保温性能较差。目前生产的有机或无机胶结料憎水性膨胀珍珠岩和沥青作胶结料的膨胀珍珠岩、蛭石具有一定的憎水能力，吸水率在50％以下。聚苯乙烯泡沫板、泡沫玻璃和发泡聚氨酯的吸水率低、表观密度小、保温性能好，应用越来越广泛。屋面板状保温层构造，如图2-1所示。

2. 施工准备

（1）材料（表2-2）。

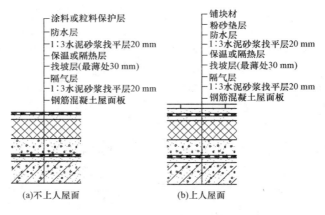

图 2-1　屋面板状保温层构造

表 2-2 材　料

项　目	内　容
板状保温材料	一般有聚苯乙烯泡沫塑料类、硬质聚氨酯泡沫塑料、泡沫玻璃、微孔混凝土类、膨胀蛭石（珍珠岩）制品。其产品应有出厂合格证，规格应一致，外形应整齐。其密度、导热系数、强度、吸水率及外观质量应符合设计要求。板状保温材料的质量应符合设计和表 2-3 的要求
其他材料	沥青、界面剂、胶黏剂、水泥、砂、石灰质量均应符合相应标准

表 2-3 板状保温材料的质量要求

项　目	指　标						
	聚苯乙烯泡沫塑料		硬质聚氨酯泡沫塑料	泡沫玻璃	憎水型膨胀珍珠岩	加气混凝土	泡沫混凝土
	挤塑	模塑					
表观密度或干密度（kg/m³）	—	≥20	≥30	≤200	≤350	≤425	≤530
压缩强度（kPa）	≥150	≥100	≥120	—	—	—	—
抗压强度（MPa）	—	—	—	≥0.4	≥0.3	≥1.0	≥0.5
导热系数[W/（m·K）]	≤0.030	≤0.041	≤0.024	≤0.070	≤0.087	≤0.120	≤0.120
尺寸稳定性（70℃，48 h，%）	≤2.0	≤3.0	≤2.0	—	—	—	—
水蒸气渗透系数[ng/（Pa·m·s）]	≤3.5	≤4.5	≤6.5	—	—	—	—
吸水率（V/V，%）	≤1.5	≤4.0	≤4.0	≤0.5	—	—	—
燃烧性能	不低于 B₂ 级			A 级			

（2）机具设备：板锯、铁抹子、铁皮抹子、小压子、胶皮锤、木杠、铁铲、灰桶，以及不同粘贴材料的搅拌设备等。

（3）作业条件。

1）铺设保温材料的基层已办完隐蔽工程检查和交接验收手续。

2）铺设隔气层的屋面应先将表面清扫干净，干燥、平整，不得有松散、开裂、空鼓等缺陷；隔气层的构造做法必须符合设计要求和现行屋面工程施工质量验收规范的规定。

3）穿过结构的管根部位，应用细石混凝土填塞密实，以使管子固定。

（4）技术准备。

1）施工方法、技术措施、质量保证措施已编制完成，并进行技术交底和安全交底。

2）板状材料进场后，应对其密度、导热系数、强度、含水率等进行试验检查。

3. 施工工艺

（1）施工工艺流程：清理基层→铺设保温层→抹找平层。

（2）施工方法。

1）清理基层。应将预制或现浇混凝土基层表面的尘土、杂物等清理干净，使其平整、干燥。

2）铺设保温层。

①干铺板状保温层。直接铺设在结构层或隔气层上，紧靠需隔热保温的表面，铺平、垫稳。分层铺设时，上、下两层板块接缝应相互错开，板间的缝隙应用同类材料的碎屑嵌填密实。

②粘贴的板状材料保温层应砌严、铺平，分层铺设的接缝要错开。胶黏剂应视保温材料的性能选用。板缝间或缺棱掉角处应用碎屑加胶结材料拌匀，填补密实。

③用沥青胶结材料粘贴时，板状材料相互之间和基层之间，均应满涂（或满蘸）热沥青胶结材料，以便相互粘贴牢固。热沥青的温度为 160℃～200℃。

④用砂浆铺贴板状保温材料时，一般可用 1∶2（体积比）水泥砂浆粘贴，板间缝隙应用水泥或保温砂浆填实并勾缝。保温砂浆配合比一般为水泥∶石灰∶同类保温材料碎粒（体积比）＝1∶1∶10。保温砂浆中的石灰膏必须经熟化 15 h 以上，石灰膏中严禁含有未熟化的颗粒。

⑤细部处理。

a. 屋面保温层在檐口、天沟处，宜延伸到外坡外侧，或按设计要求施工。

b. 排气管和构筑物穿过保温层的管壁周边和构筑物的四周，应预留排气口。

c. 女儿墙根部与保温层间应设置温度缝，缝宽以 15～20 mm 为宜，并应贯通到结构基层。

3）抹找平层：保温层施工并验收合格后，应立即进行找平层施工。

4. 质量标准

（1）主控项目。

1）板状保温材料的质量，应符合设计要求。

检验方法：检查出厂合格证、质量检验报告和进场检验报告。

2）板状材料保温层的厚度应符合设计要求，其正偏差应不限，负偏差应为 5％，且不得大于 4 mm。

检验方法：钢针插入和尺量检查。

3）屋面热桥部位处理应符合设计要求。

检验方法：观察检查。

（2）一般项目

1）板状保温材料铺设应紧贴基层，应铺平垫稳，拼缝应严密，粘贴应牢固。

检验方法：观察检查。

2）固定件的规格、数量和位置均应符合设计要求；垫片应与保温层表面齐平。

检验方法：观察检查。

3）板状材料保温层表面平整度的允许偏差为 5 mm。

检验方法：2 m 靠尺和塞尺检查。

4）板状材料保温层接缝高低差的允许偏差为 2 mm。

检验方法：直尺和塞尺检查。

5. 应注意的质量问题

（1）板状保温材料使用前，应严格按照有关标准进行选择，并加强保管和处理，板状保温材料的质量指标应符合要求，对不符合要求的材料不得使用。

（2）应注意避免保温层边角处质量问题（如边角不直、边槎不齐整），以免影响找坡、找平和排水。

（3）施工应严格按照要求操作，严格验收管理，以避免板状保温材料铺贴不实，影响保温、防水效果，造成找平层裂缝。

三、屋面整体保温层

1. 施工准备

（1）材料。常用的材料包括沥青膨胀珍珠岩及聚氨酯硬泡体，均应符合相应标准和设计要求，有出厂合格证。

1）沥青膨胀珍珠岩整体保温材料表观密度为 500 kg/m³，导热系数为 0.1～0.2 W/（m·K），强度为 0.6～0.8 MPa。

①膨胀珍珠岩：以大颗粒为宜，容重为 100～120 kg/m³，含水率不大于 10%。

②沥青：60# 石油沥青。

2）聚氨酯硬泡体材料主要由多元醇（A 组分）与异氰酸酯（B 组分）两组分液体原料组成，采用无氟发泡技术，在一定状态下发生热反应，产生闭孔率不低于 95% 的硬泡体化合物。

聚氨酯硬泡体应满足以下要求：密度 $\geqslant$ 55 kg/m³，导热系数 $\leqslant$ 0.022 W/（m·K），热衰减倍数 V_o = 44～91，平均黏结强度 $\geqslant$ 40 kPa，抗压强度 $\geqslant$ 0.3 MPa，抗拉强度 $\geqslant$ 500 kPa，尺寸变化率 $\leqslant$ 1%。

①A 组分原料：多元醇应为密封桶装液体，在热反应过程中不应产生有毒气体。

②B 组分原料：异氰酸酯应为密封桶装液体，在热反应过程中不应产生有毒气体。

③发泡剂等添加剂应不含氟并无毒。

（2）机具设备：加热锅、搅拌机、聚氨酯硬泡体专用喷涂设备、平锹、木刮杠、水平尺、手推车、木拍板等。

（3）作业条件。

1）铺设保温材料的基层（结构层）应坚实、平整（基层表面不得有明显积水）、干燥（含水率应小于 8%），并办理隐检验收手续。

2）当采用聚氨酯硬泡体时，施工前屋面与山墙、女儿墙、天沟、檐沟以及凸出屋面结构的连接处应抹成圆弧形，其圆弧半径 R = 80～100 mm。

3）平屋面找坡层的坡度应符合要求（当采用聚氨酯硬泡体时，平屋面排水坡度不应小于 2%）。

4）穿过结构的管根部位，应用细石混凝土填塞密实。

（4）技术准备。

1）编制施工方案，进行技术和安全交底；对使用喷枪的工人进行技术培训。

2）保温材料进场后，对材料的产品质量、合格证等进行检查。

2. 施工工艺

(1) 沥青膨胀珍珠岩保温层施工。

1) 施工工艺流程：清理基层→拌和→铺设沥青膨胀珍珠岩保温层→抹找平层。

2) 操作方法。

①清理基层：将基层表面的浮灰、油污、杂物等清理干净。

②拌和。

a. 沥青膨胀珍珠岩配合比为（重量比）1∶（0.7~0.8）。拌和时，先将膨胀珍珠岩散料倒在锅内加热并不断翻动，预热温度宜为100℃~120℃。然后倒入已熬好的沥青中拌和均匀。沥青在熬制过程中，要注意加热温度不应高于240℃，使用温度不宜低于190℃。

b. 沥青与膨胀珍珠岩宜用机械进行拌和，拌和以色泽均匀一致、无沥青团为宜。

③铺设保温层。

a. 铺设保温层时，应采取"分仓"施工，每仓宽度为700~900 mm，可采用木板分隔，控制宽度和厚度。

b. 保温层的虚铺厚度和压实厚度应根据试验确定，一般虚铺厚度为设计厚度的130%（不包括找平层），铺后用木拍板拍实抹平至设计厚度。压实程度应一致，且表面平整。铺设时应尽可能使膨胀珍珠岩的层理平面与铺设平面平行。

④抹找平层。沥青膨胀珍珠岩压实抹平并进行验收后，应及时施工找平层。找平层配合比为水泥∶粗砂∶细砂=1∶2∶1，稠度为70~80 mm（成粥状）。找平层初凝后洒水养护。

(2) 喷涂聚氨酯硬泡体保温层施工（表2-4）。

表 2-4　喷涂聚氨酯硬泡体保温层施工

项　　目		内　　容
施工工艺流程		清理基层→喷涂聚氨酯硬泡体保温层→施工保护层
施工方法	清理基层	将基层表面的浮灰、油污、杂物等清理干净。
	喷涂聚氨酯硬汽体保温层	（1）根据保温层设计厚度，聚氨酯硬泡体保温层可采用专用聚氨酯硬泡体喷涂机进行现场连续喷涂施工。施工时，气温应在15℃~35℃，风速不超过5 m/s，相对湿度应小于85%，以免影响聚氨酯硬泡体的质量。根据保温层的厚度，一个施工作业面可分几遍喷涂完成，当日的施工作业面必须当日连续喷涂施工完毕。 （2）聚氨酯硬泡体保温材料必须在喷涂前配制好，配合比应准确。两组分液体原料（多元醇和异氰酸酯）与发泡剂必须按设计配比准确计量。投料顺序不得有误，混合应均匀，热反应应当充分，输送管路不得渗漏，喷涂应连续均匀。 （3）喷涂时，喷枪运行应均匀，使发泡后的表面平整，在完全发泡前应避免上人踩踏。 （4）聚氨酯硬泡体保温层施工，应喷涂一块500 mm×500 mm同厚度的试块，以备材料的性能检测。
	施工保护层	聚氨酯硬泡体保温层施工完后，即进行保温层检验、测试，合格后应立即进行保护层施工，如采用刚性砂浆或混凝土保护层，则应在保温层上铺聚酯毡等材料作为隔离层

(3) 细部处理。

1) 沥青膨胀珍珠岩整体保温层的细部处理，参见本本节"一、屋面松散材料保温层"

中的相关内容。

2) 聚氨酯硬泡体整体保温层的细部处理。

①屋面与山墙、女儿墙间的聚氨酯硬泡体保温层应直接连续地喷涂至泛水高度，最低泛水高度不应小于 250 mm，如图 2-2 所示。

②在天沟、檐沟的连接处，聚氨酯硬泡体保温层应连续地喷涂，如图 2-3 所示。

③在无组织排水檐口，聚氨酯硬泡体保温层应连续喷到檐口端部，喷涂厚度应均匀地减薄至不小于 15 mm 为止，如图 2-4 所示。

④在伸出屋面的管道或通气管根部，应根据泛水高度要求连续地直接喷涂，如图 2-5 所示。

⑤在屋顶垂直出入口处，聚氨酯硬泡体保温层收头应连续喷涂至帽口，如图 2-6 所示。

⑥水落口防水保温层收头构造。

a. 落口杯宜采用塑料制品或铸铁。

b. 横式水落口周围直径 500 mm 范围内的坡度不应小于 2%。

c. 在山墙或女儿墙的横式水落口处，应根据泛水高度要求，将聚氨酯硬泡体保温层连续地直接喷涂至水落口内，如图 2-7 和图 2-8 所示。

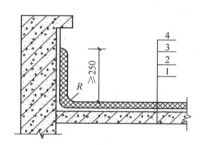

图 2-2 山墙、女儿墙的泛水收头示意图

1—结构层；2—找平层或找坡层；
3—聚氨酯硬泡体保温层；4—防护层

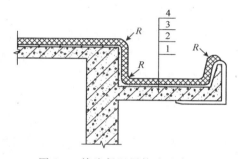

图 2-3 檐沟保温层构造示意图

1—结构层；2—找平层或找坡层；
3—聚氨酯硬泡体保温层；4—防护层

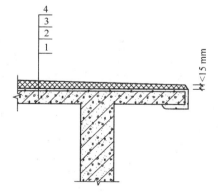

图 2-4 无组织排水檐口保温层收头示意图

1—结构层；2—找平层或找坡层；
3—聚氨酯硬泡体保温层；4—防护层

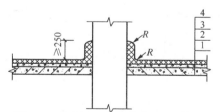

图 2-5 伸出屋面的管道或通气管根部
保温层构造示意图

1—结构层；2—找平层或找坡层；
3—聚氨酯硬泡体保温层；4—防护层

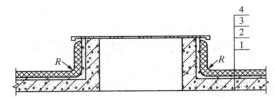

图 2-6 垂直出入口防水保温层的构造示意图

1—结构层；2—找平层或找坡层；3—聚氨酯硬泡体保温层；4—防护层

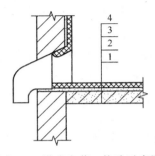

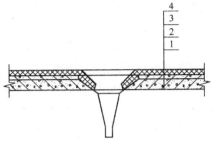

图 2-7 横式水落口构造示意图

1—结构层；2—找平层或找坡层；

3—聚氨酯硬泡体保温层；4—防护层

图 2-8 直式水落口构造示意图

1—结构层；2—找平层或找坡层；

3—聚氨酯硬泡体保温层；4—防护层

⑦伸缩缝保温层构造（表 2-5）。

表 2-5 伸缩缝保温层构造

项 目	内 容
水平变形缝保温层做法	在伸缩缝内填充塑料棒，并用密封膏密封，然后连续地直接喷涂至帽口，如图 2-9 所示
屋面与山墙间变形缝处保温层做法	聚氨酯硬泡体保温层应连续地直接喷涂至泛水高度。然后在变形缝内填充塑料棒并用密封膏密封，再在山墙上用螺钉固定能自由伸缩的钢板，如图 2-10 所示

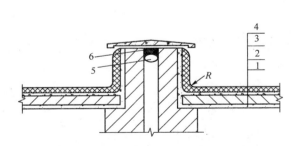

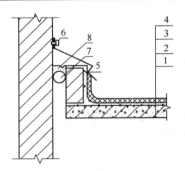

图 2-9 水平伸缩缝构造示意图

1—结构层；2—找平层或找坡层；

3—聚氨酯硬泡体保温层；4—防护层；

5—塑料棒；6—密封膏；

图 2-10 屋面与山墙间变形缝的构造示意图

1—结构层；2—找平层或找坡层；

3—聚氨酯硬泡体保温层；4—防护层；

5—金属盖板；6—螺钉；7—塑料棒；8—密封膏

3. 质量标准

（1）主控项目。

1）保温材料的堆积密度或表观密度、导热系数、强度、吸水率以及聚氨酯硬泡体的尺寸稳定性必须符合设计要求。

检验方法：检查出厂合格证、质量检验报告和现场抽样复验报告。

2) 保温层的含水率必须符合设计要求。

检验方法：检查现场抽样检验报告。

（2）一般项目。

1) 保温层应拌和均匀，分层铺设，压实适当，表面平整，找坡正确。细部构造应符合设计要求。

检验方法：观察和尺量检查。

2) 保温层厚度的允许偏差：整体现浇保温层为 $-5\%\sim+10\%$。

检验方法：用钢针插入和尺量检查。

3) 聚氨酯硬泡体应按配比准确计量，发泡厚度均匀一致，表面应平整，最大喷涂波纹应小于 5 mm，且不应有起鼓、断裂等现象。

检验方法：现场抽样检查。

4) 整体保温层的施工质量检验批量，应按屋面面积每 100 m² 抽查 1 处，每处 10 m²，且不得少于 3 处。

4. 应注意的质量问题

（1）施工时应将基层清理干净，以免聚氨酯硬泡体保温层从基层上拱起或脱离。

（2）应注意避免保温层边角处的质量问题（如边角不直、边楞不齐整），以免影响找坡、找平和排水。

（3）屋面与山墙、女儿墙、天沟、檐沟以及凸出屋面结构的连接处，整体保温层的细部构造应符合设计要求，以免形成防水薄弱点。

四、倒置式屋面保温隔热工程

1. 倒置式屋面构造

倒置式屋面是直接在屋面结构层上做找平层，然后按顺序空铺卷材防水层、保温层、隔离层和保护层。其构造如图 2-11 所示。

2. 材料要求

（1）倒置式屋面可以采用表观密度小、导热系数低、吸水率低、比热容较高和具有一定强度的聚苯乙烯泡沫塑料、硬质聚氨酯泡沫塑料或泡沫玻璃等轻质材料。

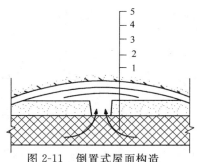

图 2-11　倒置式屋面构造

1—结构基层；2—找平层；3—防水层；
4—保温层；5—保护层

（2）倒置式屋面应采用耐水性、耐霉烂性和耐腐蚀性能优良的防水卷材、防水涂料等柔性防水材料做防水层，不得采用以植物纤维和含有植物纤维类材料（如原纸或植物纤维与玻纤网格布复合）为胎体的卷材做防水层。材料耐水性的指标不应小于 80%。

3. 作业条件

（1）要求防水层表面应平整，平屋顶排水坡度增大到 3%，以防积水。

（2）沥青膨胀珍珠岩配合比。每立方米珍珠岩中加入 100 kg 沥青，搅拌均匀，入模成型时严格控制压缩比，一般为 1.8~1.85。

（3）铺设板状保温材料时，拼缝应严密，铺设应平稳。

（4）铺设保护层时，应避免损坏保温层和防水层。

（5）铺设卵石保护层时，卵石应分布均匀，防止超厚，以免增大屋面荷载。

（6）当用聚苯泡沫板等轻质材料做保温层时，上面应用混凝土预制块或水泥砂浆做保护层。

4. 施工工艺及要点

（1）工艺流程。

清理结构层表面→找平层施工→清理基层→节点附加层施工→防水层施工→蓄水或淋水检查→粘铺保温层→铺设隔离层→保护层施工→质量检查验收。

（2）防水层的施工。防水层应根据不同的防水材料，采用与其相适应的施工方法。当采用卷材做防水层时，卷材与基层之间宜进行空铺处理，但距屋面周边 800 mm 范围内的卷材应满粘，卷材的搭接缝也应满粘，并使其黏结牢固、封闭严密，以便形成整体的防水构造。

（3）保温层的施工。块体的保温材料，可直接干铺或采用专用的胶粘材料粘铺在防水层的表面。当选用聚苯乙烯泡沫塑料板做保温层时，不得采用含有有机溶剂的胶黏剂粘贴。

块体保温材料的接缝，可以是企口缝，也可以是平缝，但要求接缝必须拼接严密，以防发生"冷桥"的现象。

当采用现场发泡的硬质聚氨酯做保温层时，须对形成的保温层进行分格处理，以防产生收缩裂缝。分格缝内应用弹性的密封材料嵌填密实。

（4）保护层施工。

1）在非上人屋面采用卵石（图 2-12）或砂砾作保护层时，压置材料的粒径宜为 20～60 mm，含泥量不宜大于 2%。铺压前应在保温层表面铺设一层不低于 250 g/m³ 的聚酯纤维无纺布作保护隔离层，无纺布之间的搭接宽度不宜小于 100 mm。铺压卵石时，应严防水落口被堵塞，使其排水畅通；也可采用平铺预制混凝土块材的方法进行压置处理，但块材的厚度不宜小于 30 mm，且应有一定的强度。保护层材料的重量应能满足当地最大风力时，保温层不被掀起以及保温层在屋面发生积水状态下不浮起的要求。

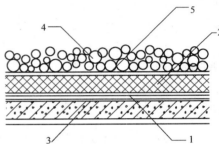

图 2-12　倒置式屋面卵石保护层

1—防水层；2—保温层；3—砂浆找平层；
4—卵石保护层；5—纤维织物

2）上人屋面可采用混凝土块体材料做保护层，如图 2-13 所示。施工时应用水泥砂浆坐浆铺砌，要求铺砌平整，接缝横平竖直，用水泥砂浆嵌填密实。

上人屋面也可采用板状保护层，如图 2-14 所示。块体保护层还应留设分格缝，其分格面积不宜大于 100 m²，分格缝的纵横间距不宜大于 10 m，分格缝的宽度宜为 20 mm，并用密封材料封闭严实；也可在保温层上铺设聚酯无纺布或干铺油毡后，直接浇筑厚度不小于 40 mm 并配置双向钢筋网片的细石混凝土作保护层。保护层应留设分格缝，其纵横间距不宜大于 6 m，分格缝的宽度宜为 20 mm，缝内用密封材料嵌填密实。

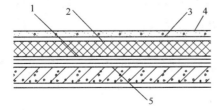

图 2-13　倒置式屋面块体材料保护层

1—防水层；2—保温层；3—块体材料或水泥砂浆；
4—砂浆找平层

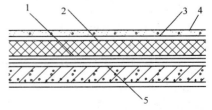

图 2-14　倒置式屋面板材保护层

1—防水层；2—保温层；3—砂浆找平层；
4—板材制品；5—砂浆找平层

（5）细部构造处理。

1）天沟、檐沟、泛水部位的保温层难以全面覆盖防水层。这些部位的防水层应选择耐老化性能优良的卷材或用卷材与涂膜进行多道设防，并在防水层的表面涂刷一层具有反射阳光功能的浅色涂料作保护层。

2）对水落口、伸出屋面的管道根以及天沟、檐沟等节点部位，应采用卷材与涂料、密封材料等复合，形成黏结牢固、封闭严密的复合防水构造。

5. 质量标准、应注意的质量问题

参见本节"一、二、三"中相应内容。

第二节　其他形式的屋面施工

一、架空屋面

1. 架空屋面构造

（1）架空屋面宜在通风较好的建筑物上采用；不宜在寒冷地区采用。

（2）架空隔热制品及其支座材料的质量应符合设计要求及有关材料标准。

（3）架空屋面的设计应符合下列规定。

1）架空屋面的坡度不宜大于 5%。

2）架空隔热层的高度，应按屋面宽度或坡度大小的变化确定。

3）当屋面宽度大于 10 m 时，架空屋面应设置通风屋脊。

4）架空隔热层的进风口，宜设置在当地炎热季节最大频率风向的正压区，出风口宜设置在负压区。

（4）架空屋面的架空隔热层高度宜为 180～300 mm，架空板与女儿墙的距离不宜小于 250 mm。

（5）常见的架空隔热屋面构造，如图 2-15～图 2-19 所示。

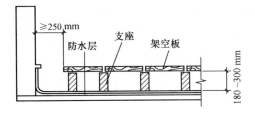

图 2-15　预制细石混凝土板架空隔热层构造

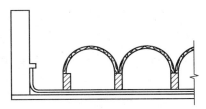

图 2-16　预制细石混凝土半圆弧架空隔热层构造

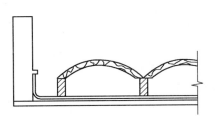

图 2-17　预制细石混凝土大瓦架空隔热层构造

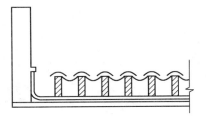

图 2-18　小青瓦架空隔热层构造

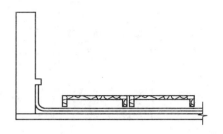

图 2-19 细石混凝土板凳或珍珠岩板、陶粒混凝土
直铺架空隔热层构造

2. 施工准备

（1）材料要求。

1）烧结普通砖及混凝土板符合要求并经试验室试验确定。

2）砖墩砌筑砂浆宜采用强度等级 M5 水泥砂浆；板材坐砌砂浆宜采用强度等级 M2.5 水泥砂浆；板材填缝砂浆宜采用 1：2 水泥砂浆。

（2）主要机具。架空屋面施工主要为砌筑工作，其主要机具为垂直运输机具和作业面水平运输机具（常用手推车）以及泥工工具。

（3）作业条件。架空屋面施工前应具备的基本条件如下：

1）上道工序防水保护层或防水层已经完工，并通过验收；

2）屋顶设备、管道、水箱等已经安装到位；

3）屋面剩余料、杂物清理干净。

（4）材料和质量要求见表 2-6。

表 2-6 材料和质量要求

项　目	内　容
材料的关键要求	（1）强度要满足设计、规范要求。 （2）板材规格、材质外形尺寸准确，表面平整，符合验收要求
技术的关键要求	（1）分格均匀、合理。 （2）满足砌筑施工的各项要求。 （3）风道设置合理
质量的关键要求	（1）隔热板坐砌（铺设）平稳、表面平整。 （2）风道规整、通风流畅
职业健康安全关键要求	（1）职业健康方面主要是防止粉尘危害，保证人员健康。 （2）加强垂直运输、高空和临边作业安全的控制
环境关键要求	（1）清扫及砂浆拌和过程要避免灰尘飞扬。 （2）施工中生成的建筑垃圾要及时清理

3. 施工工艺流程及要点

（1）施工工艺流程，如图 2-20 所示。

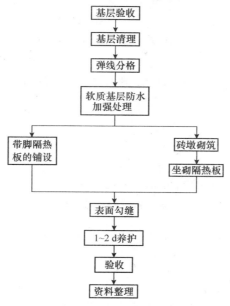

图 2-20 施工工艺流程

（2）架空屋面施工工艺。

1）架空屋面施工前，要保证上道分项工程（即防水层或防水保护层）达到质量要求并经验收通过。

2）对屋面剩余料、杂物进行清理，并清扫表面灰尘。根据架空板的尺寸弹出支座中线。

3）根据设计和规范要求，进行弹线分格，做好隔热板的平面布置。隔热板应按设计要求设置分格缝，若设计无要求可依照防水保护层的分格或以不大于 12 m 为原则进行分格。

4）如基层为软质基层（如涂膜、卷材等），须对砖墩或板脚处进行防水加强处理，一般用与防水层相同的材料加做一层。

①砖墩处以凸出砖墩周边 150～200 mm 为宜。

②板脚处以不小于 150 mm×150 mm 的方形为宜。

5）砌筑砖墩，除满足砌体施工规范要求外，尚须满足以下要求：

①灰缝应尽量饱满，平滑；

②落地灰及砖碴应及时清理。

6）铺设架空板时应将灰浆刮平，随时扫净屋面防水层上的落灰、杂物等，保证架空隔热层气流畅通。操作时不得损伤已完工的防水层。

7）养护。架空板的铺设应平整、稳固，进行 1～2 d 的养护，待砂浆强度达到上人要求，进行表面勾缝，并按设计要求留变形缝。

8）表面勾缝。

①板缝在养护期间应经常的润湿、阴干。

②勾缝用水泥砂浆或混合砂浆要调好稠度，随勾随拌。

③较深的缝须用铁抹子插捣，余灰随勾随清扫干净。

④勾缝砂浆表面应反复压光，做到平滑顺直。

⑤直径较大的半圆弧形隔热板的纵向缝宜用 C20 细石混凝土填缝，表面压光。

⑥最好勾缝后在隔热板表面再做一层水泥砂浆面层。

9）勾缝养护。勾缝施工完毕后，宜养护 1～2 d，然后准备分项工程验收。

10）验收。架空隔热层作为一个分项工程，经过质量自检合格后可报现场业主、监理组织验收。

11）资料整理。验收通过后，须将此分项工程的工程资料按保证资料和验收资料两大类别进行分类、整理，做好保管。

4．质量标准

（1）主控项目。

1）架空隔热制品的质量，应符合设计要求。

检验方法：检查材料或构件合格证和质量检验报告。

2）架空隔热制品的铺设应平整、稳固，缝隙勾填应密实。

检验方法：观察检查。

（2）一般项目。

1）架空隔热制品距山墙或女儿墙不得小于 250 mm。

检验方法：观察和尺量检查。

2）架空隔热层的高度及通风屋脊、变形缝做法，应符合设计要求。

检验方法：观察和尺量检查。

3）架空隔热制品接缝高低差的允许偏差为 3 mm。

检验方法：直尺和塞尺检查。

二、蓄水屋面工程

1．蓄水屋面构造

（1）保温隔热屋面适用于具有保温隔热要求的屋面工程。当屋面防水等级为Ⅰ级、Ⅱ级时，不宜采用蓄水屋面。屋面保温可采用板状材料或整体现喷保温层，屋面隔热可采用架空、蓄水、种植等隔热层。

（2）蓄水屋面不宜在寒冷地区、地震地区和振动较大的建筑物上采用。

（3）蓄水屋面应采用刚性防水层，或在卷材、涂膜防水层上再做刚性复合防水层；卷材、涂膜防水层应采用耐腐蚀、耐霉烂、耐穿刺性能好的材料。

（4）蓄水屋面的设计应符合下列规定：

1）蓄水屋面的坡度不宜大于 0.5%。

2）蓄水屋面应划分为若干蓄水区，每区的边长不宜大于 10 m，在变形缝的两侧分成两个互不连通的蓄水区；长度超过 40 m 的蓄水屋面应设分仓缝，分仓隔墙可采用混凝土或砖砌体。

3）蓄水屋面应设排水管、溢水口和给水管，排水管应与水落管或其他排水出口连通。

4）蓄水屋面的蓄水深度宜为 150～200 mm。

5）蓄水屋面泛水的防水层高度，应高出溢水口 100 mm。

6）蓄水屋面应设置人行通道。

（5）蓄水屋面的溢水口应距分仓墙顶面 100 mm，如图 2-21（a）所示；过水孔应设在分仓墙底部，排水管应与水落管连通，如图 2-21（b）所示；分仓缝内应嵌填泡沫塑料，上部用卷材封盖，然后加扣混凝土盖板，如图 2-21（c）所示。

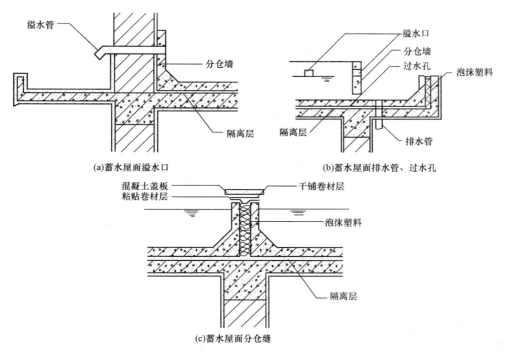

(a)蓄水屋面溢水口　　　　　　　　(b)蓄水屋面排水管、过水孔

(c)蓄水屋面分仓缝

图 2-21　蓄水屋面构造

2. 施工准备

（1）技术准备。施工前审核图纸，编制蓄水屋面工程施工方案，并进行技术交底。屋面防水工程必须选择通过资格审查的专业防水施工队伍，且持证上岗。

（2）材料要求。

1）所用材料的质量、技术性能必须符合设计要求和施工验收规范的规定。

2）蓄水屋面的防水层应选择耐腐蚀、耐霉烂、耐水性、耐穿刺性能好的材料。

3）蓄水屋面选用刚性细石混凝土防水层时，其技术要求如下。

①细石混凝土强度等级不低于C20。

②水泥。应选用强度等级不低于42.5的普通水泥。

③砂。中砂或粗砂，含泥量不大于2%。

④石子。粒径宜为5～15mm，含泥量不大于1%。

⑤水灰比宜为0.5～0.55。

4）其他材料。水管、外加剂、柔性防水材料等。

（3）主要机具。主要机具见表2-7，其数量根据工程量大小相应增减。

表 2-7　主要机具

名　称	型　号	数量	单位	备　注
混凝土搅拌机	JZC350	1	台	混凝土搅拌
平板振动器	ZF15	2	台	混凝土振动

名　　称	型　　号	数量	单位	备　　注
运输小车		3	辆	混凝土运输
铁管子		3	根	混凝土抹平压实
铁抹子		4	个	混凝土抹平压实
木抹子		4	个	混凝土抹平压实
直尺		1	把	尺寸检查
坡度尺		1	把	坡度检查
锤子		3	把	
剪子		4	把	铺卷材用
卷扬机		1	台	垂直运输
硬方木				
圆钢管				

（4）作业条件。

1）蓄水屋面的结构层施工完毕，其混凝土的强度、密实性均符合现行规范的规定。

2）所有设计孔洞已预留，所设置的给水管、排水管和溢水管等在防水层施工前安装完毕。

（5）材料和质量要点见表 2-8。

表 2-8　材料和质量要点

项　　目	内　　容
材料的关键要求	防水层的细石混凝土和砂浆中，粗骨料的最大粒径不宜大于 15 mm，含泥量不应大于 1%；细骨料应采用中砂或粗砂，含泥量不应大于 2%；拌和用水应采用不含有害物质的洁净水
技术的关键要求	屋面的所有孔洞应先预留，不得后凿。所设置的给水管、排水管、溢水管等应在防水层施工前安装好，不得在防水层施工后再在其上凿孔打洞；每个蓄水区的防水混凝土必须一次浇筑完毕，不得留置施工缝，立面与平面的防水层必须同时进行。防水混凝土必须机械搅拌，机械振捣，随捣随抹。抹压时不得洒水、撒干水泥或水泥浆，混凝土收水后应进行二次压光及养护，不得再使其干燥。养护时间不得少于 14 d
质量的关键要求	屋面排水系统畅通，屋面不得有渗漏现象，严禁蓄水屋面干涸
职业健康安全关键要求	屋面工程施工时四周应设防护设施，施工人员要穿戴防护用具，高空作业、屋檐作业要系好安全带
环境关键要求	防水层施工气温宜为 5℃～35℃，并应避免在负温度或烈日曝晒下施工

4. 蓄水屋面施工工艺流程及要点

（1）工艺流程。

结构层、隔墙施工→板缝及节点密封处理→水管安装→管口密封处理→基层清理→防水层施工→蓄水养护。

（2）蓄水屋面施工工艺。

1）结构层的质量应高标准、严要求，混凝土的强度、密实性均应符合现行规范的规定。隔墙位置应符合设计和规范要求。

2）屋面结构层为装配式钢筋混凝土面板时，其板缝应以强度等级不小于 C20 的细石混凝土嵌填，细石混凝土中宜掺膨胀剂。接缝必须以优质密封材料嵌封严密，经充水试验无渗漏后，再在其上施工找平层和防水层。

3）屋面的所有孔洞应先预留，不得后凿。所设置的给水管、排水管、溢水管等应在防水层施工前安装好，不得在防水层施工后再在其上凿孔打洞。防水层完工后，再将排水管与水落管连接，然后加防水处理。

4）基层处理。防水层施工前，必须将基层表面的突起物铲除，并把尘土杂物清扫干净，基层必须干燥。

5）防水层施工。

①蓄水屋面采用刚性防水时，其施工方法和质量要求应符合国家规范对刚性防水屋面工程施工质量的要求。

②蓄水屋面采用刚柔复合防水时，应先施工柔性防水层，再做隔离层，然后再浇筑细石混凝土刚性保护层。其柔性防水层施工作业方法可按照沥青卷材屋面工程施工、高聚物改性沥青卷材屋面工程施工、合成高分子防水卷材屋面工程施工、涂膜防水屋面工程施工。

③浇筑防水混凝土时，每个蓄水区必须一次浇筑完毕，严禁留置施工缝，其立面与平面的防水层必须同时进行。

④防水细石混凝土宜掺加膨胀剂、减水剂等外加剂，以减少混凝土的收缩。

⑤应根据屋面具体情况，对蓄水屋面的全部节点采取刚柔并举、多道设防的措施，做好密封防水施工。

⑥分仓缝嵌填密封材料后，上面应做砂浆保护层埋置保护。

6）蓄水养护。

①防水层完工以及节点处理完后，应进行试水，确认合格后，方可开始蓄水。蓄水后不得断水再使之干涸。

②蓄水屋面应安装自动补水装置，屋面蓄水后，应保持蓄水层的设计厚度，严禁蓄水流失、蒸发后导致屋面干涸。

③工程竣工验收后，使用单位应安排专人负责蓄水屋面管理，定期检查并清扫杂物，保持屋面排水系统畅通，严防干涸。

5. 质量标准

（1）主控项目。

1）防水混凝土所用材料的质量及配合比，应符合设计要求。

检验方法：检查出厂合格证、质量检验报告、进场检验报告和计量措施。

2）防水混凝土的抗压强度和抗渗性能，应符合设计要求。

检验方法：检查混凝土抗压和抗渗试验报告。

3）蓄水池不得有渗漏现象。

检验方法：蓄水至规定高度观察检查。

（2）一般项目。

1）防水混凝土表面应密实、平整，不得有蜂窝、麻面、露筋等缺陷。

检验方法：观察检查。

2）防水混凝土表面的裂缝宽度不应大于 0.2 mm，并不得贯通。

检验方法：刻度放大镜检查。

3）蓄水池上所留设的溢水口、过水孔、排水管、溢水管等，其位置、标高和尺寸均应符合设计要求。

检验方法：观察和尺量检查。

三、种植屋面工程

1. 施工准备

（1）技术准备。

1）已办理好相关的隐蔽工程验收记录。

2）根据设计施工图和标准图集，做好人行通道、挡墙、种植区的测量放线工作。

3）施工前根据设计和施工的要求，对相关的作业班组进行技术、安全交底。

（2）材料准备（表 2-9）。

表 2-9 材料准备

项　　目	内　　容
品种规格	防水层材料；种植介质主要有种植土、锯木屑、膨胀蛭石；水泥采用 32.5 级以上的普通硅酸盐或矿渣硅酸盐水泥；中砂；1～3 cm 卵石；烧结普通砖；密目钢丝网片
质量要求	种植屋面的防水层要采用耐腐蚀、耐霉烂、耐穿刺性能好的材料。种植介质要符合设计要求，满足屋面种植的需要。水泥要有出厂合格证并经现场取样试验合格。砂、卵石、烧结普通砖要符合有关规范的要求。钢丝网片要满足泄水孔处拦截过水的砂卵石的需要

（3）主要机具。主要机具名称、数量、规格，见表 2-10。

表 2-10 主要机具名称、数量及规格

名　　称	数量	单位	规格型号	备　　注
搅拌机	1	台	250 L	
砂浆搅拌机	1	台	50 L	
手提网盘锯	1	台		预制走道板时用
卷扬机	1	台		用于垂直运输
配电箱	1	个		施工用电
水平仪	1	台	S3	
钢卷尺	2	把	5 m	
台秤	2	台	500 kg	混凝土砂石计量

名　　称	数量	单位	规格型号	备　　注
混凝土试模	1	组	150 mm×150 mm×150 mm	
塌落度筒	1	个	30 cm	
天平	1	台	1 000 g	测砂石含水率
塔尺	1	根	5 m	

（4）作业条件。

1）屋面的防水层及保护层已施工完毕。

2）屋面的防水层的蓄水实验已完成，并经检验合格。

3）施工所需的砂、卵石、烧结普通砖、水泥、种植介质已按要求的规格、质量、数量准备就绪。

（5）材料和质量要点见表2-11。

表2-11　材料和质量要点

项　　目	内　　容
材料的关键要求	（1）种植屋面的防水层要采用耐腐蚀、耐霉烂、耐穿刺性能好的材料，以防止防水层被植物根系或腐蚀性肥料所损坏。 （2）种植介质的厚度、重量应符合设计要求
技术的关键要求	（1）种植屋面坡度宜控制在3%以内，以便多余水的排除。 （2）必须确保泄水孔不堵塞，以免造成屋面积水
质量的关键要求	种植屋面的防水层施工必须符合设计要求，并应进行蓄水实验合格
职业健康安全关键要求	做好屋面高空作业的安全防护
环境的关键要求	禁止使用污染环境的种植肥料

3．施工工艺

（1）施工工艺流程。

屋面防水层施工→保护层施工→人行道及挡墙施工→泄水孔前放置过水砂卵石→种植区内放置种植介质→完工清理。

（2）施工工艺。

1）种植屋面应根据地域、气候、建筑环境、建筑功能等条件，选择相适应的构造形式。

2）种植屋面的设计应符合下列规定。

①在寒冷地区应根据种植屋面的类型，确定是否设置保温层。保温层的厚度应根据屋面的热工性能要求，经计算确定。

②种植屋面所用材料及植物等应符合环境保护要求。

③种植屋面根据植物及环境布局的需要，可分区布置，也可整体布置。分区布置应设挡墙（板），其形式应根据需要确定。

④排水层材料应根据屋面功能、建筑环境、经济条件等进行选择。

⑤介质层材料应根据种植植物的要求，选择综合性能良好的材料。介质层厚度应根据不

同介质和植物种类等确定。

⑥种植屋面可用于平屋面或坡屋面。屋面坡度较大时，其排水层、种植介质应采取防滑措施。

3）屋面防水层施工。种植屋面的防水层应采用耐腐蚀、耐霉烂、防植物根系穿刺、耐水性好的防水材料。根据设计图要求进行施工。

4）保护层施工。当种植屋面采用卷材、涂膜等柔性防水材料时，必须在其表面设置细石混凝土刚性防水保护层，以抵抗植物根系的穿刺和种植工具对它的损坏。细石混凝土保护层的具体施工如下。

①防水层表面清理。把屋面防水层上的垃圾、杂物及灰尘清理干净。

②分格缝留置。按设计，或不大于 6 m 或"一间一分格"进行分格，用上口宽为 30 mm，下口宽为 20 mm 的木板或泡沫板作为分格板。

③钢筋网铺设。按设计要求配置钢筋网片。

④细石混凝土施工。按设计配合比拌和好细石混凝土，按先远后近，先高后低的原则逐格进行施工。

按分格板高度，摊开抹平，用平板振动器十字交叉来回振实，直至混凝土表面泛浆后再用木抹子将表面抹平压实，待混凝土初凝以前，再进行第二次压浆抹光。

铺设、振动、振压混凝土时必须严格保证钢筋间距及位置准确。

混凝土初凝后，及时取出分格缝隔板，用铁抹子二次抹光；并及时修补分格缝缺损部分，做到平直整齐，待混凝土终凝前进行第三次压光。

混凝土终凝后，必须立即进行养护，可蓄水养护或用稻草、麦草、锯末、草袋等覆盖后浇水养护不少于 14 d，也可涂刷混凝土养护剂。

⑤分格缝嵌油膏。分格缝嵌油膏应于混凝土浇水养护完毕后用水冲洗干净且达到干燥（含水率不大于 6％）时进行，所有纵横分格缝相互贯通，清理干净，缺边损角要补好，用刷缝机或钢丝刷刷干净，用吹尘机具吹干净。灌嵌油膏部分的混凝土表面均匀涂刷冷底子油，并于当天灌嵌好油膏。

5）人行通道及挡墙施工。人行通道及挡墙设计一般有以下两种情况：

①按中南地区通用标准图集《平屋面》（05ZJ201）的要求做，如图 2-22 所示。

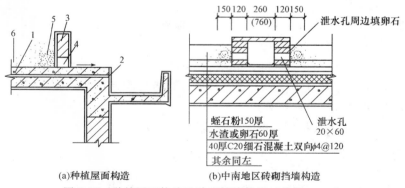

图 2-22　种植屋面构造及砖砌挡墙构造（单位：mm）

1—细石混凝土刚性防水保护层；2—密封材料；3—砖砌挡墙；4—泄水孔；5—卵石；
6—种植介质；7—防水层

砖砌挡墙，墙身高度要比种植介质面高 100 mm；距挡墙底部高 100 mm 处按设计或标准图集留设泄水孔。

②采用预制槽型板作为分区挡墙和走道板，如图 2-23 所示。

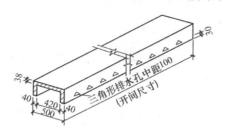

图 2-23　预制槽型板构造（单位：mm）

6）泄水孔前放置过水砂卵石：在每个泄水孔处先设置钢丝网片，泄水孔的四周堆放过水的砂卵石，砂卵石应完全覆盖泄水孔，以免种植介质流失或堵塞泄水孔。

7）种植区内放置种植介质。根据设计要求的厚度放置种植介质。施工时，介质材料、植物等应均匀堆放，不得损坏防水层。种植介质表面要求平整且低于四周挡墙 100 mm。

8）工完场清。

4．质量标准

（1）主控项目。

1）种植隔热层所用材料的质量，应符合设计要求。

检验方法：检查出厂合格证和质量检验报告。

2）排水层应与排水系统连通。

检验方法：观察检查。

3）挡墙或挡板泄水孔的留设应符合设计要求，并不得堵塞。

检验方法：观察和尺量检查。

（2）一般项目。

1）陶粒应铺设平整、均匀，厚度应符合设计要求。

2）排水板应铺设平整，接缝方法应符合国家现行有关标准的规定。

检验方法：观察和尺量检查。

3）过滤层土工布应铺设平整、接缝严密，其搭接宽度的允许偏差为－10 mm。

检验方法：观察和尺量检查。

4）种植土应铺设平整、均匀，其厚度的允许偏差为±5％，且不得大于 30 mm。

检验方法：尺量检查。

第三章 建筑节能门窗施工

第一节 村镇住宅门窗构造

一、门窗概述

1. 门窗的作用

门和窗是房屋建筑中的两个围护构件。门的主要功能是交通出入、分隔联系建筑空间，兼有采光和通风作用。窗的主要功能是采光、通风、观察和递物。在不同使用条件要求下，还有保温、隔热、隔声、防水、防火、防尘、防爆及防盗等功能。此外，门窗的大小、比例尺度、位置、数量、材料、造型、排列组合方式对建筑物的造型和装修效果也有影响。

2. 门窗的设计要求

（1）开启方便，关闭紧密。

（2）功能合理，便于清洁与维修。

（3）坚固耐用。

（4）符合《建筑模数协调统一标准》（GBJ 2—1986）要求。

（5）门窗的特殊处理应视室内使用要求而定。

3. 门窗的类型及开启方式

（1）门的类型与开启方式。

门的类型按材料分：木门、钢门、铝合金门、塑钢门和玻璃门。木门制作方便，造价低廉；钢门尤其是彩钢门，强度高，表面质感细腻，美观大方；铝合金门尺寸精确，密闭性能良好，轻巧美观；玻璃门平整透光，美观大方。

门的开启方式见表 3-1。

表 3-1 门的开启方式

开启方式	内 容	示 意 图
平开门	特点是制作简便，开关灵活，构造简单。用于人行、车行之门，有单、双扇及内开、外开	

开启方式	内　　容	示　意　图
弹簧门	门扇装设有弹簧铰链，可自动关闭，开关灵活，使用方便。用于人流频繁或要求自动关闭的场所。弹簧门有单面、双面及地弹簧门。常用的弹簧铰链有单面弹簧、双面弹簧、地弹簧等	
推拉门	特点是门扇在轨道上左右水平或上下滑行，开启不占室内空间，但构造复杂，五金零件数量多。居住类建筑使用较广泛	
转门	由 3 至 4 扇门组合在中部的垂直轴上，做水平旋转，特点是对隔绝室内外气流有一定作用，但构造复杂，造价昂贵，多用于标准较高的、设有集中空调或采暖的公共建筑的外门	
卷帘门	门扇是由连锁金属片条或木板组成，分页片式和空格式。帘板两端放在门两边的滑槽内，开启时由门洞上部的卷动辊轴将门扇页片卷起，可用电动或人力操作。当采用电动开关时，必须考虑停电时有手动开关的备用措施。卷帘门开启时不占空间，适用于非频繁开启的高大洞口，但制作较复杂，造价较高，多用于商业建筑外门和厂房大门	

（2）窗的类型与开启方式（表 3-2）。

表 3-2　窗的类型与开启方式

项　　目	内　　容
平开窗	铰链安装在窗扇一侧与窗框相连，向外或向内水平开启。有单扇、双扇、多扇及向内开与向外开。平开窗构造简单，开启灵活，制作维修均方便，是民用建筑中使用较广泛的窗
固定窗	无窗扇、不能开启的窗为固定窗。固定窗的玻璃直接嵌固在窗框上，可供采光和眺望之用，不能通风。固定窗构造简单，密闭性好，多与门亮子和开启窗配合使用

项　　目	内　　容
旋窗	根据铰链和转轴位置的不同，分为上旋窗、中旋窗和下旋窗
立旋窗	窗扇沿垂直轴旋转，通风效果好，但防雨和密闭性较差，且不易安装纱窗，故民用建筑使用不多
推拉窗	窗扇沿导轨或滑槽滑动，分水平推拉和垂直推拉两种，推拉窗开启时不占空间，窗扇受力状态好，适于安装大玻璃，用于金属及塑料窗。木推拉窗构造复杂，窗扇难密闭，因此多用于递物窗，较少少用作外窗
双层窗	双层窗通常用于有保温、隔声要求的建筑以及恒温室、冷库、隔音室中。采用双层玻璃窗可降低冬季的热损失。双层玻璃窗，由于窗扇和窗樘的构造不同，可分为子母窗扇、内外开窗、大小扇双层内外开窗和中空玻璃窗

二、木门构造

1. 门框构造

门框又称门樘，一般由两根边梃和上槛组成。门樘断面形状，与窗樘类似，区别时门的负载较窗大，必要时尺寸可加大。门樘与墙的结合位置，应做在开门方向的一边，与抹灰面齐平，这样门开启的角度较大。

2. 门扇构造

(1) 镶板门、玻璃门、纱门和百叶门。

镶板门、玻璃门、纱门和百叶门的立面形式见表3-3。

表 3-3　镶板门、玻璃门、纱门和百叶门的立面形式

门扇边框内安装门芯板者一般称镶板门，又称肚板门或滨子门。门芯板可用 10～15 mm 厚木板拼装成整块，镶入边框。板缝要结合紧密，一般为平缝胶结。如能做高低缝或企口缝结合则可缝隙露明。现今门芯板已用多层胶合板、硬质纤维板或其他人造板等所代替。门芯

板在门框的镶嵌结合可用暗槽、单面槽以及双边压条构造形式。

门芯板换成玻璃，则为玻璃门，多块玻璃之间也可用窗一样的芯子。门芯板改为纱或百叶则为纱门或百叶门。纱门的厚度可比镶板门薄5～10 mm。玻璃、门芯板及百叶可根据需要组合。门扇边框的厚度一般为40～45 mm，纱门30～35 mm，上冒头和两旁边梃的宽度75～120 mm，下冒头宜比上冒头宽度加大50～120 mm，中间的冒头和竖梃一般同上冒头和边梃的宽度。中冒头为弥补装锁开槽对材料的削弱，宽度可适当加大。

（2）夹板门。

1）夹板门的骨架，一般用厚度32～35 mm，宽34～60 mm木料做框，内为格形纵横肋，肋宽同框料，厚为25 mm，视肋距而定，肋距约在200～400 mm之间，装锁处须增设附加木。为了不使门骨架内温、湿度变化产生应力，应在骨架间设有通风连贯孔。为了节约木材和减轻自重，可用与边框同宽的浸塑纸粘成整齐的蜂窝形网格，填在框格内，两面用胶料贴板，成为蜂窝纸夹板门。夹板门骨架的形式，见表3-4。

表 3-4　夹板门骨架的形式

横向骨架	双向骨架
密肋骨架	**蜂窝纸骨架**

2）夹板门的面板，为胶合板、硬质纤维板或塑料板，用胶结材料双面胶结。胶合板面层的木纹有一定装饰效果。夹板门的四周一般采用15～20 mm厚木条镶边可较为整齐美观。

3）夹板门可根据使用功能上的需要镶玻璃及百叶；亦可加做局部玻璃或百叶。

三、窗的构造

1. 常用木窗构造

（1）外开窗。扇向外开启，窗框裁口在外侧，窗扇开启时不占空间，不影响室内活动，便于家具布置，防水性较好，但清理及维修不便，开启扇易受日光、雨雪等的侵蚀，容易腐烂，玻璃破碎时有伤人危险。外开窗的窗扇与窗框关系，如图3-1所示。为了利于防水，中横框宜加披水板。

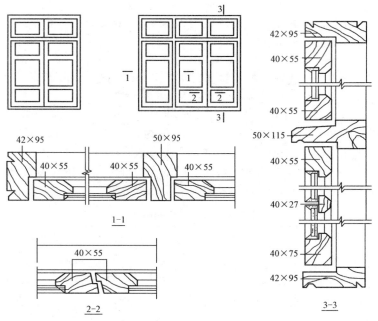

图 3-1　外开窗构造

（2）内开窗。框裁口在内侧，窗扇向室内开启。擦窗安全、方便，窗扇受气候影响小。但开启时占据室内空间，影响家具的布置和使用，防水性差，需在窗扇的下冒头上加披水板，窗的下框设排水孔等特殊处理，如图 3-2 所示。

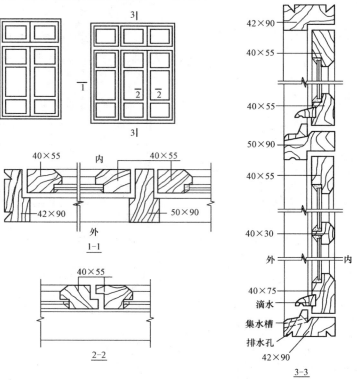

图 3-2　内开窗构造

（3）双层窗。适应保温、隔声、洁净等要求，双层窗适用于各类建筑，常用双层窗有内外开窗、双层内开窗等（表3-5）。

表3-5　常用双层窗

项　目	内　容
内外开窗	内外开窗是在一个窗框上做双裁口，一扇向内开，一扇向外开，裁口宽度取决于窗扇厚度，窗扇可是两层玻璃，也可是一玻（外扇）一纱（内扇），构造简单。当为两层玻璃时，宜将里面的一扇玻璃作成易于拆换的活动扇，以便夏季换成纱窗
双层内开窗	（1）子母窗扇，由一个窗樘装合在一起的两个窗扇，一般向内开，这种窗较内外开双层窗省料，透光面大。 （2）双层内开窗，分开窗樘，窗樘用料可较节省，两窗樘的间距可适当调整。窗扇向室内开启，便于清理，但开启时占据室内空间

2. 铝合金窗构造

铝合金窗具有良好的气密性和水密性，隔音、隔热、耐腐蚀性能都较普通钢、木窗有明显提高。适用于有隔声、保温、隔热、防尘等特殊要求的建筑以及多风沙、多暴雨、多腐蚀性气体环境地区的建筑。铝合金窗系由经过表面加工的铝合金型材在工厂或工地加工而成，经阳极氧化和封孔处理后的铝合金型材呈银白色金属光泽，不需涂漆，不褪色、不需经常维护，还可以通过表面着色和涂膜处理获得多种不同色彩和花纹，具有良好的装饰效果。常用铝合金窗有推拉窗、平开窗、固定窗、滑撑窗、悬挂窗、百叶窗等。各种窗有不同断面型号的铝合金型材和配套零件及密封件加工而成。在铝合金窗的各项标准中，对型材影响最大的是强度标准，应根据各地的基本风载和建筑物的体型、高度、开启方式及使用要求制定相应的标准进行设计与加工。

3. 塑料窗构造

塑料窗是采用添加多种耐候耐腐蚀等添加剂的塑料，经挤压成型的型材组装制成的窗，具有耐水、耐腐蚀、阻燃、抗冲击、表面不需涂装等优点，保温隔热性能也比铝合金门窗好。普通塑料窗的抗弯曲变形能力较差，因此，尺寸较大的塑料窗或用于风压较大部位时，需在塑料型材中添加加强筋来提高窗的刚度，加强筋可用金属型材，也可用硬质塑料型材，增强型材的长度应比窗型材长度稍短，以不影响窗型材端部的连接。当增强型材与窗型材材质不同时，应使增强型材较宽松地插在塑料型材中，以适应不同材质温度变化的需要。由于塑料窗变形较大，水泥砂浆等刚性材料封填墙与窗樘框做法不宜采用，宜采用矿棉或泡沫塑料等软质材料，用密封胶封缝，以提高塑料窗的密封性能和绝缘性能，并避免塑料因窗变形而造成的开裂。塑料窗玻璃的安装方法与铝合金窗类似。

第二节　节能门窗施工

一、节能门窗概述

1. 门窗节能的重要性

建筑门窗通常是围护结构保温、隔热和节能的薄弱环节，是影响冬、夏季室内热环境和造成采暖和空调能耗过高的主要原因。在采用普通钢窗的采暖建筑中，建筑物耗热量的一半，甚至更多是由通过窗户的传热和空气渗透引起的；在空调建筑中，通过窗户，特别是向阳面的窗户进入室内的太阳辐射热，是构成空调负荷的主体，而且这种空调负荷是随着窗墙面积比的增长而呈线性增长的。

随着我国国民经济的迅速发展，人们对冬、夏季室内热环境提高了要求，我国建筑热工规范和节能标准对窗户的保温隔热性能和气密性也提出了更高的要求，做出了新的规定，大大地促进了我国建筑门窗业的发展。

2. 国内建筑门窗应用特点

（1）优质中空玻璃使用率很低，北方地区的保温窗比较流行过渡型中低档的手工装配式双层玻璃。

（2）塑钢门窗也和铝合金门窗一样，普通应用于从低层到高层、从住宅到公共建筑的各类建筑；铝合金门窗表面处理已从阳极氧化着色及电泳涂漆转向彩色粉末喷涂；塑钢门窗用于外墙，都是白色的。

（3）窗的结构形式最多的是左右推拉窗、外平开窗及上悬窗，目前正在向大固定、小开启的外平开窗和内开窗转变。

（4）窗户的设计应用主要还是基本窗，卷帘窗、百叶窗、微量通风器等配套功能的窗附件具应用还很少。

3. 门窗性能

我国使用的门窗性能比较见表3-6。

表3-6 我国使用的门窗性能比较

特　性	窗户类型					
	钢窗	铝合金窗	木窗	塑料窗	塑钢窗	断桥铝合金窗
保温性能	差	差	优	优	优	优
抗风性	优	良	良	差	良	良
空气渗透性	差	良	差	良	优	优
雨水渗透性	差	差	差	良	良	良
耐火性	优	优	差	差	差	良

4. 门窗的发展趋势

随着建筑节能工作的推进及人们经济实力的增强，人们对节能门窗的要求也越来越高，使节能门窗呈现出多功能、高技术化的发展趋势。

从表3-7中可以看出，人们对门窗的功能要求从简单的透光、挡风、挡雨到节能、舒适、安全、采光灵活等，在技术上从使用普通的平板玻璃到使用中空隔热技术（中空玻璃）和各种高性能的隔热制膜技术（热反射玻璃等）。

表3-7 节能门窗的功能和技术性能变化

阶　段	功能要求	窗户构造	传热系数［W/（m²·K）］	特　点
基础阶段	透光、挡风挡雨	单坡窗	5.4～6.4	隔热性能差，能耗大
提高阶段	限制能耗	单框双玻璃 空气层6～12 mm	3.0～4.4	隔热性能明显增强

· 130 ·

阶　　段	功能要求	窗户构造	传热系数 [W/ (m² · K)]	特　　点
发展阶段	节能、舒适	单框中空玻璃	2.3～2.8	性能显著提高
		单玻＋镀膜玻璃		隔热好、采光差
理想阶段	高效节能舒适	单玻＋低辐射玻璃	1.8	隔热、采光性能 进一步改善

5. 提高门窗保温性能的措施

提高门窗保温性能的措施见表 3-8。

表 3-8　提高门窗保温性能的措施

项　　目	内　　容
提高窗框保温性能	窗户（包括阳台门上部透明部分）通常由窗框和玻璃两部分组成。窗框窗洞面积比通常要达到 25%～40%，如果采用金属窗框（如钢材和铝合金框），因其导热系数分别为 58 W/ (m·K) 和 203 W/ (m·K)，要比木材或聚氯乙烯塑料大 360～1 260 倍。因此，金属窗的保温性能通常要比木窗和塑料窗差。而窗框采用木材或聚氯乙烯塑料，其导热系数仅为 0.16W/ (m·K) 左右，大大提高了窗户的保温性能。此外，铝合金窗框采用填充硬质聚氨酯泡沫这种断热措施，也能大大提高窗户的保温性能
做好窗框与窗洞侧壁之间安装缝隙的密封和保温处理	处理方式宜采用在施工现场灌注聚氨酯泡沫塑料，或填塞聚乙烯泡沫塑料棒作背衬，外侧再做建筑密封膏封闭
做好窗洞侧壁部位的保温处理	如果是内保温墙体，则应在窗框内侧的窗洞侧壁部位做好保温处理；如果是外保温墙体，则应在窗框外侧的窗洞侧壁部位做好保温处理。保温材料可采用 20 mm 厚，密度为 20～25 g/m³ 的聚苯板粘贴，或用聚苯颗粒保温浆料抹灰，以减弱这一部位的"热桥"，有助于提高窗户的保温性能

二、木门窗安装要点

木门窗本身具有良好的保温节能性，但由于其耗费资源，且在后期使用时由于其本身材质特性，易变形和产生裂缝，导致密封不严而引起空气渗透，影响其保温节能性。但木材属于可再生资源，合理开发应用木材，加强控制木门窗制作和使用中的质量问题，对广大农村地区的经济发展是比较合适的。

（1）先立门窗框（立口）。

1）立门窗框前须对成品加以检查，进行校正规方，钉好斜拉条（不得少于 2 根），无下坎的门框加钉水平拉条，以防在运输和安装中发生变形。

2）立门窗框前要事先准备好撑杆、木橛子、木砖或倒刺钉，并在门窗框上钉好护角条。

3）立门窗框前要看清门窗框在施工图上的位置、标高、型号、门窗框规格、门扇开启方向、门窗框是里平、外平或是立在墙中等，按图立口。

4）立门窗框时要注意拉通线，撑杆下端要固定在木橛子上。

5）立门窗框时要用线坠找直吊正，并在砌筑砖墙时随时检查有无倾斜或移动。

（2）后塞门窗框（后塞口）。

1）后塞门窗框前要预先检查门窗洞口的尺寸、垂直度及木砖数量，如有问题，应事先修理好。

2）门窗框应用钉子固定在墙内的预埋木砖上，每边的固定点应不少于 2 处，其间距应不大于 1.2 m。

3）在预留门窗洞口的同时，应留出门窗框走头（门窗框上、下坎两端伸出口外部分）的缺口，在门窗框调整就位后，封砌缺口；当受条件限制，门窗框不能留走头时，应采取可靠措施将门窗框固定在墙内木砖上。

4）后塞门窗框时需注意水平线要直。多层建筑的门窗在墙中的位置，应在一直线上。安装时，横竖均拉通线。当门窗框的一面需镶贴脸板，则门窗框应凸出墙面，凸出的厚度等于抹灰层的厚度。

5）寒冷地区门窗框与外墙间的空隙，应填塞保温材料。

（3）木门窗扇安装。

1）安装前检查门窗扇的型号、规格、质量是否合乎要求，如发现问题，应整套先修好或更换。

2）安装前先量好门窗框的高低、宽窄尺寸，然后在相应的扇边上画出高低、宽窄的线，双扇门要打迭（自由门除外），先在中间缝处画出中线，再画出边线，并保证梃宽一致，上下冒头也要画线刨直。

3）画好高低、宽窄线后，用粗刨刨去线外部分，再用细刨刨至光滑平直，使其合乎设计尺寸要求。

4）将扇放入框中试装合格后，按扇高的 1/8～1/10，在框上按合页大小画线，并剔出合页槽，槽深一定要与合页厚度相适应，槽底要平。

5）门窗扇安装的留缝宽度，应符合有关标准的规定。

（4）木门窗小五金安装。

1）有木节处或已填补的木节处，均不得安装小五金。

2）安装合页、插销、L 铁、T 铁等小五金时，先用锤将木螺钉打入长度的 1/3，然后用螺钉旋具将木螺钉拧紧、拧平，不得歪扭、倾斜。严禁打入全部深度。采用硬木时，应先钻 2/3 深度的孔，孔径为木螺钉直径的 0.9 倍，然后再将木螺钉由孔中拧入。

3）合页距门窗上、下端宜取立梃高度的 1/10，并避开上、下冒头。安装后应开关灵活。门窗拉手应位于门窗高度中点以下，窗拉手距地面以 1.5～1.6 m 为宜，门拉手距地面以 0.9～1.05 m 为宜，门拉手应里外一致。

4）门锁不宜安装在中冒头与立梃的结合处，以防伤榫。门锁位置一般宜高出地面 90～95 cm。

5）门窗扇嵌 L 铁、T 铁时应加以隐蔽，作凹槽，安完后应低于表面 1 mm 左右。门窗扇为外开时，L 铁、T 铁安在内面，内开时安在外面。

6）上、下插销要安在梃宽的中间，如采用暗插销，则应在外梃上剔槽。

（5）后塞口预安窗扇安装。

预安窗扇就是窗框安到墙上以前，先将窗扇安到窗框上，方便操作，提高工效。其操作要点如下：

1）按图纸要求，检查各类窗的规格、质量，如发现问题，应进行修整；

2）按图纸的要求，将窗框放到支撑好的临时木架（等于窗洞口）内调整，用木拉子或木楔子将窗框稳固，然后安装窗扇；

3）对推广采用外墙板施工者，也可以将窗扇和纱窗扇同时安装好；

4）有关安装技术要点与现场安装窗扇要求一致；

5）装好的窗框、扇，应将插销插好，风钩用小圆钉暂时固定，把小圆钉砸倒，并在水平面内加钉木拉子，码垛垫平，防止变形；

6）已安好五金的窗框，将底油和第一道油漆刷好，以防受潮变形；

7）在塞放窗框时，应按图纸核对，做到平整方直，如窗框边与墙中预埋木砖有缝隙时，应加木垫垫实，用大木螺钉或圆钉与墙木砖连固，并将上冒头紧靠过梁，下冒头垫平，用木楔夹紧。

三、铝合金、塑料及塑钢门窗安装施工要点

1. 铝合金门窗安装要点

（1）铝合金门窗安装前的准备工作。

1）铝合金门、窗框一般都是后塞口，故门、窗框加工的尺寸应略小于洞口尺寸，门、窗框与洞口之间的空隙，应视不同的饰面材料而定，可参考表 3-9。

表 3-9　门窗框与洞口之间的空隙

饰面材料	宽度（mm）		高度（mm）	
	洞口	门窗框	洞口	门窗框
水泥砂浆抹面	B	$B-50$	H	$H-50$
墙面贴瓷砖	B	$B-60$	H	$H-60$
墙面贴大理石、花岗岩	B	$B-100$	H	$H-100$

2）铝合金门、窗框安装的时间，应选择主体结构基本结束后进行，铝合金扇安装的时间，宜选择在室内外装修基本结束后进行，以免土建施工时将其损坏。

3）安装铝合金门、窗框前，应逐个核对门、窗洞口尺寸与门、窗框的规格是否相适应。

4）按室内地面弹出＋500 mm 线和垂直线，标出门、窗框安装的基准线，作为安装时的标准。要求同一立面上门、窗的水平及垂直方向应做到整齐一致。如在弹线时发现预留洞口的尺寸有较大的偏差，应及时调整、处理。

5）对于铝合金门，除以上提到的确定位置外，还要特别注意室内地面的标高。地弹簧的表面应与室内地面饰面标高一致。

（2）铝合金门、窗框安装。

1）按照在洞口上弹出的门、窗位置线，根据设计要求，将门、窗框立于墙的中心线部位或内侧，使窗、门框表面与饰面层相适应。

2）将铝合金门、窗框临时用木楔固定，待检查立面垂直、左右间隙大小、上下位置均符合要求后，再将镀锌锚板固定在门、窗洞口内。

3）铝合金门、窗框上的锚固板与墙体的固定方法有射钉固定法、膨胀螺钉固定法以及燕尾铁脚固定法等，如图 3-3 所示。

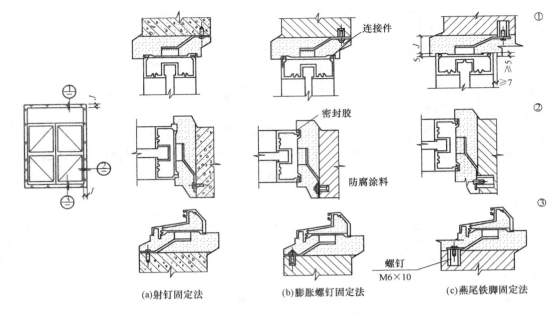

(a)射钉固定法　　　　(b)膨胀螺钉固定法　　　　(c)燕尾铁脚固定法

图 3-3　锚固板与墙体固定方法（单位：mm）

4）锚固板是铝合金门、窗框与墙体固定的连接件，锚固板的一端固定在门、窗框的外侧，另一端固定在密实的洞口墙体内。锚固板的形状如图 3-4 所示。

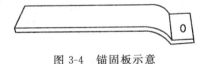

图 3-4　锚固板示意

注：厚度 1.5 mm，长度可根据需要加工

5）锚固板应固定牢固，不得有松动现象，锚固板的间距不应大于 500 mm。如有条件，锚固板方向宜在内、外交错布置。

6）带形窗、大型窗的拼接处，如需增设角钢或槽钢加固，则其上、下部要与预埋钢板焊接，预埋件可按每 1 000 mm 间距在洞口内均匀设置。

7）严禁在铝合金门、窗上连接地线进行焊接工作，当固定铁码与洞口预埋件焊接时，门、窗框上要盖上橡胶石棉布，防止焊接时烧伤门窗。

8）铝合金门、窗框与洞口的间隙，应采用矿棉条或玻璃棉毡条分层填塞，缝隙表面留 5～8 mm 深的槽口，填嵌密封材料。在施工中注意不得损坏门窗上面的保护膜；如表面沾上了水泥砂浆，应随时擦净，以免腐蚀铝合金，影响外表美观。

9）严禁利用安装完毕的门、窗框搭设和捆绑脚手架，避免损坏门、窗框。

10）全部竣工后，剥去门、窗上的保护膜，如有油污、脏物，可用醋酸乙酯擦洗（醋酸乙酯系易燃品，操作时应特别注意防火）。

（3）铝合金门、窗扇安装。

1）铝合金门、窗扇安装。应在室内外装修基本完成后进行。

2）推拉门、窗扇的安装。将配好的门、窗扇分内扇和外扇，先将外扇插入上滑道的外槽内，自然下落于对应的下滑道的外滑道内，然后再用同样的方法安装内扇。

3) 对于可调导向轮，应在门、窗扇安装之后调整导向轮，调节门、窗扇在滑道上的高度，并使门、窗扇与边框间平行。

4) 平开门、窗扇安装。应先把合页按要求位置固定在铝合金门、窗框上，然后将门、窗扇嵌入框内临时固定，调整合适后，再将门、窗扇固定在合页上，必须保证上、下两个转动部分在同一个轴线上。

5) 地弹簧门扇安装。应先将地弹簧主机埋设在地面上，并浇筑混凝土使其固定。主机轴应与中横档上的顶轴在同一垂线上，主机表面与地面齐平。待混凝土达到设计强度后，调节上门顶轴将门扇装上，最后调整门扇间隙及门扇开启速度，如图3-5所示。

(4) 玻璃安装。玻璃安装是铝合金门、窗安装的最后一道工序，其内容包括玻璃裁割、玻璃就位、玻璃密封与固定。

1) 玻璃裁割。裁割玻璃时，应根据门、凛扇（固定扇则为框）的尺寸来计算下料尺寸。一般要求玻璃侧面及上、下都应与金属面留出一定的间隙，以适应玻璃胀缩变形的需要。平板玻璃、中空玻璃与玻璃槽的配合尺寸，见表3-10和表3-11。

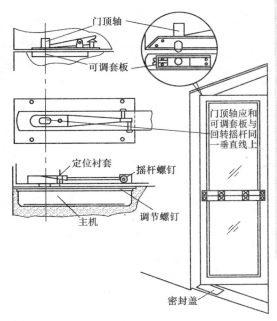

图3-5　地弹簧门扇安装

表3-10　平板玻璃与门窗玻璃槽的配合尺寸

门窗种类	玻璃厚度（mm）	配合尺度（mm）		
		a	b	c
平开铝合金门、推拉铝合金窗	5，6	≥2.5	≥6	≥4
	8	≥3	≥8	≥5
平开铝合金窗、推拉铝合金窗	3	≥2.5	≥5	≥3
	4，5，6	≥2.5	≥6	≥3
	8	≥3	≥8	≥3
弹簧门	5	≥2.5	≥6	≥5
	6	≥3	≥6	≥6
	8	≥3	≥8	≥8

注：a—镶嵌口净宽；b—镶嵌深度；c—镶嵌槽间隙。

表 3-11　中空玻璃与门窗玻璃槽的配合尺寸

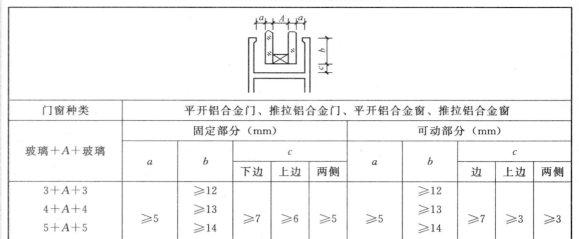

门窗种类	平开铝合金门、推拉铝合金门、平开铝合金窗、推拉铝合金窗									
	固定部分（mm）					可动部分（mm）				
玻璃＋A＋玻璃	a	b	c			a	b	c		
			下边	上边	两侧			边	上边	两侧
3＋A＋3	≥5	≥12	≥7	≥6	≥5	≥5	≥12	≥7	≥3	≥3
4＋A＋4		≥13					≥13			
5＋A＋5		≥14					≥14			
6＋A＋6		≥15					≥15			

注：$A = \phi 6 \sim 12$ mm。

2）玻璃就位。当玻璃单块尺寸较小时，可用双手夹住就位，如果单块玻璃尺寸较大，为便于操作，就需用玻璃吸盘。

3）玻璃密封与固定。玻璃就位后，应及时用胶条固定。密封固定的方法有以下三种：

①用橡胶条嵌入凹槽挤紧玻璃，然后在胶条上面注入硅酮密封胶；

②用 10 mm 长的橡胶条将玻璃挤住，然后在凹槽中注入硅酮密封胶；

③将橡胶条压入凹槽，挤紧，表面不再注胶。

玻璃应放在凹槽的中间，内、外两侧的间隙不应少于 2 mm，否则会造成密封困难；但也不宜大于 5 mm，否则胶条起不到挤紧、固定的作用。玻璃的下部不能直接坐落在金属面上，而应用 3 mm 厚的氯丁橡胶垫块将玻璃垫起。

（5）清理。

1）铝合金门、窗交工前，应将型材表面的塑料胶纸撕掉，如果塑料胶纸在型材表面留有胶痕，宜用香蕉水清洗干净。

2）铝合金门、窗框扇，可用水或浓度为 1%～5% 的 pH 值为 7.3～9.5 的中性洗涤剂充分清洗，再用布擦干。不应用酸性或碱性制剂清洗，也不能用钢刷刷洗。

3）玻璃应用清水擦洗干净，对浮灰或其他杂物，要全部清除干净。

4）待定位销孔与销对上后，再将定位销完全调出，并插入定位销孔中。

2. 塑料门、窗安装要点

（1）塑料门窗安装的准备工作见表 3-12。

表 3-12　塑料门窗安装的准备工作

项　　目	内　　容
验收门、窗	塑料门、窗运到现场后，应由现场材料及质量检查人员按照设计图纸对其进行品种、规格、数量、制作质量以及有否损伤、变形等进行检验。如发现数量、规格不符合要求，制作质量粗劣或有开焊、断裂等损坏，应予更换。对塑料门、窗安装需用的锁具、执手、插销、铰链、密封胶条及玻璃压条等五金配件和附件，均应一一整点清楚。塑料门、窗检验合格后，应将门、窗及其五金配件和附件分门别类进行存放

项　目	内　容
塑料门、窗存放	塑料门、窗应放置在清洁、平整的地方，且应避免日晒、雨淋。存放时应将塑料门、窗立放，立放角度不应小于70°，并应采取防倾倒措施。贮存塑料门、窗的环境温度应小于50℃，与热源的距离不应小于1 m。塑料门、窗在安装现场放置的时间不应超过两个月。当在环境温度为0℃的环境中存放门窗时，安装前应在室温下放置24 h
门、窗运输	运输塑料门、窗应竖立排放并固定牢靠，防止颠振破坏，樘与樘之间应用非金属软质材料隔开。装卸门、窗应轻拿轻放，严禁撬、甩、摔。吊运门、窗时，其表面应用非金属软质材料衬垫，并在门、窗外缘选择牢靠、平稳的着力点，不得在门、窗框内插入抬扛起吊
机具准备	安装塑料门、窗需准备冲击电钻、手枪钻、射钉枪、打胶筒、鸭嘴榔头、橡皮锤、铁锤、一字形和十字形螺钉旋具、扁铲、钢凿、铁锉、刮刀、对拔木楔、挂线板、线坠、水平尺、粉线包等工具
洞口检查	用于同一类型的门、窗及其相邻上、下、左、右的洞口应保持拉通线，洞口应横平竖直，洞口宽度与高度尺寸的允许偏差应符合表3-13的规定
检查连接点的位置和数量	塑料门、窗框与墙体的连接固定，应考虑受力和塑料变形两个方面的因素，如图3-6所示。 　（1）连接固定点的中距不应大于600 mm。 　（2）连接固定点距框角不应大于150 mm。 　（3）不允许在有横档或竖梃的框外设置连接点
弹线	按照设计图纸要求，在墙上弹出门、窗框安装的位置线

表 3-13　洞口宽度或高度尺寸的允许偏差　　　　（单位：mm）

洞口宽度或高度 墙体表面	<2 400	2 400～4 800	>4 800
末粉刷墙面	±10	±15	±20
已粉刷墙面	±5	±10	±15

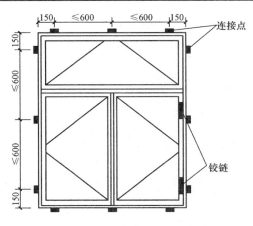

图 3-6　塑料门、窗框与墙的连接固定点布设（单位：mm）

（2）塑料门、窗安装的工艺流程。

门、窗框上安铁件→立门、窗框→门、窗框校正→门、窗框与墙体固定→嵌缝密封→安装门、窗扇→安装玻璃→镶配五金→清洗保护。

（3）门、窗框上安装铁件。在连接固定点的位置，在塑料门、窗框的背面钻 ϕ 3.5 mm 的安装孔，并用 ϕ 4 自攻螺钉将 Z 形镀锌连接铁件拧固在框背面的燕尾槽内。

（4）立门、窗框。将塑料门、窗框放入洞口内，并用对拔木楔将门、窗框临时固定，然后按已弹出的水平、垂直线位置，使其在垂直、水平、对中、内角方正均符合要求后，再将对拔木楔楔紧。对拔木楔的位置应塞在框角附近或能受力处。门、窗框找平塞紧后，必须使框、扇配合严密，开关灵活。

（5）门、窗框与墙体固定。将在塑料门、窗框上已安装好的 Z 形连接铁件与洞口的四周固定。固定时应先固定上框，而后固定边框。固定的方法应符合下列要求：

1）混凝土墙洞口应采用射钉或塑料膨胀螺钉固定；

2）砖墙洞口应采用塑料膨胀螺钉或水泥钉固定，但不得固定在砖缝上；

3）加气混凝土墙洞口应采用木螺钉将固定片固定在胶粘圆木上；

4）设有预埋铁件的洞口应采用焊接方法固定，也可先在预埋件上按紧固件打基孔，然后用紧固件固定；

5）窗下框与墙体的固定，如图 3-7 所示；

6）塑料门、窗框与墙体无论采用何种方法固定，均必须结合牢固，每个 Z 形连接件的伸出端不得少于两只螺钉固定，同时还应使塑料门、窗框与洞口墙之间的缝隙均等。

（6）嵌缝密封。塑料门、窗上的连接件与墙体固定后，卸下对拔木楔，清除墙面和边框上的浮灰，即可进行门、窗框与墙体间的缝隙处理，并应符合以下要求：

1）在门、窗框与墙体之间的缝隙内嵌塞 PE 高发泡条、矿棉毡或其他软填料，外表面留出 10 mm 左右的空槽；

2）在软填料内、外两侧的空槽内注入嵌缝膏密封，如图 3-8 所示；

3）注嵌缝膏时墙体需干净、干燥，注胶时室内外的周边均须注满、打匀，注嵌缝膏后应保持 24 h 不得见水。

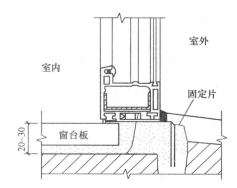

图 3-7　窗下框与墙体的固定（单位：mm）

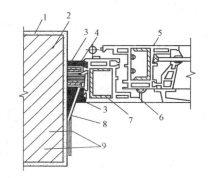

图 3-8　塑料门、窗框嵌缝注膏示意图
1—底层刮糙；2—墙体；3—密封膏；4—软质填充料；
5—塑扇；6—塑框；7—衬筋；8—连接件；9—膨胀螺栓

（7）安装门、窗扇。

1）平开门、窗。应先别好框上的铰链槽，再将门、窗扇装入框中，调整扇与框的配合位置，并用铰链将其固定，然后复查开关是否灵活自如。

2）推拉门、窗。由于推拉门、窗扇与框不连接，因此对可拆卸的推拉扇，则应先安装好玻璃后再安装门、窗扇。

3）对出厂时框、扇就连在一起的平开塑料门、窗，则可将其直接安装，然后再检查开闭是否灵活自如，如发现问题，则应进行必要的调整。

（8）安装玻璃。

1）玻璃不得与玻璃槽直接接触，应在玻璃四边垫上不同厚度的玻璃垫块，垫块的位置如图 3-9 所示。

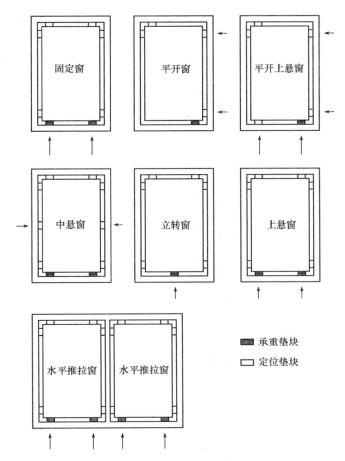

图 3-9　承重垫块和定位垫块的布置

2）边框上的玻璃垫块，应用聚氯乙烯胶加以固定。

3）将玻璃装入门、窗扇与框内，然后用玻璃压条将其固定。

4）安装双层玻璃时，应在玻璃夹层四周嵌入中隔条，中隔条应保证密封，不变形、不脱落。玻璃槽及玻璃内表面应清洁、干燥。

5）安装玻璃压条时可先装短向压条，后装长向压条。玻璃压条的夹角与密封胶条的夹角应密合。

（9）镶配五金。镶配五金是塑料门、窗安装的一个关键环节，所以要求操作时应注意以下几点：

1）安装五金配件时，应先在框、扇杆件上钻出略小于螺钉直径的孔眼，然后用配套的自攻螺钉拧入，严禁将螺钉用锤直接打入。

2）安装门、窗铰链时，固定铰链的螺钉应至少穿过塑料型材的两层中空腔壁，或与衬筋连接。

3）在安装平开塑料门、窗时，剔凿铰链槽不可过深，不允许将框边剔透。

4）平开塑料门、窗安装五金时，应给开启扇留一定的吊高，正常情况是门扇吊高2 mm，窗扇吊高1～2 mm。

5）安装门锁时，应先将整体门扇插入门框铰链中，再按门锁说明书的要求装配门锁。

6）塑料门、窗的所有五金配件均应安装牢固，位置端正，使用灵活。

（10）清洁保护。

1）门、窗表面及框槽内粘有水泥砂浆、白灰砂浆等时，应在其凝固前清理干净。

2）塑料门安装好后，可将门扇暂时取下，编号保管，待交活前再安上。

3）塑料门框下部应采取措施加以保护。

4）粉刷门、窗洞口时，应将塑料门、窗表面遮盖严密。

5）在塑料门、窗上一旦沾有污物时，要立即用软布擦拭干净，切忌用硬物刮除。

3. 塑钢门、窗安装要点

（1）塑钢门、窗加工工艺。

1）运输装卸和存放。运输过程中避免与坚硬粗糙或锐利物体接触、摩擦。任何型材、门窗框应捆绑、缠牢固，不使门窗框处于自由状态，防止在搬运、运输、装卸过程中变形、角部焊缝开裂。必要时需使用木方等作衬框。

PVC塑料型材和门窗均应在仓库内储存，不宜露天存放，以免风吹沙打，受到腐蚀性化学品、尘土和其他破坏，使表面光亮度受损。型材可在室内存放，但必须有遮蔽保护措施，非白色型材应避光存放。

存放型材和门窗的地面必须平整，应尽量避免多层次叠加，在架子的底部最好铺木板，且在同一平面上，防止型材和门窗变形扭曲。

门窗存放时应按安装方向立放。立放与地面夹角应保持75°～80°，且采取防倾斜措施。不宜叠加平放，以免将最下层的窗户压伤变形，立放夹角太小，重力会使门窗产生形变。

贮存门窗的环境温度应小于50℃，与热源距离不小于1 m。凡在环境温度低于0℃的环境中存放的型材和门窗，在制作加工或安装前均应在室温（20℃）下放置24 h，使其自然升温后再进行操作。

2）窗形设计。塑料门窗窗形设计时，设计师需根据建筑物预留洞口尺寸，按照门窗生产厂的产品图集，或者全国通用建筑标准设计门窗图集及形式选择门窗材质，根据洞口尺寸、建筑物所处环境风压值，选定型材并进行分格。在考虑分格时应考虑焊接加工的最小值和一般运输（包括垂直运输）最大极限，确保经济性、安全性、可行性。

3）切割、下料。切割速度60～70 m/s，确保适当的进给速度；钝的锯齿和过快的进给速度均会导致切口缺损、辅盘崩裂，在其后焊接工序中影响角强度。精确调整锯片角度为45°，最大下料角度误差为15″，尽量控制正公差。两锯片夹角90°，相对于杆件方向的不垂直度，长边与短边之差不大于0.5 mm。严格按照给定长度调整长度限位，长度误差不超过0.5 mm，切割完的型材应标注尺寸，并在48 h内完成焊接，过长时间的存放会导致切口表面污染，影响焊接质量。

V口切割要严格控制V口的深度，防止焊接后辅盘错位、工艺孔槽不沟通，影响强度。

衬钢切割速度20～40 m/s。确保衬钢端头无毛刺，保证穿入顺利。衬钢长度应比型材主腔短边尺寸缩短10～15 mm，如影响五金件安装强度应考虑45°切割。

4）钻铣。钻孔的进给速度和切削速度随钻孔深度的增加而降低，并根据孔径选择钻头。

5）加装衬钢。一般在下列情况下应当加装衬钢。

窗框、门框、窗扇以及它们的分格型材（横梃、坚梃、窗棂）。不论它们每根梃有多长，要在其杆上用自攻螺钉固定、安装五金配件，就必须加装衬钢。使自攻螺钉拧紧在衬钢的壁上，以保证五金配件的安装有必要的牢固度。如果不加衬钢，则自攻螺钉只将五金件固定在PVC塑料型材的单层壁上，稍一用力五金配件就会脱落。

当窗框、窗扇、门扇以及它们的分格型材的杆件上不需安装五金件但其长度超过一定数值时，也需加装衬钢。严格地讲，这个长度应当根据门窗PVC－U塑料型材的规格并参照国外PVC－U塑料门窗内加装衬钢的情况，结合我国的一些实践经验来确定。国家标准《未增塑聚氯乙烯（PVC－U）塑料门》（JG/T 180—2005）和《未增塑聚氯乙烯（PVC－U）塑料窗》（07J604）对加装衬钢做了具体规定：

①窗框边长大于或等于1 000 mm时；

②平开窗扇边长大于或等于900 mm时；

③推拉窗扇侧边框边长大于1 000 mm（窗扇厚大于45 mm）和大于900 mm（窗扇厚大于25 mm）时；

④推拉窗扇的下边框和边长大于700 mm并且滚轮壳体不直接承受玻璃重力；

⑤分格型材（横梃、竖梃、窗棂等）长度大于900 mm时。

衬钢在选用时要考虑与型材主腔的配合间隙，衬钢外围尺寸相对于主腔内径尺寸周边应控制在0.5 mm，衬钢径向剖面的型位精度公差应控制在外型尺寸公差范围内，轴向型位精度公差控制在1.5～2 mm/m之间。

紧固件采用4 mm的大头自攻螺钉或加放垫圈的自攻螺钉，所钻基孔的孔径应不大于3.2 mm，以保证紧固度。

两端固定螺钉距衬钢端头不超过100 mm，用于固定增强型钢的紧固件每边不得少于3个，其间距不大于300 mm。

衬钢（镀锌，1.2 mm以上）规格：框衬为33 mm×11 mm，扇衬为28 mm×14 mm。

6）排水孔槽。排水孔槽要根据窗框大小所处部位确定数量和出水槽的长度。排水孔槽大小确定要合适，铣穿主腔会使主腔进水锈蚀衬钢，孔槽太小或数量不合理，会导致排水不畅。内外侧排水要错开50～10 mm，防止倒灌，同侧相邻排水孔最小间距应大于60 mm，铣出水槽，同时铣出气流通道孔。

7）焊接。焊接工艺参数见表3-14。

表3-14　焊接工艺参数

焊接深度	一般为3 mm（单头）
加热时间	25～30 s
加热焊接压力	0.4～0.6 MPa
焊接保压时间	25～30 s

工艺参数应根据设备情况及焊接的角强度、季节变化适当调整。焊接表面应确保无污

染、无油渍和胶液无切口不齐的保护膜等。焊布表面保持无残留物，最好采用清洁布，确保触面受热均匀。上下压钳应平行并与焊板垂直成 90°。压钳压力控制在 0.4～0.6 MPa 左右，焊角完成后要避免急剧冷却，剧烈冲击。清角和焊缝的钻铣切削加工应在完成后至少 1 min 后进行。选择适当焊接靠模，防止焊接时造成焊接区凹肚现象。

8）清角。不要以任何方法加速焊角的冷却。至少在焊接完成 1 min 后开始清角，否则将降低焊角强度，尽量在焊接后 30 min 内完成清角，以获得高质量的角缝清理效果。

焊角两侧平面刨削出的装饰槽宽度为 3 mm，深度不大于 0.3 mm。

切削深度大或由于刀具钝面而使清理内角时敲击加剧会致焊角强度降低。

内角（特别是密封胶条嵌装槽）钻切过深或范围过大将导致焊角降低，并影响水密性。

9）密封胶条的嵌装。

①使用胶条密封应注意嵌装时不可过分拉伸，应确保胶条比嵌装槽的长度长出约 2%。平开窗框、扇间封条是环绕一周的一根胶条，其对接处应在上横边或下横边的当中。不要在转角处对接，更不要切分成几段，胶条在转角处要平整。

压接玻璃的密封条应在转角处成 45°裁切对接，用三秒胶黏结。确保胶条长度和裁切角度可使得胶条搭接严密。胶条接口处采用黏结可获得更好的密封效果。根据玻璃厚度选择相应型号的密封条；密封条必须完全入槽才能保证密封效果以及玻璃的正常安装，同一槽内不允许多条连接。

②在密封塑窗的加工时必须注意扇与框之间的密封皮条为特制 U 形条，且必须短于扇边长度 2%左右，密封皮条两端分别用三秒胶固定，使之拉直方能与框紧密结合，才能达到理想的密封效果。

③密封塑窗的毛条（硅化夹片防风防水）规格为：扇使用 5 mm×5 mm，封盖为 5 mm×6 mm，防风块为 6 mm×8 mm。

10）玻璃安装。在玻璃四周应分别放置"承重垫块"和"定位垫块"且加胶与框边固定，防止垫块移位，垫块表面需有垂直玻璃边的双面胶条，防止玻璃移位，使玻璃的平面性发挥作用。玻璃压条装配时长度应保持负公差，防止永久性应力的产生。玻璃垫板应用硬塑或橡胶块，不宜采用吸水性材料。

（2）密封塑钢门窗的安装。

1）密封塑钢门窗安装方法。

①安装方法：塑钢门窗均采用预留洞口法安装，固定方法有膨胀螺栓固定法或固定片固定法。

②安装材料。

a. 固定件：膨胀螺栓（常用为 10 号）。

b. 填充材料：泡沫板、发泡剂、保温岩棉。

c. 密封材料：发泡剂、墙体密封胶。

2）施工前的准备（以成品窗安装为例）。

①墙体、洞口质量要求：门窗应用预留洞口法安装，不得采用边安装边砌口或先安装后砌口的施工方法。

门窗洞口尺寸应符合国家标准《建筑门窗洞口尺寸系列》（GB 5824—2008）的有关规定（洞口均为已粉刷好的洞口）。

②施工前的准备。

a. 门窗应放置在清洁、平整的地方，且避免日晒、雨淋，不得与腐蚀物质接触。门窗不应直接接触地面，下部应放置垫木，并均应立放，立放角度不应小于75°，并应采取防倾倒措施。

b. 贮存门窗的环境温度应小于50℃，与热源距离不小于1 m。门窗在安装现场放置的时间不应超过2个月。凡在环境温度为0℃的环境中存放的门窗安装前应在室温（20℃）下放置24 h。

c. 装卸门窗时要轻拿、轻放，不得撬、甩、摔。吊运门窗时，其表面应用非金属软质材料衬垫，并在门窗外缘选择牢靠平稳的着力点，不得抬杠起吊。

d. 安装用主要机具、工具应完备，材料应齐全，量具应定期检查，如达不到要求，应及时更换。

e. 当洞口需设置预埋件时，应检查预埋件的数量、规格及位置，预埋件的数量应和固定片的数量一致，固定件的位置应与预埋件的位置相吻合。

f. 门窗安装前，应按设计图纸的要求，检查待安装门窗的数量、规格、开启方向、外形尺寸等。门窗五金件、密封条、紧固件等应齐全，不合格者应予以更换。

3）塑钢门窗安装工艺流程。

装固定片→定安装点→框进洞口→调整定位→与墙体固定→填充弹性材料→洞口抹灰→清理砂浆→安装门窗扇→装封盖防风条→安装五金件→清理表面排水孔→撕下保护膜→装纱窗。

4）窗的安装工艺。

①将不同规格的塑料窗搬到相应的洞口旁竖放，如发现保护膜脱落，应补贴保护膜，并在窗框的上下边画中线。

②在安装时，注意窗的朝向、上下、固定框，未装滑轮的窗扇应保证橡胶条接口处向上。

③如果玻璃已装在窗上，则应卸下玻璃，并做标记。

④用固定片法安装，固定片安装应符合下列要求：

a. 确定窗框上下边位置及内外朝向正确后，安装固定片，安装时必须先用直径为3.2 mm的钻头钻孔，然后将十字槽盘头自攻螺钉（M4+20）拧入，不得直接锤击钉入；

b. 固定片的位置应装在距离角及中横框、中竖框230 mm处，固定片间距应不大于600 mm，不得将固定片直接装在中横框、中竖框的档头上。

⑤多层建筑，应测出窗口中线，并应逐一做出标记。

⑥将窗框装入洞口，其上下框中线应与洞口中线对齐。按设计图纸确定窗框在洞口墙体纵向的安装位置，并调整窗框的垂直度、水平度、直角度以及对角线之差，其允许偏差均应符合规定。

⑦当窗与墙体固定时，应先固定上框，后固定边框。用固定片安装时，固定方法应符合下列要求：

a. 混凝土墙洞口应用射钉或塑料膨胀螺钉固定；

b. 砖墙洞口应用塑料膨胀螺钉或水泥钉固定，但不得固定在砖缝处；

c. 加气混凝土墙洞口，应用木螺钉将固定片固定在胶粘圆木上；

d. 设有预埋铁件的洞口应采用焊接方法固定，可先在预埋件上按紧固件规格打基孔，然后用紧固件固定。

⑧当需装窗台板时，应按设计要求将其插入窗框下，使窗台板与下边框结合紧密并使安装水平精度与窗框一致。

⑨安装组合窗。应控制窗框在拼接后各个组合单元在同一平面上。

⑩窗与窗的拼接。清除连接处窗角的焊渣，并将拼接件及窗连接处杂物清除干净，拼接后用自攻螺钉从两边拧紧，螺钉间距小于 600 mm，距两边为 200 mm。

⑪窗框与洞口间的伸缩缝内腔用闭孔泡沫或者发泡聚苯乙烯等弹性材料分层填充。

⑫对于保温、隔声等级要求较高的工程应采用相应的隔热、隔声材料填塞。填塞后，撤掉临时用木楔或垫板，其空隙也采用闭孔弹性材料填塞。

⑬填密封胶时应均匀不间断，不超过边框。

⑭窗（框）扇上如沾有水泥砂浆，应在其硬化前，用湿布擦拭干净，不得使用硬质材料铲刮窗、框、扇表面。

⑮玻璃的安装应符合下列规定。

a. 裁玻璃。按照门、窗扇的内口实际尺寸，合理计划用料，裁割玻璃，分类堆放整齐，底层垫实垫平。

b. 安装玻璃。当玻璃单块尺寸较小时，可以用双手夹住就位。如果玻璃尺寸较大，用玻璃吸盘，玻璃应该摆在垫块上，内、外两侧的间隙应不少于 2 mm。

c. 玻璃不得与玻璃槽直接接触。在玻璃四边，玻璃与框扇的间隙，垫上不同厚度的玻璃垫块。

d. 边框上所加垫块，应用胶加以固定。

e. 将玻璃装入框扇内，然后应用玻璃压条将其固定。

f. 玻璃表面应干燥、清洁。

g. 密封窗采用中空玻璃（平板玻璃）：扇（4 mm＋9 mm＋4 mm）、固定框（4 mm＋6 mm＋4 mm）。

h. 安装五金件、纱窗胶条及锁扣，并应整理纱网、压实压牢。

5）门的安装工艺。

①门的安装应在地面工程施工前进行。

②应将门搬到相应的洞口旁竖放，在门框及洞口上应画出垂直中线。

③在门上框及边框上应安装固定片。其安装方法应与窗的固定片的安装方法相同，固定片间距应小于或等于 600 mm。

④根据设计图纸及门的开启方向，确定门框的安装位置，并把门装入洞口。安装时应采取防止门框变形的措施，无下框平开门应使两边框下角低于地面标高线，其高度差约 30 mm，带下框平开门或推拉门应使下框低于地面标高线，其高度差宜为 10 mm。然后将上框的一个固定片固定在墙体上，并应调整门框的水平度、垂直度和角度。

⑤将其余固定片固定在墙上，其固定方法跟窗的固定方法大致相同。

⑥在安装门连窗时，门与窗应采用拼樘料拼接，拼樘料下端应固定在窗台上，其安装方法同塑钢门窗的安装工艺。

⑦门框与洞口的缝隙做好密封处理。

⑧门表面及框槽内沾有水泥砂浆时，应在其硬化前清除。

⑨门扇应待水泥砂浆硬化后安装，并进行调整。铰链部位与门框配合间隙的偏差在允许范围内。

⑩门锁与执手等五金配件应安装牢固，位置正确，开关灵活。

4.断桥铝合金窗安装要点

（1）材料选用、加工、运输。

1）材料的选用。工程使用的各种材料，均根据施工图纸和合同文件要求选定。

①断桥铝合金窗型材：64、53系列喷涂隔热型材（基本壁厚1.5 mm），符合《建筑用隔热铝合金型材》（JG/T 175—2011）要求，铝合金粉末喷涂型材。

②隔热条，应符合国家行业标准《建筑用硬质塑料隔热条》（JG/T 174—2005）要求。

③平开窗开启系统。符合行业标准《平开铝合金窗执手》（QB/T 3886—1999）要求。

④平开内倾窗及单内倾窗开启系统。符合国家行业标准《平开铝合金窗执手》（QB/T 3886—1999）要求。

⑤密封胶条。优质三元乙丙胶条，符合行业标准《建筑门窗用密封胶条》（JG/T 187—2006）要求。

⑥中空玻璃。优质双道密封中空玻璃。钢化玻璃符合国家标准《建筑用安全玻璃钢化玻璃》（GB/T 15763.2—2005）要求、中空玻璃符合国家标准《中空玻璃》（GB/T 11944—2002）要求。

⑦组角胶：单组分P86组角胶。

⑧其他附件及镀锌方钢管。

2）选用断桥铝合金窗的质量标准。

①保温性能 $K \leqslant 3.0$ W/（m²·K）。

②空气隔声性能不小于35 dB。

③抗风压性能不小于3 500 Pa。

④空气渗透性不大于1.0 m³/（m·h）。

⑤雨水渗漏性不小于400 Pa。

⑥尺寸及对角线尺寸公差等级不低于行业标准《集成型铝合金门窗》（JG/T 173—2005）要求。

⑦力学性能及外观质量必须符合行业标准《集成型铝合金门窗》（JG/T 173—2005）要求。

3）原材料的质量控制。在采购原材料前，工程技术人员首先对材料的材质及性能进行详细地检查、检测，符合要求再进行订货。材料进场后质量部对材料的表观质量及尺寸按检验标准进行检验，检查各种材料生产厂家的产品质量证明书，检查确认合格方可进行加工。关键性材料（例如隔热条、五金件、中空玻璃等）除检查上述证明文件外，还要检查其保用年限是否满足合同文件要求。

（2）产品加工与运输。

1）产品加工。

①加工前检查加工现场使用的各类量具是否均经过检测部门检测并在有效期内，确保测量工具的精度；其他工具定期或随时检查。

②严格按审批后的设计施工图纸进行钢副框、铝合金主框、窗扇及玻璃加工。

③零部件安装前检验其质量及型号是否符合现行有关标准及合同文件的规定，不符合或不合格的产品禁用。

④各构件的加工精度允许偏差严格按国家及行业标准执行。

⑤加工完毕的构件，按5%抽样检查，且每种不得少于5件；当其中1件不合格时，加

倍抽检，复检合格后方可验收。

⑥成品、半成品出厂进入施工现场时，应附有出厂合格证及检验人员的签章。

2）成品、半成品包装运输。

①因为断桥铝合金窗同时具有装饰作用，所以对出厂的铝合金主框、窗扇等均采用工程保护胶带粘贴在材料表面，带包装运到现场，以防止在运输、安装后受到磕、碰、磨损等损害。

②玻璃运到工地现场后，放到作业棚或仓库内进行特殊保护。

③所有材料运到工地现场，都应放在通风避雨的地方临时存放。

④需要吊运组装后的铝合金窗，应用非金属绳索捆绑，严禁碰撞、挤压，以防铝合金窗损伤和变形。

⑤型材包装后装车时，应沿车厢长度方向摆放，摆放要严密整齐、不留空隙，防止车辆行驶中发生窜动。型材摆放高度超出车厢板时，须捆扎牢固、防止脱落；型材与钢件等硬质材料混装时，必须采取有效隔离措施。

⑥玻璃装车时需要立放，下部垫草垫，两块玻璃之间用胶条隔离，根据需要每20块左右的玻璃应捆扎一次，以确保车辆行驶中的振动和晃动不致造成玻璃破损。

⑦运输途中应尽量保持车辆行驶平稳，路况不好时应注意慢行。

⑧对于组装后的铝合金窗框、窗扇或副框等尺寸较小者可用编织带包裹，尺寸较大不便包裹者，可用厚胶条分隔，避免相互磕碰。

（3）现场安装。

1）断桥铝合金窗施工工艺流程。

准备工作→测量、放线→确认安装基准→安装钢副框→校正→固定钢副框→土建抹灰收口→安装铝合金窗框→安装铝合金窗扇→填充发泡剂→塞海绵棒→窗外周圈打胶→安装窗五金件→清理、清洗铝合金窗→检查验收。

2）施工准备。

①施工组织准备。安装作业人员在接到图纸后，先对图纸进行熟悉了解，包括铝合金隔热窗施工图和土建建筑结构图，主要了解以下几个方面的内容：

a. 对图纸内容进行全面地了解；

b. 找出设计的主导尺寸（分格），不可调整尺寸和可调整尺寸；

c. 对照土建图纸验证设计及施工方案；

d. 了解立面变化的位置、标高变化的特点。

②上墙安装前，首先检查洞口，其表面平整度、垂直度应符合施工规范要求，对土建提供的基准线进行复核。事先与土建专业人员协商安装时间、上墙步骤、技术要求等，做到相互配合，确保产品安装质量。

③根据土建专业弹出的窗户安装标高控制线及平面中心位置线测出每个窗洞口的平面位置、标高及洞口尺寸等偏差。要求洞口宽度、高度允许偏差±10 mm，洞口垂直水平度偏差全长最大不超过10 mm，否则由土建专业人员在窗副框安装前对超差洞口进行修补。

④根据实测的窗洞口偏差值，进行数据统计，根据统计结果最终确定每个窗户安装的平面位置及标高。

a. 窗安装平面位置的确定：根据每层同一部位窗洞口平面位置偏差统计数据，计算出该部位窗户平面位置偏差值的平均数；然后统计出窗洞口中心线位置偏差出现概率最大的偏

差值 Q^1。

当偏差值 Q^1 的出现概率小于 50％时，窗户安装平面位置为：窗洞中心线理论位置加上窗洞平面位置偏差值的平均数 V^1；当偏差值 Q^1 的出现概率大于 50％时，窗户安装平面位置为：窗洞中心线理论位置加上出现概率最大的偏差值 Q^1。

b. 窗安装标高确定：飘窗与"一"字形窗设计高度不一样，只是在安装上窗楣时取平。窗户的安装标高，应每层确定且确保同一层不同类型窗户的窗楣在同一标高。

由窗户的标高控制线测出窗洞上口标高偏差值，根据本楼层所有窗户标高偏差值求得偏差值平均数 V^2 及出现概率最大的偏差值 Q^2。当偏差值 Q^2 的出现概率小于 50％时，本楼层窗户的安装标高为：窗洞理论位置标高加上窗洞标高偏差值的平均数 V^2；当偏差值 Q^2 的出现概率大于 50％时，本楼层窗户的安装标高为：窗洞理论位置标高加上出现概率最大的偏差值 Q^2。

⑤确定窗在墙体内进出的位置。工程中各种系列、形状的断桥铝合金窗主框安装后距离结构墙体外边线统一确定为 20 mm；因而，64 系列窗钢副框安装完毕后外立面距离结构墙体外边线为 36 mm，53 系列窗钢副框安装完毕后外立面距离结构墙体外边线为 24 mm。

⑥逐个清理洞口。

3）人员准备。

①施工管理人员及工人。安装人员都必须经过专业技术培训，按工程配备足够数量的、经考核合格的技术工人。

②岗前培训。

a. 工人进场后由项目经理对进场的全部施工人员讲解工程的重要性，使全体施工人员了解工程大致情况及工地的各项要求。

b. 由施工人员向操作工人详细讲解相关的标准、规范及施工现场安全管理的有关规定及安全生产准则等。

c. 向施工人员进行施工方案、技术、安全等方面的交底，使工人在施工前做到心中有数，熟知各个环节的施工质量标准，以使在施工过程中严格控制。

③加工、安装拟投入施工机具。

a. 厂内投入机械设备见表 3-15。

表 3-15　厂内投入机械设备表

名　　　称	型　　　号	数量（台）
双头切割锯	LSZ2－100	2
双头切割锯	KT－383A	1
箱式锯	C10FCB	2
端面铣	LXD0－160	1
端面铣	KT－313	2
自动送料单头切割锯	KT－328A	1
铝门窗组角机	LZZ01	3
铝门窗组角机	K－333C	2
转铣床	ZX7025	3
多头群钻	KT－368	1

名　　称	型　　号	数量（台）
空压机	LBH75250	2
刨槽机	3703	1

b. 现场安装投入机具设备见表 3-16。

表 3-16　现场安装投入机具设备表

名　　称	型　　号	数量（台）
电焊机	BX6－180	10 台
无齿切割锯	Z3G－400	3 台
砂轮机	MOD3213S	2 台
单头切割锯	C10FCB	3 台
自攻钻	6800DBV	6 把
手电钻	DW173－A9	10 把
电锤	2122LA	6 把
射钉枪	SDQ－603	10 把
水平仪		6 台
磨角机	GWS6－100	2 台
玻璃吸盘		20 个

4）钢副框安装。

①钢副框在外墙保温及室内抹灰施工前进行。按照作业计划将即将安装的钢副框运到指定位置，同时注意其表面的保护。

②将固定片镶入组装好的钢副框，四角各一对，距端部 50～100 mm。严格按照图纸设计安装点采用膨胀螺栓和固定片安装。固定片按不同安装位置及工程要求分别选用 150 mm×20 mm×1.5 mm 及 75 mm×20 mm×1.5 mm 两种；射钉为 M5×32 加强钉。

③将副框放入洞口，按照调整后的安装基准线准确安装副框，并将副框找正。

将副框与主体结构用固定片和膨胀螺栓连接，安装点间距为 500 mm（洞口高 1 950 mm 的窗户侧两端为固定片，安装点间距控制在 700 mm 以内）。

根据所用位置不同，膨胀螺栓分别选用 M6×100 及 M6×80 两种，保证进入结构墙体的长度不小于 50 mm；安装就位后，在膨胀螺栓钉头处将膨胀螺栓与钢副框点焊连接，以防止膨胀螺栓在外力作用下松动，并及时对膨胀螺栓钉头焊缝用防锈漆进行防锈处理。

④副框下部用水泥砂浆固定几点，间距约 500 mm。

⑤当封堵水泥砂浆强度达到 3.5 MPa 以上后，取下木楔及上次砂浆固定块。

⑥钢副框与墙体间缝隙用 1：2.5 水泥砂浆封堵，要求 100% 填充（用水泥砂浆封堵该缝隙由土建专业完成）。

5）铝合金主框、窗扇、五金件安装工艺流程。

施工准备→检查验收→将框、扇按层次摆放→初安装→调整→固定→自检→报验。

①铝合金主框在外保温施工完毕、外墙涂料施工前进行安装，窗扇随着铝合金主框一起安装；窗扇可以在地面组装好，也可以在主框安装完毕并验收后再安装。

②根据钢副框的分格尺寸找出中心，确定上下左右位置，由中心向两边按分格尺寸安装窗的主框，铝合金主框内侧（朝向室内一侧）与钢副框内侧齐平，铝合金主框外侧（朝向室外一侧）超出钢副框部位下打发泡剂，目的是使发泡剂与铝合金主框、钢副框、外窗台很好地黏结，有效防止该部位出现渗漏。

a. 用垂直升降设备将框、扇、玻璃先后运输到需安装的各楼层，由工人运到安装部位。

b. 现场安装时应先对清图号、框号以确认安装位置，安装工作由顶部开始向下安装。

c. 上墙前对组装的铝合金窗进行复查，如发现有组装不合格者，或有严重碰、划伤者，或缺少附件等应及时加以处理。

d. 将主框放入洞口，严格按照设计安装点将主框通过安装螺母调整。

e. 用调整螺钉将主框与副框连接牢固，每组调整螺母与调整螺钉的间距为 350 mm。

f. 铝合金主框安装完毕后，根据图纸要求安装窗扇；主框与窗扇配合紧密、间隙均匀；窗扇与主框的搭接宽度允许偏差±1 mm。

g. 窗附件必须安装齐全、位置准确、安装牢固，开启或旋转方向正确、启闭灵活、无噪声，承受反复运动的附件在结构上应便于更换。

6）玻璃安装及打胶。

①固定窗玻璃，在钢副框抹灰养护后，待窗框安装完毕，用调整垫块将玻璃调整垫好。

②安装前将合页调整好，控制玻璃两侧预留间隙基本一致，然后安装扣条。安装玻璃时在玻璃上下用塑料垫块塞紧，防止窗扇变形；装配后应保证玻璃与镶嵌槽的间隙，并在主要部位装减震垫块，使其能缓冲启闭力的冲击。

③清理和修型。

④注发泡剂、塞海绵棒、打胶等密封工作在保温面层及主框施工完毕外墙涂料施工前进行。

⑤首先用压缩空气清理窗框周边预留槽内的所有垃圾，然后向槽内打发泡剂，并使发泡剂自然溢出槽口；清理溢出的发泡剂并使其沿主框周圈成宽×深为 10 mm×10 mm（53 系列窗）、20 mm×10 mm（64 系列窗）的凹槽。将海绵棒塞入槽内准确位置，然后将基层表面尘土、杂物等清理干净，放好保护胶带后进行打胶。注胶完成后将保护纸撕掉、擦净窗主框、窗台表面（必要时可以用溶剂擦拭）。注胶后注意保养，胶在完全固化前不要被粘灰和碰伤胶缝。最后做好清理工作。

（4）断桥铝合金窗加工、安装质量标准。

1）断桥铝合金窗装配各项允许偏差见表 3-17。

表 3-17　断桥铝合金窗装配各项允许偏差　　　　　　（单位：mm）

分项名称	序号	检查项目		允许偏差	检查方法
钢副框安装	1	钢副框槽口宽度、高度允许偏差	≤1 500	2.5	用钢卷尺
			>1 500	3.5	
	2	钢副框槽口对边尺寸之差	≤2 000	5	用钢卷尺
			>2 000	6	
	3	钢副框槽口对角线尺寸之差	≤2 000	5	用钢卷尺
			>2 000	6	

分项名称	序号	检查项目		允许偏差	检查方法
铝合金主框安装	1	主框槽口宽度、高度允许偏差	≤2 000	±1.0	用钢卷尺
			>2 000	±1.5	
	2	主框槽口对边尺寸之差	≤2 000	±1.5	用钢卷尺
			>2 000	±2.5	
	3	主框槽口对角线尺寸之差	≤2 000	±1.5	用钢卷尺
			>2 000	±2.5	
框、扇等相邻构件	1	同一平面高低差		≤0.3	用钢卷尺
	2	装配间隙		≤0.3	用钢卷尺

2）断桥铝合金窗其他装配技术要求。

①窗构件连接应牢固，需用填充材料使连接部分密封、防水。

②窗结构应有可靠的刚性，根据需要允许设置加固件。

③窗框、扇配合严密，间隙均匀，其扇与框的搭接宽度允许偏差±1 mm。

④窗用附件安装位置正确，齐全牢固，应起到各自的作用，具有足够的强度，启闭灵活，无噪声。承受反复运动的附件，在结构上应便于更换。

⑤窗用玻璃、五金件、密封条等附件，其质量应与门窗的质量等级相适应。

⑥装配后应保证玻璃与镶嵌槽的间隙，并在主要部位装减震垫块，使其能缓冲启闭力的冲击。

⑦窗的品种、规格、尺寸、性能、开启方向、安装位置、连接方式及铝合金窗的型材壁厚应符合设计要求。

⑧铝合金窗框与副框的安装必须牢固。预埋件数量、位置、埋设方式、与框的连接方式必须符合设计要求。

⑨金属窗扇安装必须牢固，并应开启灵活、关闭严密、无倒翘。

⑩窗扇固定玻璃的橡胶密封条应安装完好，不得出现皱褶、脱槽、两方向不交圈等。

⑪钢副框、窗框（含拼接料）正、侧面的垂直度偏差每米不大于2 mm。

⑫钢副框、窗框（含拼接料）的水平度偏差每米不大于1.5 mm。

⑬钢副框、窗横框的标高与基线比较，偏差不大于5 mm。

⑭转角窗应在同一设计立面内，相邻框在同一立面的偏差不大于1 mm，相邻窗在同一立面内的偏差不大于5 mm。

⑮各层楼窗侧面应在同一垂直直线内，总差不大于5 mm。

⑯窗框对角线里角长度小于或等于2 000 mm时，对角线允许偏差不大于1.0 mm，对角线里角长度大于2 000 mm时，对角线之差不大于1.5 mm。

⑰平开窗应关闭严密、扇与框搭接量应均匀，允许偏差1 mm。

⑱平开窗同樘相邻扇横端高度允许偏差2 mm。

⑲型材表面不应有碰伤，不应有腐蚀污染。

5. 聚氨酯PU发泡填缝材料在铝、塑门窗安装中的应用

PU填缝材料无论其防渗漏效果还是其保温、隔声、防腐、绝缘性能均较突出。PU填缝材料在施工中须注意渗漏防治和低温不发泡的防治。同时施工人员还须注意安全生产措施。

聚氨酯PU发泡填缝材料（以下简称PU填缝料），具有超低热传导率、低吸水性、不易收缩干裂、防腐、绝缘、隔声、自熄等性能，可用于各种建筑材料的填空补缝、密封堵漏、隔声保温和黏结固定等，近年来在铝合金及塑料门窗安装中得到了广泛使用。

（1）铝、塑门窗安装中填缝方法的比较。

1）规范要求。铝、塑门窗窗框与洞口之间的缝隙，应按现行行业规范《塑料门窗工程技术规程》（JGJ 103—2008）的相关规定进行填充。

2）几种填缝做法的对比见表3-18。

表 3-18　几种填缝做法的对比

项　　目	内　　容
从满足规范要求的角度比较	目前最常见的铝、塑门窗填缝材料有PU填缝料、矿棉毡、玻璃棉毡、沥青麻丝和水泥砂浆等，其中，水泥砂浆在铝门窗的安装中使用普遍，但做法不能满足规范要求，在多年的使用中已暴露出种种缺陷，如防腐措施不当造成框料的腐蚀、填塞不密实造成渗漏、保护不当造成框料的污染和限制框料的自由胀缩等
从防治渗漏效果的角度比较	目前门窗防渗的做法是在缝表面填嵌缝膏，但由于某些嵌缝膏自身质量不过关、易老化或由于施工前清理不净造成嵌缝膏黏结不牢、施工马虎造成嵌缝膏厚度不足等原因而引起渗漏，因此仅靠这一道防水屏障是不够的，若在填缝层内再设一道防水屏障，效果将大为改观。PU填缝料由于本身发泡膨胀保证了填缝密实，且其具有较强的粘性，使框与填缝料黏结处不会产生裂缝。从防治渗漏的角度看，采用PU填缝料比用水泥砂浆有效
保温、隔声性能比较	PU填缝料热导性相对较低，导热系数仅为 0.03～0.04 W/（m·K），且密度仅为 20 kg/m³，有很好的保温和隔声效果；矿棉毡、玻璃棉毡的保温、隔声性能也较好，但随时间的推移会逐渐降低；而水泥砂浆则根本不具备保温性能
防腐、绝缘性能比较	PU填缝料及矿棉、玻璃棉毡均具有防腐绝缘性能，水泥砂浆则不具备绝缘性能，且对铝合金有腐蚀作用，因此采用水泥砂浆填缝时，须对铝合金框与水泥砂浆接触面采取防腐措施

（2）PU填料的施工方法。

1）准备工作。

①对PU填缝料的验收。检查是否有出厂合格证，出厂时间是否在规定期限内（一般规定不得超过18个月）。

②刮底糙。对门窗洞口四周进行刮底糙处理时，洞口与窗框间隙视墙体饰面层材料不同而定，一般控制填缝宽度为 15～20 mm（图 3-10），其原因是：一般墙体饰面均有刮糙工序，先刮糙对饰面层施工没有影响；刮糙与填缝不同，一般可保证密实，不会因此而产生渗漏；缝隙宽度控制为 15～20 mm，既保证了枪罐的操作，也满足了规范所考虑的门窗材料的自由胀缩；可减少PU填缝料的用量，降低成本。

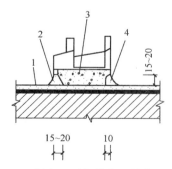

图 3-10　门窗口下部节点（单位：mm）

1—刮底糙；2—外侧嵌填嵌缝膏；

3—PU填缝料；4—内侧水泥砂浆勾缝

③外侧嵌填嵌缝膏。

④对前道工序进行验收。根据设计要求和现行有关铝、塑门窗安装及验收规范的规定，应对门窗的原材料质量、制作安装质量进行验收，还应对门窗框与建筑物的连接方法以及连接件的规格、质量、间距、位置进行隐蔽验收。

按照《塑料门窗工程技术规程》(JGJ 103—2008) 的规定，外侧应采用嵌缝膏进行密封处理。

⑤清理缝隙。待外侧勾缝的水泥砂浆终凝后，先用钢筋钩清除缝内砖屑、石子等杂物，再用毛刷、鼓吹器清除里面的浮尘。

2）施工操作。

①基层湿润。填注 PU 填缝料前先在基层用喷水壶喷洒一层清水，为保证喷洒均匀，要使其形成水雾（可用小型加压喷雾器）。其原因是基层湿润有利于 PU 填缝料充分膨化，且有利于 PU 填缝料与周围充分黏结。

②填缝操作。将罐内料摇匀 1 min 后装枪，填注时按垂直方向自下而上，水平方向自一端向另一端的顺序均匀慢速喷射。由于 PU 填缝料的膨化作用，在施打时喷射量可控制在需填充体积的 2/3。例如，需填深度为 60 mm，则喷射深度控制在 40mm 左右，槽表面应预留 10 mm 深凹槽。喷射后立即在表面再次用喷雾器喷洒水雾，以利充分膨化。

③修理及勾缝。PU 填缝料大约在施打后 10 min 开始表面固化。1 h 后即可进行下道工序。在充分固化后，应先对其进行修整，可用美工刀修理成 10 mm 深的凹槽，然后用水泥砂浆勾缝加以保护。

3）填缝的质量验收项目。

①PU 填缝料本身的质量，可检查其出厂合格证。

②隐蔽工程验收。一是喷射 PU 填缝料前的隐蔽验收，主要检查缝内是否清理干净，水泥砂浆勾缝深度是否恰当；二是最后勾缝前的验收，主要检查填料是否饱满，留槽深度是否恰当。

③在施工单位自检合格的基础上，按规范规定的数量（按不同门窗品种、类型的樘数各抽查 5%，并均不应少于 3 樘）进行抽查，主要是检查 PU 填缝料的填嵌深度。

第四章　太阳能利用、采暖与空调节能施工

第一节　民用太阳能工程施工

一、太阳能热水系统及其类型

太阳能热水系统是指由冷水进口到热水出口这一整套利用太阳能加热水的装置。该系统由如下零部件组成：集热器、冷热水循环管道、贮水箱（有些系统中还有补水箱）、冷水输入管、热水输出管、支架等，如图 4-1 所示。复杂的系统还包括循环泵、换热器、辅助能源装置以及自动控制设备。

太阳能热水系统效率的高低、收集太阳能的多少与太阳集热器的效率有直接关系，因为集热器是直接收集太阳能，并将太阳能转换为热能的装置，它的效率提高了，整个系统的收益也就增加了。但是，集热器并不是影响整个系统性能好坏的唯一因素。太阳能热水系统的结构形式、管道的管径和走向、水箱的位势和保温措施等，都会影响太阳能热水系统的工作性能。因此，设计和选定好某一组集热器之后，必须正确地、因地制宜地进行整个太阳能热水系统的系统设计或选择。

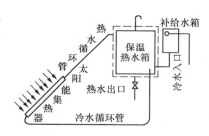

图 4-1　太阳能热水系统

1. 自然循环太阳能热水系统

自然循环太阳能热水系统又叫温差循环或者热虹吸太阳能热水系统。其工作原理是工质水在集热器中吸收太阳热能后，水温上升，随着水温的升高密度降低，比重减小，在浮力的作用下，沿循环管道上升进入水箱。同时，处于贮水箱底部和下降管道中的冷水，由于比重较大而流入最低位置的集热器下方。系统在无需任何外力的作用下，如此周而复始地循环，直至因水的温差造成的重力压头不足以推动这种循环为止。

自然循环热水系统结构简单，运行可靠，易于维修，不消耗其他能源，因而被广泛采用。平板式集热器和真空管式集热器均可以采用自然循环式热水系统。

（1）平板型自然循环太阳能热水系统。由于自然循环系统需要一定的热虹吸压头才能使热水器正常工作，因此，必须保证循环水箱与集热器有一定的正高差，如图 4-2 所示。

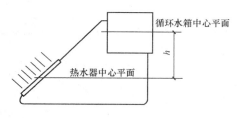

图 4-2　自然循环系统水箱位置

1）水箱的高度。水箱高度要有确定的 h 值，水箱稍高一些不但可以保证有一定的水压头，还可以解决系统中存在的气阻。但水箱过高，管道长度和散热面积相应增加，并导致水箱支架复杂化，增加成本，而且会产生安全、稳定性

等方面的问题。

在自然循环系统中，系统的热虹吸作用压力，取决于 h 的大小。就是说中心距 h 越大，作用压力就越大。只有压力存在，循环才能正常进行。热虹吸作用压力和系统阻力决定着循环流速的快慢。较低的集热器进口水温和较大的循环流量，将使集热器获得较高的热量，这对于一日连续多次放热水的系统，显然是十分有益的。因为水箱中的水整天都在周而复始地循环，开始时集热器较低的进口水温和大流量使系统得到较高的热效率，但随着日照的继续，水的多次循环，集热器的进口水温逐渐升高，使进出口的温差减小，吸热面温度升高，热辐射增大，流量随之减缓。加大高度差造成长的管道、大的散热面积和系统的大热容，导致系统的热效率大幅度下降。所以说，在系统设计和选择时，要合理地布局水箱高度，以求获得较好的系统热性能和经济性。

至于水箱的形状，从用料和散热面积考虑，圆型要比方型的好。在同样容积和同一个中心距的情况下"瘦高"水箱又比"矮胖"的水箱有利于水的分层。一般而言，不论水箱的容积和中心距多少，水箱的底部都应略高于集热器的上集管，这样可以保证夜晚集热器散热时，水箱内的热水不致产生逆向流动而散热降温。

2）系统中的管道要求。系统流量大小，除取决于中心距 h 和集热器进出口水温之外，还与系统管道的布局所造成的总水头损失有关。在自然循环热水系统中，对管道布局有以下三点措施（表 4-1）。

表 4-1　管道布局的措施

项　　目	内　　容
等程	对于系统中任何一组集热器而言，它的冷水（下降）集管长度和热水（上升）集管长度之和的绝对值，应该恒等于一个常数。 所谓等程，就是保证各集热器沿程水的阻力相连，避免某些集热器因管道过长、水阻过大而被管道短、水阻小的集热器组"短路"
"一短三大"	在系统中热水集管长度应该最短，热水集管要大半径转弯、大坡度爬升、大管径集热。 最大限度地减少热水集管长度，可有效地减少散热损失。加大热水管的转弯半径，可减少水的阻力，确保流动畅通。热水集管应有不小于 3% 的爬升坡度，这样有利于气泡的排除和热水的升浮，因为过大的气阻将会影响自然循环的顺利进行
"直缓"	在管道系统中，冷水集管应走直线，转弯缓慢，无需追求形式上的整齐而转弯大于 90°。走直线可以减少管长，转弯过急使水阻过大，且容易阻塞

（2）真空管型自然循环太阳能热水系统。与平板集热器构成的热水系统一样，真空管集热器也可以构成自然循环热水系统。

1）图 4-3 所示为集热管横放的自然循环系统示意图。联集管上端有一前一后两根管，前面为热水出水管，后面被挡着的为冷水进水管，热水管接至水箱中部，冷水管接至水箱底部。当真空集热管的水被太阳辐射加热时，朝向太阳的正面得到的能量多，温度相对较高，水的密度变小，由于浮升力作用而向

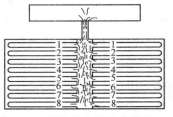

图 4-3　横放真空管热水器的
自然循环示意图

上流入水箱中上部；水箱下部的冷水由于密度较大将自动向下经冷水进入管流入联集管和集

热管。如图 4-3 所示，冷水自水箱底部经联集管分别自开口端下部流入 1～8 号集热管内，受热后的水从各个管的开口端上部流出，最后出来的热水由联集管出口进入水箱中部或上部，水箱下部冷水则由于密度较大自动往下流入联集管和集热管。这样周而复始不断循环，水箱中的水温不断上升。

2）图 4-4 所示是集热管南北放置的整体式家用太阳能热水系统自然循环示意图。热水依靠浮升力不断上升，冷水因密度大而不断下降。热水在前面，冷水在后面。

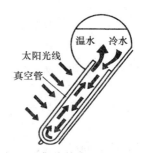

图 4-4　集热管南北向放置的
热水器自然循环示意图

联集管兼作水箱的整体式比起水箱与联集管分开的分离式，省略了中间的联箱，热效率会稍有提高，但使用上各有利弊，应视情况合理选用。对于大中型热水系统，采用集热管东西向放置，联集管与水箱分离式比较合适，这样可以防止水中的固体悬浮颗粒物沉于管内。采用自然循环工作时，由于密度小的热水总是向上浮升，因此水箱必须高于集热器，热水流出所经的管道不可向下倾斜，否则将导致循环受阻，水温不高。

2. 强制循环太阳能热水系统

循环式太阳能热水系统是指通过集热器与贮水箱内的水不断循环而达到加热的目的。自然循环是通过热虹吸压头实现循环。除靠自然循环外，还可借助外力迫使集热器和贮水箱中的水不断进行循环。此种方式为强制循环，该方式须借助水泵将集热器中已加热的水与贮水箱中的水进行循环，使贮水箱内的水温逐渐升高。

与自然循环相比，贮水箱的位置不受集热器位置制约，可任意放置。自然循环系统中贮水箱与集热器的高差越大，热虹吸压头越大，但因为水的温差和集热器与贮水箱的高差不可能很大，依靠水的比重差作为动力终究是有限的。因此自然循环系统的单体装置一般不超过 100 m²，而强制循环是以水泵为动力，系统面积可很大。

强制循环式热水器可分为直接强制循环式（也称一次循环或单回路系统）和间接强制循环式（也称二次循环或双回路系统）两大类。

强制（迫）循环太阳能热水系统，根据采用控制器的不同和是否需要抗冻和防冻要求，可以采用不同的强制循环系统方案（表 4-2）。

表 4-2　强制（迫）循环太阳能热水系统的不同的强制循环系统方案

项　　目	内　　容
温差控制直接强制循环系统	该系统如图 4-5 所示。它靠集热器出口端水温和水箱下部水温的预定温差来控制循环泵（一般是离心泵）进行循环。当两处温差低于预定值时，循环泵停止运行，这时集热器中的水会靠重力作用流回水箱，集热器被排空。在集热器的另一侧管路中的冷水，则靠防冻阀予以排空，这样整个系统管路就不会被冻坏
光电控制直接强制循环系统	光电控制直接强制循环系统，如图 4-6 所示。它是由太阳光电池板所产生的电能来控制系统的运行。当有太阳时，光电板就会产生直流电启动水泵，系统即进行循环。无太阳时，光电板不会产生电流，泵就停止工作。这样整个系统每天所获得的热水决定当天的日照情况，日照条件好，热水量就多，温度也高。日照差，热水量就少。该系统在天冷时，靠泵和防冻阀也能将集热器中的水排空

项　　目	内　　容
定时器控制直接强制循环系统	图 4-7 所示为定时器控制直接强制循环系统，它的控制是根据人们事先设定的时间来启动或关闭循环泵的运行。这种系统运行的可靠性主要取决于人为因素，往往比较麻烦。如下雨或多云天气启动定时器时，前一天水箱中未用完的热水会通过集热器循环，造成热损失。因此若无专门的管理人员，最好不要轻易地采用该系统
温差控制间接强制循环系统	图 4-8 所示为温差控制间接强制循环系统，它的循环介质是采用防冻有机溶液，如乙二醇、丙二醇等，不存在管路被冻问题。防冻介质从集热器所获取的热量，通过换热器传给水箱中的水，经过一天的运行，将水箱中的冷水全部加热。考虑到防冻介质的热胀冷缩，特在系统中设置了膨胀箱
温差控制间接强制循环回排系统	图 4-9 所示为温差控制间接强制循环回排系统，该系统采用水作为工质，回排水箱用于收集系统管道中的存水，是专为防冻和抗冻而设置的。当泵停止工作时，集热器和管路中的水会靠重力自动排空。泵工作时，水又充满了系统，并进行循环。通过水箱中的换热器将集热器获得的热量传递给水箱中的水

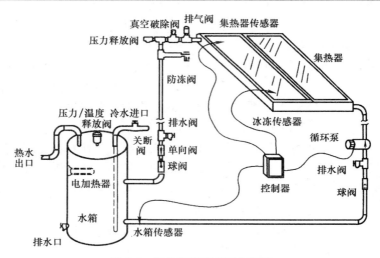

图 4-5　温差控制直接强制系统

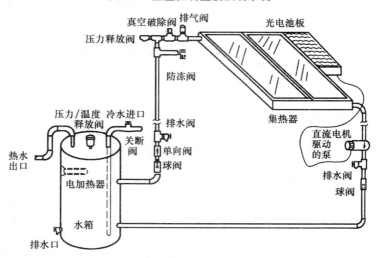

图 4-6　光电控制直接强制系统

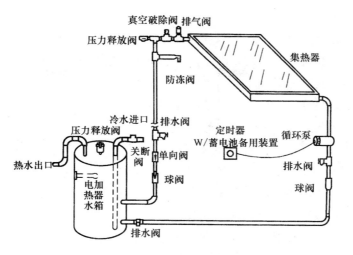

图 4-7　定时器控制直接强制系统

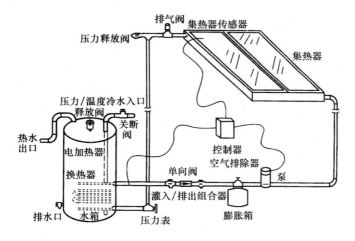

图 4-8　温差控制间接强制系统

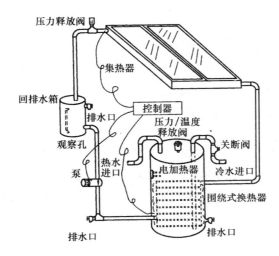

图 4-9　温差控制间接强制循环回排系统

3. 定温放水系统

（1）自然循环定温放水（补水）系统。自然循环结构简单可靠，不消耗其他能源，但所产生的热水的水温不能控制，这将影响使用，定温放水系统可实现控制水温的目的。

在系统中加装一套水温检测和控制阀门装置，同时保温水箱一分为二，储水保温水箱放在集热器安装平面以下，便于安装取水的地方；集热器之上，只安装一个用来进行自然循环的贮水箱，如图4-10所示。

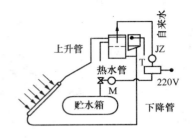

图4-10　自然循环定温放水系统

电接点温度计的接头，置放于自然循环的小水箱内，随时检测来自集热器的循环水，当水温达到规定温度时，电接点温度计首先将电信号送入继电器JZ，接通220 V电路，启动电磁阀M。电磁阀打开后，循环水箱内的上层温水通过热水放水管流入主水箱内储存。同时因循环水箱水位下降，浮球阀打开，冷水自动补入循环水箱，直到循环水箱内温水大部分放完，水温下降到预定温度以下，电接点温度计断开，电磁阀关闭，系统进入下一个自然循环增温过程。

自然循环定温放水系统与一般自然循环相比，系统布局灵活，可以用若干组分散的自然循环系统共同向一个主贮水箱内供水，且它比单纯的自然循环系统热效率高。

若上述由定温设备控制的电磁阀不装在循环水箱到贮水箱的连通管道上，而装在自来水（冷水）补给管道上，代替补给水箱和浮球阀，则可发展成自然循环定温补水系统，如图4-11所示。

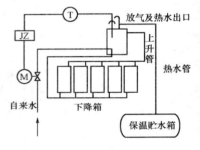

图4-11　自然循环定温补水系统

（2）直流式定温放水系统。强制流动系统虽说可以通过调整流量来控制水温，但在实际操作中是较麻烦的，它必须根据日照情况，靠人工来不断调整进水阀门。为了提高系统自动化程度，确保水质量，可在系统中加装一套温度控制设备和电磁阀，发展成强制流动定温放水系统（或称直流式定温放水系统），如图4-12所示。

直流式定温放水系统能有效地控制最低放水温度。当电接点温度计的触头A测到水温低于规定温度时，即通过晶体管通断仪和继电器关闭电磁阀，让集热器中的水处于闷晒状态。待水温升高后，电接点温度计自动接通电路开阀放水。

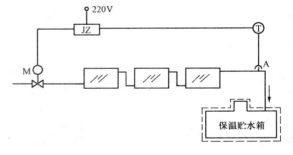

图4-12　直流式定温放水系统

由于水是热的不良导体，从集热器到触头A处的水柱越长，系统反应就越迟钝。为了提高系统的反应速度，从而提高整个系统的热效率，可以在A处设一个小循环保温水箱，同时并联一自然循环集热器。这样，当天气突然变化时，水温下降，系统就处于闷晒状态；一旦太阳重新露面，集热器得到热量后，作为信号源的一组集热器，将很快通过自己的并联闭合管道，将计温热水送至电接点温度计的触头处，触头测到合格水温，即重新开启电磁阀，让系统在规定的温度以上及时运转。

直流式定温放水系统要避免自来水或水塔压力突然下降而产生气阻。为克服气阻，同时将水箱中头天剩余的低温水重新循环加热，可以在原电磁阀处，加装一个小泵，发展成为强制循环定温放水系统，如图 4-13 所示。

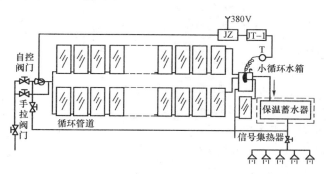

图 4-13　强制循环定温放水系统

4. 双回路太阳能热水系统

该系统有两个回路，由集热器和换热器两个系统组成，集热器和换热器的循环管内充以防冻液。

在大系统中集热器与换热器组成的循环回路可以采用强迫循环方式，对于小系统可以采用自然循环方式，分别如图 4-14 和图 4-15 所示。

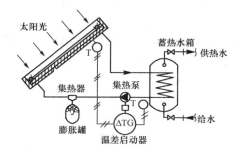

图 4-14　双回路强制循环太阳能热水系统

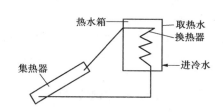

图 4-15　双回路自然循环热水系统

选用防冻液时，除了考虑冻结温度外，还应考虑防冻介质与集热器、换热器材料不发生腐蚀、无毒、成本低及防冻液的热物性，一般采用丙二醇、乙醇、硅油等。该系统由于增加了换热装置，热效率有所下降，夏季效率低于普通太阳能热水系统，但冬季可以使用，特别是在换热器处增加辅助电源，可以保证该系统一年四季使用。这种系统也便于和建筑结合使太阳能热水器真正成为建筑上的一种设备，使用起来方便、安全、可靠，是很有发展前途的一种系统。但是，由于系统中增加了换热器等，成本增加，系统造价比较高。

5. 家用太阳能热水系统技术要求

家用太阳能热水系统技术要求见表 4-3。

表 4-3　家用太阳能热水系统技术要求

试验项目	技术要求	试验方法
热性能①	试验结束时贮水温度≥45℃ 日有用得热量（紧凑式与闷晒式）≥7.5 MJ/m² 日有用得热量（分离式与间接式）≥7.0 MJ/m² 平均热损因数（紧凑式与闷晒式）≤22 W/（m³·K） 平均热损因数（闷晒式）≤90 W/（m³·K）	按《家用太阳能热水系统技术条件》（GB/T 18708—2002）和《家用太阳能热水系统热性能试验方法》（GB/T 19141—2011）要求进行
水质	应无铁锈、异味或其他有碍人体健康的物质	
耐压	应无渗漏	
过热保护	系统应能回到正常的运行状态	
电气安全	应有电气安全措施	
外观	肉眼判定	
支架强度和刚度	足够强度和足够刚度	
贮热水箱	结构合理	
安全装置	应有安全措施	
雷电保护	应置于避雷保护系统范围中	
空晒②	不允许有破损老化	
外热冲击②	不允许有裂纹、变形、水凝结或浸水	
淋雨②	不允许有雨水浸入	
内热冲击（选用）③	不允许损坏	
防倒流（选用）	不允许	
耐冻（选用）	不允许有泄漏和破损、部件与工质不允许有结冻	
耐撞击（选用）	不允许有损坏	

①按《家用太阳热水系统热性能试验方法》（GB/T 18708—2002）进行家用太阳能热水系统热性能的一天试验，作为首选的家用太阳能热水系统判定，合格后方可做全面检测。

②试验集热部件与贮热水箱不可以分开的家用太阳能热水系统。

③"选用"的选项只需在必要时进行试验。

二、家用太阳能热水器类型

所谓家用太阳能热水器，就是家庭用的小型太阳能热水系统中除管道之外的关键部分，其集热器面积一般为 1～6 m²，贮水箱的容水量不超过 600 L，所产生的热水供家庭成员洗浴、生活用。

家用太阳能热水器按类型分为闷晒式、平板型和真空管型三种，其中，平板型和真空管型家用太阳能热水器，按工质循环方式也可以分为自然循环式、强迫循环式、直流定温放水和双回路循环式等几种家用太阳能热水系统。

1. 闷晒式热水器

闷晒式太阳能热水器的特点是将集热器和贮水箱合为一体，因而结构简单，价格低廉，使用、安装、维护方便。该类型产品保温效果差，夜间热损失大。

闷晒式太阳能热水器的分类见表 4-4。

表 4-4 闷晒式太阳能热水器的分类

项　目	内　容
塑料袋式闷晒热水器	塑料袋式热水器如图 4-16 所示。当打开阀门 7 后自来水进入袋内，满后溢流口 4 向外溢水，应立即关闭阀门 7。经若干小时或一天的日照后，水温升至洗浴的温度。使用时将阀门 5 开启，热水则从喷头喷出。一般的热水袋上部为透明塑料，下部为黑色塑料，两者焊接而成。为防止底部散热，最好放一支保温板。这种热水器最大特点是重量轻，便于携带，价格低廉；缺点是保温效果差，散热快，使用寿命一般为 2～3 年
浅池式热水器	浅池式太阳能热水器像一个浅水池子，既能储水又能集热，如图 4-17 所示。 　　池内水深一般为 100 mm 左右，上面盖一块与水平面成一定倾角的玻璃，池底和四周加防水层并涂上黑色涂料，池底部和周围加以保温并和外壳可以做成一个整体。在池内的一侧池底部约 100 mm 高处安装溢流管，以控制池内的容水量。当水热时打开热水阀即可以使用。水用完后，打开冷水阀重新上水。 　　这种热水器的特点是结构简单，便于制造和安装，成本低廉。但是在高纬度地区，太阳能辐射不能充分利用，其次是盖板玻璃内表面往往有水蒸气，降低了太阳光的透过率，对热效率有一定影响。另外，池内易长青苔，必须定期清洗，否则对洗浴者的皮肤会有不良影响
筒式热水器	图 4-18 所示为一种四筒式闷晒太阳能热水器。筒式热水器比浅池式热水器在结构和性能上都有很多改进和提高，目前在一部分地区还被广泛应用。 　　它的主要结构包括集热贮水器（筒体）、外壳、盖板、保温层、进出水管和支架。集热贮水器一般用镀锌板、不锈钢板材料制成，圆形筒体的直径为 100～150 m，直径过小，贮水量小；直径过大又晒不透，水温不高。圆筒表面涂有吸热性能较好的黑色涂料，如黑板涂料等，涂层不易过厚，要均匀。每个筒的两端用管道并联，使之成双筒及三筒、四筒、五筒式热水器。筒的多少决定了热水器的水量大小，目前四～六筒式热水器产品在市场上较受欢迎。 　　外壳一般为镀锌板、不锈钢板制成的五面体方箱。箱内四边和底部铺有 30 mm 左右厚度的聚苯板，使热水器达到一定的保温性能。壳体的上平面安装透明盖板，如玻璃、透明聚氨酯等，安装时在盖板四周装有密封条，再用金属压条将盖板和壳体固紧。 　　筒式闷晒式热水器的优点是热效率高达 0.5～0.6，结构简单，制作容易，也能实现工厂化生产，价格低廉。缺点是热损大，日落后，储水器内热水变冷的速度快

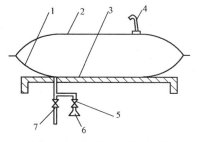

图 4-16 塑料袋式热水器

1—下部黑色塑料；2—上部透明塑料；3—支撑；

4—溢流口；5—阀门；6—喷头；7—阀门

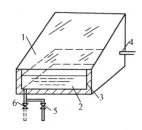

图 4-17 浅池式热水器

1—玻璃；2—保温壳体；3—防水层；

4—溢流管；5—热水阀；6—冷水阀

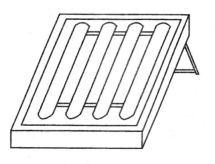

图 4-18　四筒式闷晒太阳热水器

除洞式热水器外，还有玻璃真空管式闷晒热水器，其基本结构为玻璃内管外表面镀中收涂层后再与外玻璃管套装两端封接，并抽成真空，从而大大提高内管的保温性能。

2. 平板太阳能热水器

平板太阳能热水器（图 4-19）的关键部件是集热器。由于集热器的结构类型不同，因而产生了各种类型的平板热水器

整体平板家用太阳能热水器，其特点是集热器和水箱结合紧密，上下循环管很短，不仅省料而且还能减少管道的热损失，此外，水箱前的侧板对太阳光还能起到反射作用，增加了玻璃盖板太阳能的吸收，有利于热效率的提高。

3. 全玻璃真空管太阳能热水器

如图 4-20 所示，此类产品容水量的大小可以根据真空管根数来定。比较常用的有 12 支管、16 支管和 20 支管等。

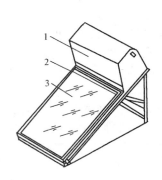

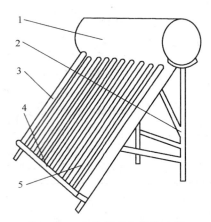

图 4-19　整体平板家用太阳能热水器　　　　图 4-20　全玻璃真空管热水器

1—水箱；2—支架；3—集热器　　　　　1—水箱；2—支架；3—管子；4—底托；5—反射板

此类热水器水箱的容水量，主要取决于管子的根数，根数越多，水箱容水量也越大。一般 1.2 m 长的管子，在华北地区阳光好的情况下，每天每根管子平均可将 6~8 kg 冷水加热到 40℃以上。如果是 1.5 m 长的管子，水箱容水量还可以增加 1/4 左右。

为了提高该产品的热效率，真空管之间的距离大多选用 750 mm 左右。另外在管子下面安装一块反射板，也有助于热效率的提高。反射板的材料有铝板、不锈钢板、普通薄板加贴反光膜。

支架绝大多数采用角钢或钢型材，对于高档产品也可以采用不锈钢材质。为了防腐、防

锈，支架表面应进行处理，如烤漆、镀锌、喷塑或发黑。

在全玻璃真空管的基础上又发展了其变型产品全玻璃热管真空管热水器。此类热水器的特点是真空管内不装水，通过采用热管吸收真空管内的热量来加热水箱内的水。其优点是可以防止管内结垢以及管内水垢沉淀于管内下部难以清除等问题。

图 4-21 所示为热管真空管热水器的局部剖面图。真空管 7 吸收太阳能量后，将热量通过热管冷凝端 5 传给水箱内胆 1 里面的冷水，经过一天的日照，最终将水箱内的水全部加热。

防水密封圈主要是为了防止渗漏水，故必须采用高材质无毒的硅橡胶密封圈。防尘圈的目的是为了防止灰尘进入水箱内部，同时也为了减少热损失。防尘圈的材质必须满足抗老化要求。

全玻璃热管真空管热水器由于具有管内结垢少和便于维修等特点，目前被广泛应用。

4. 热管真空管热水器

热管真空管热水器和全玻璃热管真空管热水器的区别在于前者是单层玻璃，管中抽真空，热管置于其内，管子一端采用金属和玻璃进行热压封工艺技术；而后者是双层玻璃，玻璃管夹层内抽真空。

如图 4-22 所示，热管真空管热水器的容水量大小，主要取决于管子的数量和管长。目前市场上的管子外径为 70～100 mm，管长 2 m。每根管子吸收太阳能的功率约 100 W，该产品有 6 根管、8 根管，一直到十几根管。该产品的特点是热管采用高效导热重力热管，热管吸热板采用磁控溅射涂层；玻璃管内抽真空。因此，热管真空管热水器具有全年热效率高、抗冷热冲击好、防冻性能好等优点，但价格比较贵。

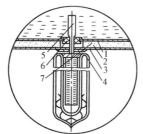

图 4-21　全玻璃热管真空管热水器

1—水箱内胆；2—水箱保温层；3—水箱外壳；

4—防尘圈；5—热管冷凝端；6—防水密封圈；

7—真空管

图 4-22　热管真空管热水器

1—水箱；2—支架；3—热管真空管

三、太阳能热水器的选用

1. 太阳能热水系统运行方式的选择

太阳能热水器有多种运行方式，它包括自然循环系统、强迫循环系统、直流定温放水系统、双回路系统等。

根据这些系统的适应范围与场合，考虑安装环境与使用地域、当地水质水压状况、使用期限是全年运行还是冬季使用、辅助能源情况、客户要求以及资金状况等选择系统运行方式。

表 4-5 列出了几种太阳能热水器系统的适应场合。对于家用太阳能热水器而言，平板型太阳能热水器系统在我国福建、广东、广西、云南等地的技术经济性能优于真空管式太阳能热水器，相反在我国华北以北地区真空管太阳能热水器系统技术经济性能占优。

表 4-5　太阳能热水系统适应场合

系统		使用面积（m²）	使用地域及期限	使用寿命（年）	成本	热效率
自然循环系统	家用闷晒式	≤2	华北以南，季节使用	≤5	低	低
	平板型系统	<50	全国各地季节使用	≤15	偏低	中
	真空管系统	<30	全国大部分地区全年使用	≤10	中	较高
	热管真空管系统	<30	全国各地全年使用	≤10	较高	高
强制循环系统	平板系统	>30	全国各地全年使用	≤15	中	中
	U真空管系统	>10	全国各地全年使用	≤10	较高	中
	真空管系统	>30	全国大部分地区全年使用	≤10	偏高	较高
	热管真空管系统	>30	全国各地全年使用	≤10	高	高
	定温放水系统	>30	全国各地季节使用	≤10	偏低	中
双回路系统	平板型	<30	全国各地全年使用	≤15	较高	中
	真空管型	<30	全国各地全年使用	≤10	高	中

2. 太阳能集热器的选择

太阳能集热器是太阳能热水系统的核心部件，它的类型及参数选择应从技术、经济两方面综合考虑后确定。目前市场上出售的绝大部分太阳能集热器主要有三种类型，即平板式太阳能集热器、全玻璃真空管式太阳能集热器和热管真空管式太阳能集热器。

平板太阳能集热器本身无防冻功能，若冬季使用须考虑防冻措施。全玻璃真空管集热器在冬季温度高于 $-15℃$ 的地区有防冻功能。热管真空管集热器防冻性能好，但成本较高。三种集热器瞬时效率曲线表示如图 4-23 所示。从图中可以看出，当贮水温度与环境温度差值 Δt 最小时，平板型集热器效率高。从技术经济性能综合考虑，平板集热器适用于华南地区，即冬季温度高于 $0℃$ 的地区；全玻璃真空管集热器适合于华北及西北、

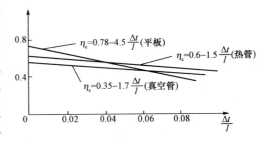

图 4-23　三种集热器性能比较

东北部分地区，即冬季温度高于 $-15℃$ 的地区；热管真空管适宜高寒地区应用。考虑资金投入、集热器安全可靠性等因素以及各种集热器适用地域并非绝对性的特点，在华北、西北等地许多太阳能热水器系统仍采用平板型太阳能集热器，南方地区全玻璃真空管热水器有一定市场。所以，集热器的选择在保证质量的前提下，应经济适用。

3. 太阳能集热器安装倾角的选取

为了得到最大的年太阳辐照能量，集热器应面向赤道，其安装倾角应近似等于当地纬度角。如果要在冬季获得较佳太阳辐照能量，倾角应等于当地纬度加 $10°$。而春、夏、秋三季使用的太阳能热水器，集热器安装倾角应比当地纬度小 $10°$。

4. 集热器前后排距离的确定

为了使太阳光充分投射到太阳能集热器采光面上，要求在热水器使用期内，前排集热器阴影不遮挡后排集热器。对于全年使用的太阳能热水器，当集热器在同一水平面安装时，一般要求集热器前后排距离大于太阳能集热器安装高度，在我国南方地区，这一距离要小于北

方地区，对于不同地区的间距单位估算方法如图 4-24 所示。其中 α_s 为太阳高度角，h 为集热器安装高度，D 为集热器之间的安装距离。显然 $D=h\cos\alpha_s$，在正午当地纬度角 ϕ 大于赤纬角 σ 时，太阳高度角 $\alpha_s=90°-\phi+\sigma$。因而可以估算出不同地区的安装距离 D 值。

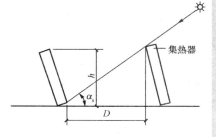

图 4-24　集热器安装距离

5. **集热器面积的确定**

在确定太阳能热水系统运行方式和太阳能集热器类别之后，可根据太阳能热水器的非稳态效率方程式，或太阳能集热器瞬时效率曲线方程式、热水器贮热水温度、水量，利用该地区可获得的太阳辐照度、环境温度等气象资料，用数学模型确定不同季节下所需的采光面积。

为了便于工程计算，对于春、夏、秋三季使用的太阳能热水器，热水量与集热器面积的比值一般设计为 100 kg/m^2 为宜，全年使用的热水器取其比值为 $50\sim70 \text{ kg/m}^2$ 为好。若选择热水量与集热器面积比值过大，虽然系统效率提高了，但热水温度却降低了，同时还增加了水箱投资。反之，若比值过小会造成水温偏高，降低热效率，从热力学角度分析，其能量利用是不合理的。

6. **用水量的确定**

目前太阳能热水器主要用于家庭生活热水，其用水量参照国家规范《建筑给水排水设计规范》（GB 50015—2003）（2009 版）的规定确定。但各地客户使用的热水量，因生活习惯而有所不同，所以确定用水量时也要因地制宜。原则上可按规定确定每人每次淋浴时 40℃ 热水用量以 $35\sim40 \text{ kg}$ 为宜。如每日每次有 20 人淋浴，则水箱有效容水量需设计为 $700\sim800 \text{ kg}$。

四、家用太阳能热水器的安装和维护

1. **家用太阳能热水器的安装**

家用太阳能热水器一般都安装在房顶上。首先，要确定安装的位置，集热器必须正南放置，如果确实不能正南放置，也应保证集热器左右与正南方向的偏差角度不大于 15°。集热器在正南、偏东、偏西三个方向上不能有挡光的建筑或树木。如果一幢楼都安装家用太阳能热水器，应对整个屋面进行合理布置，这样既能保证整体建筑的整齐美观又能照顾到每户的利益，最大限度地降低每户的投资。如果一幢楼只有少数几家安装太阳能热水器，也要为以后需要安装太阳能热水器的其他住户预留一定位置。

热水器的上下循环管下料的时候尺寸一定要准确。若不精确，上、下循环管就可能出现反坡。还应特殊注意，有的热水器安装时，只注意上循环管的反坡现象而忽视下循环管的反坡现象。这样的实例很多，结果热水器循环效果差，产水量不够，甚至没有热水，其原因就在于下循环管出现反坡。

热水器的下热水管道应在基础建设时预埋完成。无预埋管道的建筑物在安装下热水管时可从通气孔内通过，也可从墙外下立管（须用墙钩固定）通过。有的用户为了能全天候使用，常配有煤气热水器或电热水器。为节约煤气或电能，可把太阳能热水器中温度不够热的水灌入其他热水器后再加热。这种情况需要把太阳能热水器的管道和其他热水器的管道接在一起，安装时须严防出现冷、热水串水的现象。若有冷、热水串水现象，会极大地影响太阳能热水器的产水，严重时甚至会导致太阳能热水器不能使用。为了减少热损失，所有的热水管道也需要保温。

太阳能热水器安装好后还须进行防风加固处理。其方法为：在房顶预埋物件，把热水器支架和预埋件焊接在一起，再把集热器和支架连接牢固。由于房屋在基础建设时很少会预埋物件，此时可把热水器的支架同房顶的通气孔、女儿墙、冷水管等较牢固的物体连为一体。

家用真空管太阳能热水器的安装位置，基本上同平板型家用太阳能热水器一致。由于真空管集热器可全年使用，安装时与非全年使用的平板型集热器在倾斜角度上应稍有不同。集热器正南放置时，固定倾角比当地纬度大 5°～10°。

真空管太阳能热水器通过联集管把真空管联集，再与水箱相接，对于家用太阳热水器，可用联集管兼水箱，成为整体式。整体式比分离式（水箱与联集管分开）省去了中间的联接循环管，虽然热效率稍有提高，但使用上各有利弊，应视具体情况合理选用。集热管可横放也可竖放，对整体式热水器，集热管一般采取竖放。面积较小的家用热水器，采用整体式比较合适，面积较大的家用热水器采用集热管横放的分离式方法比较合适。

家用真空管热水器在安装过程中首先应把水箱、支架、输水管安装完毕，最后再插玻璃真空集热管。顺序不能颠倒，否则会造成集热管高温空晒，此时管内温度可达 200℃ 以上，对密封胶圈不利，易造成渗漏。

在插玻璃真空集热管时要注意，首先检查联集管内的密封橡胶圈的安装质量。胶圈上或联集管圆孔边缘上不能粘有聚氨酯或其他脏物，否则影响密封。密封圈必须放置平整，插集热管前将圈口擦干净，抹上肥皂水。将经过检查的集热管口同样抹上肥皂水用作润滑剂，把集热管插入联集管圆孔。为防止管子破碎划破手，插管时应戴手套。若管子难以插入，应视具体情况解决，切不可蛮干和勉强。若是管径不标准，过粗，可更换集热管；若是因为联集管的圆孔与联集管外壳上的圆孔不对中，或其间的聚氨酯保温材料凸起妨碍管子插入，应修理后再插。如果强行插入，以后也容易碎裂。再者，各集热管插入的深度应一致。

2. 家用太阳能热水器的维护

太阳能热水器的维护管理工作非常重要，它直接关系到热水器的集热效率和使用寿命。"三分建设、七分管理"是很有道理的。实际维护管理工作并不复杂，关键是需经常进行。特别是对于大型系统，应有专人负责，维护保养工作包括以下内容。

（1）定期清除太阳能集热器透明盖板、真空管表面、反射板面上的尘埃、污垢，保持清洁。清洗工作应在清晨或晚间日照微弱、气温较凉时进行。此时的温度较低，能防止透明盖板或管子被冷水激碎。

（2）注意保护透明盖板或真空管不受损坏。避免集热器空晒和闷晒；特别是多冰雹地区应注意天气预报，及时采取防护措施。

（3）定期进行系统排污工作，以防管路阻塞，并保证水质清洁。

（4）巡视检查各管道的连接点是否有渗漏现象，如发现应及时修复。

（5）保证集热器外壳的良好气密性。检查各保温部件是否有破损，以保证系统的隔热性能。同时应防止雨水和灰尘进入集热器，破坏和降低吸热体的吸热性能。如发现以上问题应及时修复。

（6）吸热体涂层有损坏时应及时更换（因其对集热器的集热效率有很大影响）。

（7）集热器、箱体、支架、管路须经常维护，每隔一年涂一次保护漆，以防锈蚀。

（8）防止闷晒。循环式系统停止循环造成闷晒将会造成集热器内部温度升高，产生损坏涂层、箱体变形、玻璃破碎等现象，一般在自然循环系统中可能是由于水箱中水位低于上循环管所致，在强制循环系统中可能是由于循环泵停止工作造成，在运行中的热水器系统应避免上述情况发生。

（9）定温放水系统的电磁阀、水泵，自然循环系统补水箱的浮球阀要经常检查。

（10）对于有辅助热源的全天候热水装置，要经常检查辅助热源装置是否处在正常工作状态。

我国北方冬季最低温度可达$-10℃\sim-40℃$，在这样的低温下热水器系统内的水会很快地结冰，导致集热管破裂。因此，处理方式一般为入冬后将系统中的水排空。这样缩短了太阳能热水器的使用时间，降低了太阳能集热器全年经济效益。为此在部分地区，当冬季日照情况好、气温低于$0℃$时可采取一些防冻措施来提高全年经济效益。

3. 家用太阳能热水器的故障分析和排除

家用太阳能热水器的故障分析和排除见表4-6。

表 4-6　家用太阳能热水器的故障分析和排除

故障	现象	原因	排除方法
天气晴朗，热水器中水不热	日照较好的情况下，系统内无滴漏，手摸集热器盖板烫手	①上下循环管出现反坡。②集热器斜置，下循环管侧高于上循环管侧。以上原因形成气堵，造成系统不循环	准确测量上下循环管长度，去除反坡，调整集热器，使上循环管侧略高于下循环管侧
		水箱没有灌满水，用落水法取水或浮球取水后补水不及时，使水箱内水面低于上循环管口，使系统不能形成循环回路	将水灌满至上循环管口以上，用完水后及时补水
天气晴朗，热水器中水温虽会升高，但温度达不到要求	日照好，手摸集热器盖板不烫手，上下循环管有温差	①上下循环管有不严重的反坡；②集热器排管伸进集热器集管过长；③集热器没有面向正南，偏东或偏西角度过多；④系统有滴漏现象；⑤系统有串水现象；⑥热水箱与集热器面积不匹配，热水箱容水量过大；⑦集热器南、偏东、偏西三个方向遮阴	针对以上不同原因采取不同的方法。系统反坡，应重换上下循环管，消除反坡现象；集热器质量不合格应更换集热器；集热器安放位置不合适，应将集热器移到正南和没有遮阴的地方；系统有滴漏现象要将滴漏处修复；系统串水要找出串水的原因，串水现象一般多在室内管道，重新安装管道，消除串水现象；系统热水箱与集热器不匹配时，应增加集热器面积，使之匹配
热水箱内有热水，但流不出来	—	①开式水箱顶水法取水，水源水压不够，无冷水补充；②密闭式水箱，由于太阳辐射将水加热，原溶解在水中的空气放出，在水箱上部形成气堵，如图4-25所示	开式水箱水压达不到要求，可增设高位水箱以增加水压。密闭式水箱气堵时，打开排气管，排除水箱中的空气

故　障	现　象	原　因	排 除 方 法
环境最低温度未达到 0℃ 时，集热器板芯已冻裂	—	由于夜晚天空明朗，集热板对天空辐射大，造成板温低于环境温度，致使板中水结冰，将管子胀裂	采用温控排空阀。环境温度没有降到 0℃ 之前（3℃～4℃），将热水器中的水全排空

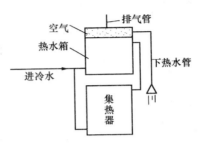

图 4-25　密闭式水箱气堵

五、太阳能热水系统的安装与维护

1. 太阳能热水系统的运行方式

目前，太阳能热水系统所采用的集热器主要有平板型和真空管型两大类。前者安全、可靠，在大系统中采用平板型集热器更为适宜。

太阳能热水器系统工程的安装，首先要决定系统的运行方式。太阳能热水器系统的运行方式一般从用水量、安装环境、水压状况、供电情况等方面决定。

一般集热器面积小于 40 m² ，用水量在 4 t 以下的单一系统，水压能满足系统的高差要求，支撑建筑物承重荷载允许的情况下，均可采用自然循环运行方式。自然循环方式的工程设计、安装较为复杂，要求高，但具有使用和维修方便、无需辅助控制设备、基本不需人为管理的优点。

对于集热器面积 40 m² 以上的，若水压、安装环境比较好，也可考虑采用自然循环方式，但此方式要求将系统分为几个小循环系统而共用一个贮水箱。具体情况视安装环境和集热面积决定。

自然循环系统对水压要求较高。当白天水压低，夜晚水压高能满足系统需要时，可设计自然循环运行方式，但需增加一个高位贮水箱。高位贮水箱的容量和热水箱的容积相同。夜晚高位贮水箱蓄满水就可供系统使用。

对于水压低、场地环境不允许，或集热器面积较大，又要求集中供热水（如宾馆、招待所等）的情况，应采用直流式或强制循环。因为直流式和强制循环式集热系统可适用于较大面积，且系统不过多地受环境和场地限制的情况，集热器可分别安装在相邻的屋顶，热水箱位置可随意安排。

2. 集热器的联接方式

集热器是整个系统工程中的主要部件，也是占地面积最大的部件。集热器的联接方式将直接影响系统效果。根据场地环境、系统运行方式，集热器联接方式可分为并联、串并联、并串联。采取不同联接方式的目的是使集热器排管中流体分配均匀。

集热器的联接方式见表4-7。

表4-7 集热器的联接方式

项 目	内 容
并联	如图4-26所示，在该种联接方式中，集热器一端的顶部和底部与另一集热器的顶部和底部口对口相联，这一集热器的顶部和底部又和第三个集热器相联，如此顺序联接。并联后第一台集热器与最后一台集热器各留一端口，一边留上端口，另一边留下端口，使之形成一个对角通路。 对于大面积系统，上述联接就不能满足系统需要。如果将上述联接称为一个并联单体，那么可将两个以上并联单体上端口用管道联成一体，将下端口也用管道联成一体，形成一个总的对角通路，如图4-27所示，该方式称为集热器并联阵列
串并联与并串联	如图4-28所示，集热器的串并联是将串联成单体的集热器再并联成单体阵列。如图4-29所示，集热器并串联是将并联成单体的集热器再串联成单体阵列。串并联和并串联又称为混联

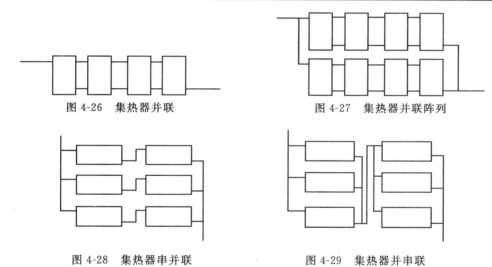

图4-26 集热器并联　　　　　图4-27 集热器并联阵列

图4-28 集热器串并联　　　　　图4-29 集热器并串联

3. 材料、设备要求及施工工艺流程

（1）材料、设备要求。

1）太阳能热水器、热水箱的型号、规格、性能应符合设计要求，并有出厂合格证。

2）主材：管材管件的型号、规格、性能应符合设计要求，并有出厂合格证。

3）辅材：型钢、圆钢、卡子、膨胀螺栓、油漆、稀料也应满足质量要求。

4）机具：套丝机、切割机、搣管机、钻孔机、电气焊机、试压泵等。

5）工具：工作台、管钳、钢丝钳、扳手、手锯、铁锤、钢卷尺、水平尺、线坠、毛刷、棉纱等。

（2）施工工艺流程。

安装准备→支座架安装→集热器安装→辅助设备安装→配水管路安装→管路系统试压→管路系统冲洗→温控仪表安装→防腐和保温→系统调试运行。

4. 太阳能热水系统安装

（1）自然循环系统管道安装。

1) 为减少循环水头损失，应尽量缩短上、下循环管道的长度和弯头数量。

2) 管路上不宜设置阀门。

管道系统中固定支点设置应符合表 4-8 的要求。

表 4-8　管道支点设置的最大安装距离

公称内径（mm）		15	20	25	32	40	50
最大距离（m）	保温管	1.5	2	2	2.5	3	3
	不保温管	2.5	3	3.5	4	4.5	5

3) 为防止气阻和滞流，循环管路（包括上下集管）安装应有不小于 1% 的向上坡度，以便于排气。管路最高点应设置通气管或自动排气阀。

4) 管道卡架应固定牢固，并有充分的强度。立管支架，层高在 2.5 m 以内应设一个支架。

5) 管道直线距离较长时，应安装伸缩节，以吸收温度变化产生的胀缩。

6) 循环管路系统最低点应加泄水阀。每组集热器出口应加温度计。

（2）强制循环系统管道安装。强制循环系统只要求集热器能够承受系统内部压力，面积可大可小。集热器布局多采用混联方式，对管路联接和集热器联接要求较高，其原则为在集热器一端加装调节闸阀，如图 4-30 所示，用以调节两组集热器的流量，使其一致。强制循环对水泵的扬程和流量也有要求，水泵扬程要大于系统阻力，以大于系统阻力 1.5~2 倍为佳。扬程过大会造成集热器联接难度大，运行中易发生集热器联接管脱开现象。水泵流量确定以一天 8 h 内水箱和集热器阵列、管道容水量之和的 1.5 倍为准，流量过大则水泵启动频繁。

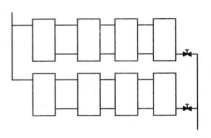

图 4-30　强制循环集热器阵列

定温放水系统实有上是将强制循环系统从贮水箱下循环管断开所形成的系统。它所要求的与定温强制循环基本一致，但需注意如果水源压力大，可不用水泵而改用电磁阀控制。

无论采用何种运行方式的太阳能热水系统，集热器安装的倾角都要一样。固定式太阳集热器的倾角选取，以正午时太阳光垂直入射集热板为宜。全年使用的集热器，倾角一般取当地纬度角，这样可使全年获得最大集热量。但通常夏天产热水量大，冬天产热水量少，而冬天环境温度又低，为使冬天获得最大集热量，可取倾角比当地纬度角大 5°~10°。

（3）水箱的安装。太阳能热水器系统施工时，首先施工人员应根据图纸，进行现场勘察，了解屋面荷重，承重墙分布状况，然后确定水箱的安装位置。水箱支架常用材料为等边角钢或槽钢，水箱较大时用工字钢。支架材料在焊接拼装前应先校直。支架安装要点为立柱垂直于水平面，而平面一定要水平。每根立柱皆要用线锤测量后才能就位于承重墙上。支架安装主要是焊接过程，整个焊接过程都属于现场施工，在此期间要保证其结构稳定不变形，还应避免损坏屋顶防水层。在现场施工，有时需要选择代用材料，选择代用材料应遵循"以大代小"的原则。

水箱支架就位后对水箱进行现场拼焊，水箱焊接质量的好坏，将影响整个系统的使用寿命。此部分为焊接操作技术含量要求最高的部件，应由考试合格并取得相关证书的工人完成，以确保工程质量。水箱的焊接要双面焊接，开孔位置要严格按图纸要求，为增强水箱的稳定性，水箱内一定要配拉筋。水箱焊接完成后，自重较重，现场一般没有起重设备，需靠人力就位，此时须注意人身安全和周围设备的安全。水箱就位后要对水箱和支架进行防腐处理，防腐处理一般采取除锈后刷油漆的方法。防腐处理后灌水检漏，并检查支架的承重强度。

（4）管道安装。管道施工是太阳能热水器系统工程施工的又一大工序。管道施工在集热器支架就位后进行，集热器支架的安装是为了便于起吊和运输。首先，在工厂加工成如图4-31所示的三角架，在施工现场将一个个三角架根据图纸要求组焊成桁架，集热器安装在桁架上，管道安装以桁架为基准。要求桁架就位要准确，由于太阳能热水系统的集热器和管道都要求有一定的坡度，在集热器桁架安装时就要做到这点。

管道安装应依据系统图进行，由于部件误差和结构误差，因此管道施工有一定的灵活性。下料是安装管道的第一要点，要确保管路系统不出现"反坡"，要求下料长度与两对接口的位置互相吻合。

管路施工时尽量避免上、下曲折（上、下曲折易发生气堵现象）。如条件受限则应在上、下曲折最高点安装排气阀，如图4-32所示。在管道安装前，须查看管内有无杂物，并将管道校直。管路安装坡度严格按要求施工或保证有3％～5％的坡度。为了便于维修和更换阀门、水泵等，在其近处应安装活接或法兰。为了保持管路的坡度和支撑管路的重量，必须设置管路支架。管路支架一般设置在各类泵、阀门、转弯处和一定距离间。制作管路支架时应首先确定支架的标高，以保证所需坡度。在确定支架间距时应考虑管件、管道中的水和保温材料的重量。管路支架一般可按表4-9中所列数值安装。

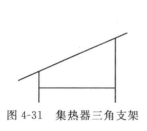

图4-31　集热器三角支架

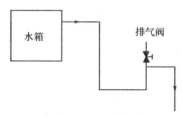

图4-32　管路安装

表4-9　管路支架最大间距表

公称直径（mm）	管路支架最大间距（m）	
	保温管	裸管
15	1.5	2.5
20	2.0	3.0
25	2.0	3.5
32	2.5	4.0
40	3.0	4.5
50	3.0	5.0

（5）集热器的安装。支架和管道就位后，将集热器轻放在支架上，切勿拖拉。集热器就位时间应选择早、晚进行，尤其在夏季，应用帆布等物遮挡阳光，避免集热器空晒。因集热器空晒温度可达100℃～250℃以上，盖板玻璃或真空管容易爆裂。集热器就位后应立刻通水，并做防风处理，集热器的防风处理可用绑扎、勾钉或压板将集热器与支架牢牢地连在一起，如图4-33所示。

集热器安装的要点是保证上下管口对接的同轴度，集热器与集热器之间的联接必须注意这一点。其安装允许差值应小于 2 mm，不能出现如图 4-34 所示的现象，其目的是保证从第一架集热器的上下管口到最末一块的上下管口轴向的直线性，从而保证系统的正常运行。

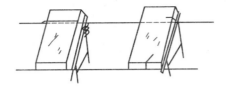

图 4-33 集热器的防风处理

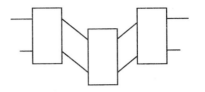

图 4-34 集热器不同轴线安装

（6）系统保温。

1）系统保温材料的选用原则：导热系数低，隔热性能高；密度小（一般不高于 400 kg/m³）；吸湿性小；容易成型，便于施工安装。

2）保温材料种类、形状。瓦状材料，由泡沫混凝土、石棉硅藻土、聚苯乙烯等制成，安装方法如图 4-35 所示。用金属丝将外圆绑固，绑丝接头按倒，不妨碍下道工序施工。绑丝间距 300 mm 左右，应距瓦端面 50 mm 处实施。

毡状材料常用的有聚氯毡、玻璃棉毡和矿渣棉毡。使用前，应将其材料裁成条块状，一般搭接宽度在 50 mm 左右，搭接方法如图 4-36 所示，搭接必须从管道低端向高端缠绕。然后用金属丝绑扎，其间距与瓦状材料施工相同。

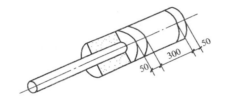

图 4-35 管道瓦状材料保温（单位：mm）

图 4-36 管道毡状材料保温

对于平壁贮水箱的保温，保温材料一般用聚苯乙烯泡沫板。施工方法为：将比保温板厚度稍长的螺栓焊接在箱体上，横纵向间距为 500 mm，把裁定的保温板插在螺栓上，然后套上螺母，螺母此时不必拧紧，加了保护层后再拧紧螺母。

为了防止保温层受到内力或外力作用损坏，为延长寿命，在保温层外面必须加设保护层。管道的保护层一般用玻纤布或涂塑布等。施工方法：将材料裁成幅宽 120 mm 左右，然后卷成卷。缠绕时要拉紧，一边卷一边整平，不能有褶皱、翻边现象，一般搭接以幅宽一半为准，实际上形成两层。末端一定要绑牢，避免松动或脱落。

平壁水箱的保护层一般采用镀锌板、铝板或玻璃钢等。方法是先将固定保温板的螺母取下，插上保护层后再将螺母拧紧。

5. 太阳能热水系统水压试验与冲洗

（1）为防止系统漏水，太阳能热水系统安装完毕后，在设备和管道保温之前，应进行水压试验。

（2）各种承压管路系统和设备应做水压试验，试验压力应符合设计要求。非承压管路系统和设备应做灌水试验。当设计未注明时，水压试验和灌水试验应按现行国家标准《建筑给水排水及采暖工程施工质量验收规范》（GB 50242—2002）的相关要求进行。

（3）为了防止系统结冰冻裂，当环境温度低于 0℃ 进行水压试验时，应采取可靠的防冻措施。

（4）系统水压试验合格后，应对系统进行冲洗直至排出的水不浑浊为止。

6. 太阳能热水系统调试

（1）系统安装完毕投入使用前，必须进行系统调试。需要有专业人员完成调试工作。具备使用条件时，系统调试应在竣工验收阶段进行；不具备使用条件时，经建设单位同意，可延期进行。

（2）系统调试应包括设备单机或部件调试和系统联动调试，应先做部件调试，后作系统调试。

（3）太阳能热水系统设备单机或部件的调试应包括水泵、阀门、电磁阀、电气及自动控制设备、监控显示设备、辅助能源加热设备等调试。调试应包括下列内容：

1）检查水泵安装方向。在设计负荷下连续运转 2 h，水泵应工作正常，无渗漏、无异常振动和声响，电机电流和功率不超过额定值，温度在正常范围内；

2）检查电磁阀安装方向。手动通、断电试验时，电磁阀应开启正常，动作灵活，密封严密；

3）温度、温差、水位、光照控制、时钟控制等仪表应显示正常，动作准确；

4）电气控制系统应达到设计要求的功能，控制动作准确可靠；

5）剩余电流保护装置动作应准确可靠；

6）防冻系统装置、超压保护装置、过热保护装置等应工作正常；

7）各种阀门应开启灵活，密封严密；

8）辅助能源加热设备应达到设计要求，工作正常。

（4）设备单机或部件调试完成后，应进行系统联动调试。系统联动调试应包括下列主要内容：

1）调整水泵控制阀门；

2）调整电磁阀控制阀门，电磁阀的阀前阀后压力应处在设计要求的压力范围内；

3）温度、温差、水位、光照、时间等控制仪的控制区间或控制点应符合设计要求；

4）调整各个分支回路的调节阀门，各回路流量应平衡；

5）调试辅助能源加热系统，应与太阳能加热系统相匹配。

（5）系统联动调试完成后，系统应连续运行 72 h，设备及主要部件的联动必须协调，动作正确，无异常现象。

7. 太阳能热水系统验收

（1）安装工程质量检查要点。

1）安装太阳能集热器玻璃前，应对集热排管和上、下集管做水压试验，试验压力为工作压力的 1.5 倍。

检验方法：试验压力下 10 min 内压力不降，不渗不漏。

2）敞口水箱的满水试验和密闭水箱（罐）的水压试验必须符合设计与规范的规定。

检验方法：满水试验静置 24 h，观察不渗不漏；水压试验在试验压力下 10 min 压力不降，不渗不漏。

3）安装固定式太阳能热水器，朝向应正南。如受条件限制时，其偏移角不得大于 15°。集热器的倾角，对于春、夏、秋三个季节使用的，应采用当地纬度；若以夏季为主，可比当地纬度减少 10°。

检验方法：观察和分度仪检查。

4）由集热器上、下集管接往热水箱的循环管道，应有不小于 0.5% 的坡度。

检验方法：尺量检查。

5）自然循环的热水箱底部与集热器上集管之间的距离为 0.3～1.0 m。

检验方法：尺量检查。

6）制作吸热钢板凹槽时，其圆度应准确，间距应一致。安装集热排管时，应用卡箍和钢丝紧固在钢板凹槽内。

检验方法：手扳和尺量检查。

7）太阳能热水器的最低处应安装泄水装置。

检验方法：观察检查。

8）热水箱及上、下集管等循环管道均应保温。

检验方法：观察检查。

9）凡以水作介质的太阳能热水器，在 0℃ 以下地区使用应采取防冻措施。

检验方法：观察检查。

10）太阳能热水器安装的允许偏差应符合表 4-10 的规定。

表 4-10　太阳能热水器安装的允许偏差和检验方法

项　目			允 许 偏 差	经 验 方 法
板式直管太阳能热水器	标高	中心线距地面	±20mm	尺量
	固定安装朝向	最大偏移角	≤15°	分度仪检查

（2）太阳能热水系统验收规定。

1）太阳能热水系统验收应根据其施工安装特点进行分项工程验收和竣工验收。

2）太阳能热水系统验收前，应在安装施工中完成下列隐蔽工程的现场验收：

①预埋件或后置锚栓连接件；

②基座、支架、集热器四周与主体结构的连接节点；

③基座、支架、集热器四周与主体结构之间的封堵；

④系统的防雷、接地连接节点。

3）太阳能热水系统验收前，应将工程现场清理干净。

4）分项工程验收应由监理工程师（或建设单位项目技术负责人）组织施工单位项目专业技术（质量）负责人进行验收。

5）太阳能热水系统完工后，施工单位应自行组织有关人员进行检验评定，并向建设单位提交竣工验收申请报告。

6）建设单位收到工程竣工验收申请报告后，应由建设单位（项目）负责人组织设计、施工、监理等单位（项目）负责人联合进行竣工验收。

7）所有验收应做好记录，签署文件，立卷归档。

（3）分项工程验收。

1）分项工程验收宜根据工程施工特点分项进行。

2）对影响工程安全和系统性能的工序，必须在本工序验收合格后才能进入下一道工序的施工。工序包括以下部分：

①在屋面太阳能热水系统施工前，进行屋面防水工程的验收；

②在贮水箱就位前，进行贮水箱承重和固定基座的验收；

③在太阳能集热器支架就位前，进行支架承重和固定基座的验收；

④在建筑管道井封口前，进行预留管路的验收；

⑤太阳能热水系统电气预留管线的验收；

⑥在贮水箱进行保温前，进行贮水箱的检漏验收；

⑦在系统管路保温前，进行管路水压试验；

⑧在隐蔽工程隐蔽前，进行施工质量验收。

3）从太阳能热水系统取出的热水应符合国家现行标准《城市供水水质标准》（CJ/T 206—2005）的规定。

4）系统调试合格后，应进行性能检验。

（4）竣工验收。

1）工程移交用户前，应进行竣工验收。竣工验收应在分项工程验收或检验合格后进行。

2）竣工验收应提交下列资料：

①设计变更证明文件和竣工图；

②主要材料、设备、成品、半成品、仪表的出厂合格证明或检验资料；

③屋面防水检漏记录；

④隐蔽工程验收记录和中间验收记录；

⑤系统水压试验记录；

⑥系统水质检验记录；

⑦系统调试和试运行记录；

⑧系统热性能检验记录；

⑨工程使用维护说明书。

8. 太阳能热水系统的故障与排除

太阳能热水器系统从原理上来说与家用太阳能热水器大致相同。区别仅在于集热面积的大小而已。因此，家用太阳能热水器的故障，在太阳能热水器系统中同样存在，维修方法也相同。

太阳能热水器系统由于集热面积比家用太阳能热水器大得多，因此，存在一些独特故障，表现为产水量不高或水温较低。出现此现象的主要原因是集热器组合联接方式不合理，造成流量分布不均匀，阻力不平衡，对于流量较小部分集热器的工作温度远比流量大的集热器要高。由于部分集热器工作温度高，从而降低了系统整体热效率。

对此类故障进行维修时，主要是保证对集热器的联接组合要使每块集热器流量均衡。如果采用并联组合，并联的集热器不能太多。若采用混联组合，需"等程"处理（所谓等程是对于系统中的任何一架集热器，其冷水集管长度与热水集管长度之和的绝对值应恒等于一个常数），各集热器沿程水阻接近，避免某些集热器因管道太长、水阻过大，而被管道短、水阻小的集热器"短路"。在强制循环和定温放水系统中，为保证各组集热器流量均衡，可在每组集热器的进水口或出水口加调节阀来调节流量。

太阳能热水器系统水温不高、水量不够的另一原因是系统循环不畅，系统的上循环管应有爬升坡度，这样有利于气泡排出，也有利于热水的升浮，下循环管也必须有下降的坡度，而且下循环管道还须避免转过多的直角弯（角度大于90°），采用此种方法有利于冷水下沉。

在天气晴朗时，强制循环系统或直流式系统水温不高或没有热水的原因是控制设备或水泵损坏。因强制循环系统或直流式系统是靠水泵作动力，一旦水泵或控制设备损坏，系统就失去动力，不再循环，也没有热水。对于此类故障，需修理或更换控制设备或水泵。

9. 太阳能热水系统的防冻措施

太阳能热水系统的防冻问题是保证系统能越冬运行、长寿命、高效益的关键，特别是在北方地区，尤为重要。正确地选择系统的循环方式，如采用落水式强制循环系统、双回路系统（表 4-11）。

表 4-11　太阳能热水系统的循环方式

项　目	内　容
落水式强制循环系统防冻措施	该系统将集热器放置于贮水箱上方，贮水箱有通大气的开口，系统最高点装有通大气的电磁阀。当水箱底部和集热器间的温差超过规定值上限时通气电磁阀闭合，循环水泵启动，开始运行；当水温差低于下限时，通气阀打开，水泵停止工作，集热器内部的水靠重力作用全部迅速返回贮热水箱，该系统适合于大面积太阳能热水系统
双回路系统防冻措施	该系统有两个回路，由集热器和换热器组成一个封闭回路，换热器和贮水箱组成另一回路。集热器和换热器组成的回路内充以防冻液体，如图 4-37 所示。在大系统中，集热器与换热器组成的循环回路采用强制循环方式，小系统采用自然循环方式。选用防冻液时，除了考虑其冻结温度、热物理性、无毒、成本低外，还应考虑防冻介质与集热器、换热器材料不发生腐蚀现象，一般防冻液采用丙二醇、乙醇、硅油、烃油等。该系统由于加了一次换热，热效率会有所下降（约 5%～10%），在夏季，该系统的效率低于普通太阳能热水器，但冬季可以使用，而且集热器不会被冻坏
其他防冻措施	（1）在结冰季节到来之前，将集热器和系统排空。 （2）采用间接循环系统。 （3）采用防冻阀，当循环管路或集热器的水降到冻结温度时，防冻阀自动放水。 （4）采用电热带加热循环管路也是一种简便有效的方式

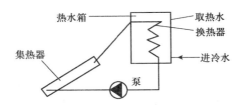

图 4-37　双回路热水系统

10. 太阳能热水系统中的辅助电加热系统

辅助加热系统有电加热、油加热、锅炉燃煤加热和天然气或液化气加热。无论何种辅助加热系统都应以太阳能为主要热源，进行优化设计。

（1）辅助电加热系统的组成。

辅助电加热系统由两部分组成：一部分是电热管，是将电能转换成热能的器件；另一部分是控制系统，根据控制方式的不同，可分为手动控制、自动控制和半自动控制。

电加热的方式有两种：一种是将电热管插入水箱的中下部，对电热管以上部分水进行加热；另一种是将电加热装置安装在卫生间内，与太阳能贮水箱分离开。装有辅助电加热的系统，在阴雨天太阳辐照量不足的情况下，太阳能热水箱中的水温也会有所升高，但达不到淋浴要求，这时只要通过电加热补充热量，使它提高一点温度就能达到淋浴的水温要求，从而达到全天候使用的目的。

（2）辅助电加热系统的控制装置。辅助电加热系统的控制装置主要是在阴雨天控制电热管的启闭。就其控制方式来说，通常有时间控制、流量控制、温度控制等。就控制功能来说，当电加热系统发生漏电时，控制装置能自动地切断电源，以防发生触电事故。控制装置还应有通断电指示和水温温度显示指示。

（3）辅助电加热器的技术要求。太阳能热水装置辅助电加热器的安全性与可靠性和加热性能应符合表 4-12 的规定。

表 4-12　安全性、可靠性和加热性能的技术要求

项　　目		试 验 条 件	技 术 要 求
输入功率偏差		额定电压，正常工作温度	$\leqslant +5\%$，-10%
冷态	泄漏电流	1.06 倍额定电压	$\leqslant 0.75\ \mathrm{mA}$
	电气强度		50 Hz，1 250 V，1 min 无击穿
工作温度	泄漏电流	1.15 倍额定输入功率	$\leqslant 0.7\ \mathrm{mA}$
	电气强度		50 Hz，1 000 V，1 min 无击穿
耐压		1.5 倍工作压力	无渗漏
加热性能		定额电压	热效率 $\eta \geqslant 85\%$

（4）辅助电加热器在水箱中的安装。目前，家用太阳能热水系统中，电辅助加热器一般有法兰密封辅助电加热器（图 4-38）、螺纹密封辅助电加热器（图 4-39）和真空管热水器中直插式辅助电加热器（图 4-40）三种。

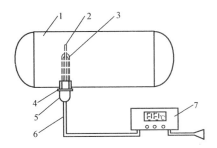

图 4-38　法兰密封辅助电加热器
1—贮热水箱；2—温度传感器；3—电热管；
4—密封法兰；5—防护罩；6—连接软缆；
7—控制电源

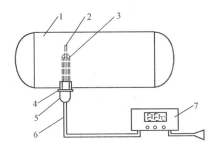

图 4-39　螺纹密封辅助电加热器
1—贮热水箱；2—温度传感器；
3—电热管；4—螺纹密封接头；
5—防护罩；6—连接软缆；
7—控制电源

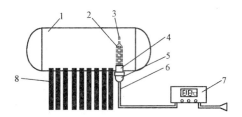

图 4-40　真空管热水器中直插式辅助电加热器

1－贮热水箱；2－温度传感器；3－电热管；4－密封圈；

5－防护罩；6－连接软缆；7－控制电源；8－真空管集热器

注：平板型太阳能热水器，可在水箱下部或侧面适当部位打孔，插入辅助加热器。

辅助电加热器的安装步骤是首先安装电热管，且应在水箱保温之前安装。安装时应注意：对三相供电的系统，如电热管的额定电压为 380 V，电热管应接成三角形；如额定电压为 220 V，电热管应接成星形。一般的电热管都不能干烧，因此，安装电热管时要采取防电热管干烧的措施。太阳能热水器的水主要是供人们淋浴用，加了辅助电加热后，为确保不发生人身触电事故，除了控制装置中的漏电保护外，还必须对水箱进行接地保护。电热管的安装一般是在水箱中下部开孔，将电热管直接插入水箱，这就要求电热管和水箱绝缘要好，且与水箱的接触部位不能有渗水现象。对电热管的接线柱，还要采取防雨措施。

控制装置如果安装在屋顶，要采取防雨措施。防雨措施有多种方法，可以安装在水箱底部，也可给控制箱做罩子，采用何种方法应根据实际情况决定。将控制箱做成两个效果较好，控温仪、切换开关、指示灯放在一个箱子中，安装在室内；其他零件装在另一个箱子中，安装在屋顶。这样安装方便，今后管理操作也方便。

对于大功率的辅助电加热器，安装时除了自身系统的输电线容量要达到要求外，还要考虑原有变压器容量和原输电线的容量是否能达到要求。如原有容量达不到要求，就须考虑增加原变压器容量，换输电线路，不能超容量运行，否则易引发电力事故。

太阳能热水器除了用作生活热水之外，还在太阳工业加工用热水、太阳温室、太阳干燥、太阳热水养殖等农业应用以及海水淡化、空调采暖、游泳池水升温等方面有着广阔的发展应用空间。随着太阳能热水器技术水平的提高，太阳能热水器的应用范围还会逐步扩大。

六、热泵式太阳能采暖系统

1. 热泵的基本概念

热泵是一种反向使用的制冷机。它的热能大部分是来自周围环境，只有一部分是由电能转变而成。以花费少量电能作为代价，将低温环境的热能转移到温度较高的环境中。就像水泵以机械功为代价将低处的水送到高处一样，因此称为热泵。热泵的构造和制冷机完全一样。

同一台机器，如果目的是用来制冷，那么就叫做制冷机；如果目的是用来供热，就叫做热泵，如图 4-41 所示。制冷介质通过压缩机而升压和升温。进入冷凝器将热量放出，高压气

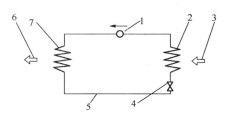

图 4-41　热泵工作原理图

1－压缩机；2－蒸发器；3－热输入（低温热源）；

4－节流阀；5－高压液体；

6－热输出（高温冷源）；7－冷凝管

体凝结成高压液体。然后通过节流阀，成为低压液体进入蒸发器，液体吸收热量后迅速蒸发成为低压气体，再进入压缩机形成周而复始的循环。这种逆卡诺循环，可从低温处吸热，而在温度较高的地方放热。例如，应用于房屋采暖时，将蒸发器部分放在室外，冷凝器部分放在室内。采暖季开动压缩机就可将户外（低温区）的热量转移到室内（高温区）。

热泵性能的好坏以消耗每单位机械功对高温区所能供给的热量为衡量，它的性能系数可用下式表示。

$$\frac{Q}{W} = \frac{\text{传给高温区的热量}}{\text{输入功}}$$

在理想循环（卡诺循环）中，此性能系数与温度差成反比。

$$\frac{Q}{W} = \frac{T'}{T' - T''}$$

式中　T'——高温区的温度；

　　　T''——低温区的温度。

实际循环（朗金循环）给出的数值，将是上述数值的 0.8 倍与各部件的效率的乘积，因此还要减小。例如：

驱动压缩机的电动机 $\eta_1 = 0.95$；

压缩机 $\eta_2 = 0.80$；

换热器 $\eta_3 = 0.90$；

总效率 $\eta_{总} = 0.8 \times 0.95 \times 0.8 \times 0.9 = 0.55$。

因此，假设热量从 10℃（283 K）的热源传给 40℃（313 K）的冷源，则得到的性能系数为：

$$\frac{Q}{W} = \frac{313}{313 - 283} = 5.74 \text{（kW）}$$

这就是说，当压缩机的电动机消耗 1 kW 时，可以得到 5.74 kW 的传递热量。目前，热泵一般的性能系数是在 3～6 之间。

2. 太阳能热泵采暖系统

太阳能热泵采暖系统是利用集热器进行太阳能低温集热（10℃～20℃），然后通过热泵，将热量传递到温度为 30℃～50℃ 的采暖热媒中去。冬季太阳辐照量较小，环境温度很低，集热器中流体温度一般为 10℃～20℃，直接用于采暖是不可能的。使用热泵则可以直接收集太阳能进行采暖。将太阳能集热器作为热泵系统中的蒸发器，换热器作为冷凝器。这样，就可以得到较高温度的采暖热媒。这种采暖系统叫作直接式太阳能热泵，如图 4-42 所示。另一种系统是由太阳能集热器与热泵联合组成的，叫作间接式太阳能热泵，如图 4-43 所示。

太阳能热泵采暖系统的主要特点是花费少量电能就可以得到几倍于电能的热量。同时，可以有效地利用低温热源，减少集热面积。这是太阳能采暖的一种有效手段，若与夏季制冷结合，应用于空调，它的优点更为突出。

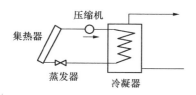

图 4-42　直接式太阳能热泵

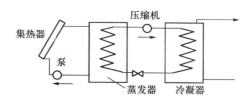

图 4-43　间接式太阳能热泵

第二节 建筑采暖节能工程施工

一、低温热水地板辐射采暖系统工程安装

1. 施工准备

（1）技术准备。

1）根据施工方案确定的施工方法和技术交底要求，做好施工准备工作。

2）核对管道坐标、标高、排列是否正确合理。

3）按照设计图纸，画出房间、部位、管道分路、管径、甩口的施工草图。

（2）材料要求见表 4-13。

表 4-13　材料要求

项　目	内　容
管材	（1）与其他供暖系统共用同一集中热源水系统，且其他供暖系统采用钢制散热器等易腐蚀构件时，PB 管、PE－X 管和 PP－R 管宜有阻氧层，以有效防止渗入氧而加速对系统的氧化腐蚀。 （2）管材的外径、最小壁厚及允许偏差，应符合相关标准要求。 （3）管材以盘管方式供货，长度不得小于 100 m/盘
管件	（1）管件与螺纹连接部分配件的本体材料，应为锻造黄铜。使用 PP－R 管作为加热管时，与 PP－R 管直接接触的连接件表面应镀镍。 （2）管件的外观应完整、无缺损、无变形、无开裂。 （3）管件的物理力学性能，应符合相关标准要求。 （4）管件的螺纹应完整，如有断丝和缺丝，不得大于螺纹全丝扣数的 10%
隔热板材	（1）隔热板材宜采用聚苯乙烯泡沫塑料，其物理性能应符合下列要求： 1）密度不应小于 20 kg/m³； 2）导热系数不应大于 0.05 W/（m·K）； 3）压缩应力不应小于 100 kPa； 4）吸水率不应大于 4%； 5）氧指数不应小于 32。 当采用其他隔热材料时，除密度外的其他物理性能应满足上述要求。 （2）为增强隔热板材的整体强度，并便于安装和固定加热管，对隔热板材表面可分别做如下处理： 1）敷有真空镀铝聚酯薄膜面层； 2）敷有玻璃布基铝箔面层； 3）铺设低碳钢丝网。
材料的外观质量	（1）管材和管件的颜色应一致，色泽均匀，无分解变色。 （2）管材的内外表面应光滑、清洁，不允许有分层、针孔、裂纹、气泡、起皮、痕纹和夹杂，但允许有轻微的、局部的、不使外径和壁厚超出允许偏差的划伤、凹坑、压入物和斑点等缺陷。轻微的矫直和车削痕迹、细划痕、氧化色、发暗、水迹和油迹，可不作报废处理

项　目	内　容
材料检验	材料的抽样检验方法，应符合国家标准《计量抽样检验程序　第1部分：按接收质量限（AQL）检索的对单一质量特性和单个 AQL 的逐批检验的一次抽样方案》（GB/T 6378.1—2008）的规定

（3）主要机具。

1）机具：试压泵、电焊机、手电钻、热熔机等。

2）工具：管道安装成套工具、切割刀、钢锯、水平尺、钢卷尺、角尺、线板、线坠、铅笔、橡皮、酒精等。

（4）作业条件。

1）土建地面已施工完，各种基准线测放完毕。

2）敷设管道的防水层、防潮层、隔热层已完成，并已清理干净。

3）施工环境温度低于 5℃时不宜施工。必须冬期施工时，应采取相应的措施。

2．低温热水地板辐射采暖系统工程施工工艺

（1）施工工艺流程，如图 4-44 所示。

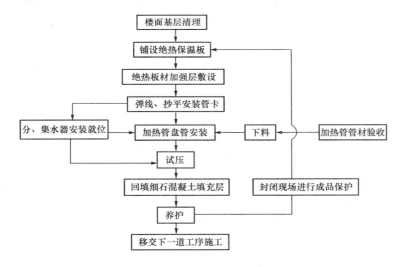

图 4-44　施工工艺流程

（2）施工工艺。

1）楼地面基层清理。凡采用地板辐射采暖的工程在楼地面施工时，必须严格控制表面的平整度，仔细压抹，其平整度允许误差应符合混凝土或砂浆地面要求。在保温板铺设前应清除楼地面上的垃圾、浮灰、附着物，特别是油漆、涂料、油污等有机物必须清除干净。

2）隔热板材铺设。

①房间周围的边墙、柱的交接处应设隔热板保温带，其高度要高于细石混凝土回填层。

②隔热板应清洁、无破损，在楼地面铺设平整、搭接严密。隔热板拼接紧凑，间隙为 10 mm，错缝铺设，板接缝处全部用胶带黏结，胶带宽度 40 mm。

③房间面积过大时，以 6 000 mm×6 000 mm 为方格留伸缩缝，缝宽 10 mm。伸缩缝

处，用 10 mm 厚隔热板立放，高度与细石混凝土层平齐。

3）隔热板材加固层的施工（以低碳钢丝网为例）。

①钢丝网规格为方格不大于 200 mm，应在采暖房间满布钢丝网，拼接处应绑扎连接。

②钢丝网在伸缩缝处不能断开，铺设应平整，无锐刺及跷起的边角。

4）加热盘管敷设。

①加热盘管在钢丝网上面敷设，管长应根据工程上各回路的长度酌情定尺，一个回路尽可能用一盘整管，应最大限度地减小材料损耗。填充层内不许有接头。

②按设计图纸要求，事先将管的轴线位置用墨线弹在隔热板上，抄标高、设置管卡，按管的弯曲半径大于或等于 10 D（D 指管外径）计算管的下料长度，其尺寸偏差控制在 ±5% 以内。必须用专用剪刀切割，管口应垂直于断面处的管轴线。严禁用电、气焊、手工锯等工具分割加热管。

③按测出的轴线及标高垫好管卡，用尼龙扎带将加热管绑扎在隔热板加强层钢丝网上，或者用固定管卡将加热管直接固定在敷有复合面层的隔热板上。同一通路的加热管应保持水平，确保管顶平整度为 ±5 mm。

④加热管固定点的间距，弯头处间距不大于 300 mm，直线段间距不大于 600 mm。

⑤在通过门、伸缩缝、沉降缝时，应加装套管，套管长度大于或等于 150 mm。套管比盘管大两号，内填保温边角余料。

5）分、集水器安装。

①分、集水器可在加热管敷设前安装，也可在敷设管道回填细石混凝土后与阀门、水表一起安装。安装必须平直、牢固，在细石混凝土回填前安装需做水压试验。

②当水平安装时，一般宜将分水器安装在上，集水器安装在下，中心距宜为 200 mm，且集水器中心距地面不小于 300 mm。

③当垂直安装时，分、集水器下端距地面应不小于 150 mm。

④加热管始末端出地面至连接配件的管段，应设置在硬质套管内。加热管与分、集水器分路阀门的连接，应采用专用卡套式连接件或插接式连接件。

6）细石混凝土层施工。

①在加热管系统试压合格后方能进行细石混凝土层回填施工。细石混凝土层施工应遵循土建工程施工规定，优化配合比设计、选出强度符合要求、施工性能良好、体积收缩稳定性好的配合比。建议强度等级应不小于 C15，卵石粒径宜不大于 12 mm，并宜掺入适量防止龟裂的添加剂。

②浇筑细石混凝土前，必须将敷设完管道后的工作面上的杂物、灰渣清除干净（宜用小型空压机清理）。在过门、过沉降缝、过分格缝部位宜嵌双玻璃条进行分格（玻璃条用 3 mm 玻璃裁划，比细石混凝土面低 1～2 mm），其安装方法同水磨石嵌条。

③细石混凝土在盘管加压（工作压力或试验压力不小于 0.4 MPa）状态下浇筑，回填层凝固后方可泄压，填充时应轻轻捣固，浇筑时不得在盘管上行走、踩踏，不得有尖锐物件损伤盘管和保温层，要防止盘管上浮，应小心下料、拍实、找平。

④细石混凝土接近初凝时，应在表面进行二次拍实、压抹，以防止顺管轴线出现塑性沉缩裂缝。表面压抹后应保湿养护 14 d 以上。

7）检验（表 4-14）。

表 4-14 检 验

项 目	内 容
中间验收	地板辐射采暖系统应根据工程施工特点进行中间验收。中间验收过程，从加热管道敷设和热媒分、集水器装置安装完毕进行试压起至混凝土填充层养护期满再次进行试压止，由施工单位会同监理单位进行
水压试验	浇捣混凝土填充层之前和混凝土填充层养护期满之后，应分别进行系统水压试验。水压试验应符合下列要求： （1）水压试验之前，应对试压管道和构件采取安全有效地固定和养护措施。 （2）试验压力应为不小于系统静压加 0.3 MPa，但不得低于 0.6 MPa。 （3）冬季进行水压试验时，应采取可靠的防冻措施
水压试验进行步骤	（1）经分水器缓慢注水，同时将管道内空气排出。 （2）充满水后，进行水密性检查。 （3）采用手动泵缓慢升压，升压时间不得少于 15 min。 （4）升压至规定试验压力后，停止加压 1 h，观察有无漏水现象。 （5）稳压 1 h 后，补压至规定试验压力值，15 min 内的压力降不超过 0.05 MPa、无渗漏为合格

8）调试（表 4-15）。

表 4-15 调 试

项 目	内 容
系统调试条件	供回水管全部水压试验完毕符合标准；管道上的阀门、过滤器、水表经检查确认安装的方向和位置均正确，阀门启闭灵活；水泵进出口压力表、温度计安装完毕
系统调试	热源引进到机房，通过恒温罐及采暖水泵向系统管网供水。调试阶段系统在供热起始温度为常温 25℃～30℃ 范围内运行 24 h，然后缓慢逐步提升，每 24 h 提升不超过 5℃，在 38℃ 恒定一段时间，随着室外温度不断降低再逐步升温，直至达到设计水温，并调节每一通路水温达到正常范围

9）竣工验收。符合以下规定，方可通过竣工验收：

①竣工质量符合设计要求和施工验收规范的有关规定；

②填充层表面不应有明显裂缝；

③管道和构件无渗漏；

④阀门开启灵活、关闭严密。

3. 施工质量验收要点

（1）地面下敷设的盘管埋地部分不应有接头。

检验方法：隐蔽前现场查看。

（2）盘管隐蔽前必须进行水压试验，试验压力为工作压力的 1.5 倍，但不小于 0.6 MPa。

检验方法：稳压 1 h 内压力降不大于 0.05 MPa 且不渗不漏。

（3）加热盘管弯曲部分不得出现硬折弯现象，曲率半径应符合下列规定。

1）塑料管：不应小于管道外径的 8 倍。

2）复合管：不应小于管道外径的 5 倍。

检验方法：尺量检查。

（4）水表、过滤器、排气阀及截止阀或球阀的型号、规格、公称压力及安装位置应符合设计要求。

检验方法：对照图纸检验产品合格证。

（5）分、集水器装置的安装及分户热计量系统入户装置，应符合设计要求。安装位置应便于检修、维护和观察。

检验方法：对照图纸及产品说明书，尺量检查，现场观察。

（6）加热管始末端出地面至连接配件的管段，应设置在硬质套管内。加热管与分、集水器装置的连接，应采用专用卡套式连接件或插接式连接件。

检验方法：观察检查。

（7）加热盘管管径、间距和长度应符合设计要求，间距偏差不大于±10 mm。

检验方法：拉线和尺量检查。

（8）同一通路的加热管应保持水平，管顶平整度控制在±5 mm 内。

检验方法：尺量和观察检查。

（9）填充层强度等级应符合设计要求。

检验方法：做试块抗压试验。

（10）混凝土填充层浇捣和养护过程中，系统应保持不小于 0.4 MPa 的余压。

检验方法：现场抽查，并检查工序施工记录。

（11）加热管与分、集水器装置牢固连接后，或在填充层养护期后，应对加热管每一通路逐一进行冲洗，至出水清为止。

检验方法：观察和检查管路冲洗记录。

（12）加热管始末端的适当距离内或其他管道密度较大处，当管间距小于或等于 100 mm 时，应采取保温措施。

检验方法：观察和检查管路。

（13）防潮层、防水层、隔热层及伸缩缝应符合设计要求。

检验方法：填充层浇灌前观察检查。

4. 成品保护

（1）各类塑料管和隔热板材在运输、搬运过程中，不能有划伤、压伤、折断等损伤，应轻装、轻卸，不能拖拉运送，在敷设前应认真检查，发现不合格者绝对不能使用，并对不合格产品做标记，另行堆放。

（2）各类塑料管和隔热板材，不得接触明火。

（3）在加热管开始敷设至隐蔽之前，杜绝交叉施工，防止践踏、落物砸伤，在施工现场要标注提示牌，严禁闲杂人员误入。

（4）主体完工直接交付给业主或交给装修施工单位进行下道工序时，应给装修队伍发出地面装修施工须知，进一步完善成品保护。

5. 应注意的质量问题

（1）填充层施工期间必须通水带压观察，以防管道渗漏造成地面返水。

（2）系统运行应保持规定的温度和压力，以防系统破坏。

6. 质量记录

（1）主要管材、管件的出厂合格证、检验证明、使用说明书，进口材料应有商检证明。

（2）主要管材、管件的进场检验记录。

（3）技术交底记录。

（4）隐蔽工程检查记录。

（5）预检记录。

（6）施工检查记录。

（7）施工试验记录（管道强度严密性试验记录、冲洗试验记录）。

（8）带压观察记录。

（9）检验批质量验收记录。

二、金属辐射板采暖系统工程安装

1. 施工准备

（1）技术准备。

参见本节"一、低温热水地板辐射采暖系统工程安装"中的相关内容。

（2）材料要求。

1）主材及连接件。吊顶金属辐射板，由符合相关标准的高精度钢管（外径为 33.7 mm）与 1.25 mm 厚的辐射板（St13.03）用双点焊工艺焊接制成。

辐射板上部必须铺设带铝箔的隔热层。隔热层厚 40 mm，导热系数约为 0.04 W/（m·K），密度为 25 kg/m³。辐射板基本模块间为卡压或螺扣固定材料。

2）材料的外观质量、储运。

①吊顶辐射板采用模块化结构，其外表面有一层聚酯涂层，辐射板的内表面为保护性涂层。

②集液管和导流管的端头为 φ32 的高精度钢管，表面刷保护性涂层。

③盖板为 0.5 mm 厚，两面进行带钢氧化浸渍镀锌，外涂 RAL9010 环氧聚酯涂层的钢板。

④板材和管材的颜色应一致，色泽均匀，无分解变色。管材和隔热板材在运输、装卸和搬运时，应小心轻放，不得受到剧烈碰撞和尖锐物体的碰撞，不得抛、摔、拖，应避免接触油污。

⑤基本模板单元的宽度均为 320 mm，数据模板可以平行地组合在一起，但必须水平存放（必要时用塑料膜捆扎）。大批量进库必须配包装箱、吊带和木枕，且在库房进行堆垛时必须采用中间垫木条、分层垫木条，中间垫木条必须在分层木条的正下方。

3）材料检验。材料的抽样检验方法，应符合《计量抽样检验程序 第 1 部分：按接收质量限（AQL）检索的对单一质量特性和单个 AQL 的逐批检验的一次抽样方案》（GB/T 6378.1—2008）的规定。

（3）主要机具。

参见本节"一、低温热水地板辐射采暖系统工程安装"中的相关内容。

（4）作业条件。

1）楼板顶面层清理完毕，弹线安装吊卡。

2）核对管道坐标、标高、排列是否正确合理。

3）按照设计图纸，画出房间、部位、管道分路、管径、甩口的施工草图。

2. 金属辐射板采暖系统工程施工工艺

（1）施工工艺流程，如图4-45所示。

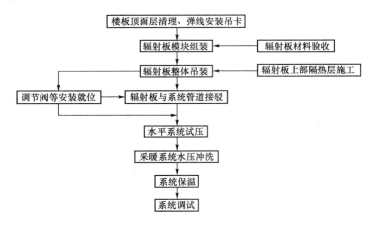

图 4-45　施工工艺流程

（2）施工工艺。

1）模块组装。宽320 mm，长2 m、3 m、4 m和6 m的可组装辐射板基本模块，根据设计要求先在地面组装，模块之间采用卡压或螺扣固定。通过卡压或螺扣连接将集液管与吊顶辐射板模块连接在一起，将预先喷涂好的盖板卡压在辐射板的连接处。

2）辐射板上部铺设隔热层。根据组装好的辐射板的宽度，切割40 mm厚带铝箔的隔热保温板平铺在辐射板上，并将绝缘材料两侧固定于辐射板卷边内，接缝处用铝箔封合。

3）辐射板端头安装。集液管和导流管的端头都由 $\phi 32$ 的钢管做成，用1″的外螺纹连接辐射板支管，必要时安装盲盖、放气阀，均为螺纹连接。

4）辐射板安装。

①根据设计要求组装好带悬吊钢骨的辐射板，先单体试压合格后再进行吊装。

②吊装辐射板直接用固定组件悬挂，固定组件有6种，如图4-46所示。

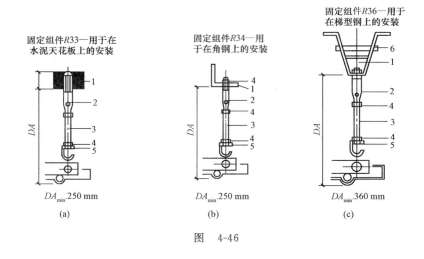

图　4-46

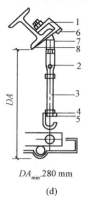

固定组件R37—用于
在斜置工字钢上的安装

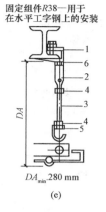

固定组件R38—用于
在水平工字钢上的安装

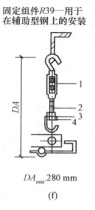

固定组件R39—用于
在辅助型钢上的安装

(d)　　　　　　　　　(e)　　　　　　　　　(f)

图 4-46　吊装辐射板的固定组件

(a) 1—钢膨胀螺栓；2—M10 悬挂件；3—M10 螺杆；4—M10 螺母；5—M10 专用防脱挂钩；

(b) 1—M10 双头螺杆；2—M10 悬挂件；3—M10 螺杆；4—M10 螺母；5—M10 专用防脱挂钩；

(c) 1—梯形悬挂；2—M10 悬挂件；3—M10 螺杆；4—M10 螺母；5—M10 专用防脱挂钩；

6—螺栓螺母；(d) 1—钢梁夹子；2—M10 悬挂件；3—M10 螺杆；4—M10 螺母；

5—M10 专用防脱挂钩；6—螺栓；7—偏螺栓；8—钢制安全搭板；

(e) 1—M10 钢梁夹子；2—M10 悬挂件；3—M10 螺杆；

4—M10 螺母；5—M10 专用防脱挂钩；6—钢制安全搭板；

(f) 1—M10 带钩变距拉杆；2—M10 螺杆；3—M10 螺母；4—M10 专用防脱挂钩

③施工要点。

a. 如果辐射板的两个固定轴间距较长，为避免管焊接后在连接处下折，应在固定钢骨与连接处之间焊接一个辅助轴。若不采用辅助轴方式，应在焊接之前对板间连接头进行校正，使其略微向上方倾斜。

b. 固定连接件安装完成后，在不带负载状态下，带活节悬挂件应当是垂直的。若屋顶倾斜，应用带斜面角的偏螺母补偿找正。

5）水压试验与冲洗。

①连接安装水压试验管路。

a. 根据水源的位置和工程系统情况，制订出试压程序和技术措施，再测量出各连接管的尺寸，标注在连接图上。

b. 准备断管、套丝、上管件及阀件，连接管路。

c. 一般选择在系统进户入口供水管的甩头处，连接至加压泵的管路。

d. 在试压管路的加压泵端和系统的末端安装压力表及表弯管。

②灌水前的检查。

a. 检查全系统管路、阀件、固定支架、套管等必须安装无误。各类连接处均无遗漏。

b. 根据全系统试压或分系统试压的实际情况，检查系统上各类阀门的开、关状态，不得漏检。试压管道阀门全部打开，试验管段与非试验管段连接处应予以隔断。

c. 检查试压用的压力表的灵敏度。

d. 水压试验系统中的阀门都处于全关闭状态，待试压中需要开启时再打开。

③水压试验。

a. 应先分层、分回路进行水压试验，再系统连通调试。打开水压试验管路中的阀门，开始向辐射板系统注水。开启系统上各高处的排气阀，使管路及辐射板里的空气排尽。待水灌满后，关闭排气阀和进水阀，停止向系统供水。

b. 打开连接加压泵的阀门，用电动打压泵或手动打压泵通过管路向系统加压，同时拧开压力表上的旋塞阀，观察压力逐渐升高的情况，检查接口，无异样情况方可缓慢地加压，系统加压一般分 2～3 次升至设计要求的试验压力。增压过程中应观察接口，发现渗漏应立即停止，将接口处理后再增压。

c. 试压过程中，用试验压力对管道进行预先试压，其延续时间应不少于 10 min，然后将压力降至工作压力，进行全面外观检查，在检查中，对漏水或渗水的接口做记号，便于返修。

d. 系统试压达到合格验收标准后，放掉管道内的全部存水，不合格时应待补修后，再次按前述方法二次试压，直至达到合格验收标准。

e. 拆除试压连接管路，将入口处供水管用盲板临时封堵严实。

④系统各分支回路试压完毕后进行水压冲洗，以放出清水为合格。

3. 质量验收要点

(1) 按设计要求组装辐射板，在辐射板吊装前应做水压试验，如设计无要求时试验压力应为工作压力的 1.5 倍，但不得小于 0.6 MPa。

检验方法：试验压力下 2～3 min 压力不降且不渗不漏。

(2) 水平安装的辐射板应有不小于 0.5% 的坡度坡向回水管。

检验方法：水平尺、拉线和尺量检查。

(3) 辐射板管道及带状辐射板之间的连接，可使用专用卡压、螺扣或法兰连接。

检验方法：观察检查。

(4) 辐射板模块组装应平直紧密，组装后的平直度应控制在 ±5 mm。

检验方法：拉线和尺量。

(5) 辐射板组装后上部铺设 40 mm 厚带铝箔隔热板材，并将绝缘材料两侧固定于辐射板卷边内，接缝处用铝箔封合。

检验方法：观察检查。

(6) 辐射板悬吊架安装，位置应准确，埋设应牢固。悬吊架数量应符合设计或产品说明书要求。

检验方法：现场清点检查。

(7) 辐射板与墙、地面安装距离，应符合设计或产品说明书要求。

检验方法：尺量检查。

4. 成品保护

(1) 管道搬运、安装时，要注意保护好已做好的墙面和地面。

(2) 明、暗装管道系统全部完成后，应及时清理，甩口封堵，进行封闭，以防损坏和堵塞。

(3) 安装好的管道不得做支撑用、系安全绳、搁脚手板，同时还禁止登攀。

（4）抹灰或喷浆前，应把已安装完的管道盖好，以免落上灰浆，脏污管道，增大清扫工作量，影响刷油质量。

三、铝制柱翼型耐蚀节能散热器

1. 设备、材料要求

（1）铝制柱翼型耐蚀节能散热器。要求铝合金耐蚀节能散热器的材质符合《铝合金建筑型材》（GB 5237.1—2008）、《变形铝及铝合金化学成分》（GB/T 3190—2008）标准规定。产品应有生产厂家注册商标、质量合格证，其名称、规格、工作压力及试验压力（试验压力为工作压力的 1.5 倍），均应符合设计的规定。

（2）散热器专用配件。

1）托钩（或挂板），应与散热器的型号、规格相配套。

2）膨胀螺栓、螺母、螺垫，要求相互配套，挂板等的膨胀螺栓应与挂板、托架配套，其螺纹应符合有关规定。

3）补芯、放气丝堵、疏通孔丝堵，要求为钢铝复合材料制成，其螺纹应符合《统一螺纹 基本尺寸》（GB/T 20668—2006）标准的规定。

4）专用出水阀门、进水阀门，要求采用钢铝复合材料制成，避免铝制螺纹直接与钢管相连接。

（3）小线、干净碎布片，四氟乙烯生料带。

2. 主要机具设备

（1）冲击钻或手电钻。

（2）铁锤、钎子、管钳子、活扳子、固定扳手。

（3）钢卷尺、水平尺、角尺、钢板尺、线坠。

（4）散热器运输小车、木方、木板等。

3. 作业条件

（1）建筑施工主体工程已经全部完工，安装散热器的墙面已经抹完灰，刷面漆或局部做了喷涂。如果建筑装修标准较高时，应在墙面抹完底子灰后，先进行试安装，然后再卸下，待建筑完成装修后再正式安装散热器。

（2）安装施工设计图已经过会审，并向安装施工人员进行了图纸、技术、质量、安全交底。

（3）室内供暖干管、立管已经完成，立管上的预留支管甩口位置准确。

（4）铝制柱翼型耐蚀散热器及其专用配件、材料已经全部进场，能满足安装的连续施工。

（5）现场的水源、电源及照明条件具备。

4. 安装施工工艺

（1）工艺流程：托钩（或挂板）安装—散热器安装—散热器进出口处的连接。

（2）托钩（或挂板）安装。

1）托钩（或挂板）定位。

①先根据设计图纸中供暖系统中散热器的布置尺寸，找出房间里散热器所安装位置上的窗口或墙面，量尺取窗口或墙面的一半，在其中点吊线坠，弹画出散热器安装的垂直中

②根据设计要求的散热器型号、规格，从表 4-16 中查得散热器的进、回水接管的中心距（300～3 000 mm），查图纸得安装标高，在弹画的散热器安装的垂直中心线上，自室内地面标高线向上量取散热器距地面标高尺寸（100～250 mm）得出交点 A，从 A 点向上量取散热器总高减去与同侧进出口中心距差值后的数得出 B 点。

表 4-16　散热器规格尺寸及技术参数

规格（mm）		300	400	500	600	950	1 250	1 550	1 850	2 050	2 550	3 050
总高 H（mm）		342	442	542	642	950	1 250	1 550	1 850	2 050	2 550	3 050
进出口中心 H_1（mm）		300	400	500	600	900	1 200	1 500	1 800	2 000	2 500	3 000
柱距 A（mm）		100										
单柱宽 B（mm）		46										
接口尺寸（in）		G3/4″～G1″										
单柱长 L_1		$LZY0.88-155$　$L'=80$			$LZY0.8-8-180$　$L'=80$			$LZY-0.7-8-131$　$L'=69$				
总长 L		$L=100\times$柱数			$L=100\times$柱数			$80\times$柱数$+10$				
水容重（kg/柱）	80	0.5	0.54	0.62	0.65	0.81	0.97	1.18	1.29	1.39	1.66	1.92
	80	0.55	0.63	0.7	0.77	1.0	1.21	1.44	1.65	1.74	2.17	2.56
	69	0.44	0.48	0.53	0.58	0.74	0.88	1.01	1.15	1.24	1.47	1.70
散热面积（m²/柱）	80	0.22	0.29	0.35	0.42	0.64	0.85	1.06	1.27	1.44	1.76	2.11
	80	0.25	0.34	0.42	0.51	0.76	1.02	1.27	1.52	1.61	2.11	2.53
	69	0.21	0.27	0.33	0.41	0.60	0.8	1.16	1.20	1.33	1.66	1.99
散热量（W/柱）	80	93	124	155	186	295	388	481	574	363	791	946
	80	108	144	180	216	342	450	558	666	738	918	1 098
	69	79	105	131	157	249	328	406	485	537	668	799
重量（kg/柱）	80	0.43	0.55	0.68	0.79	1.15	1.5	1.87	2.23	2.45	3.07	3.73
	80	0.49	0.62	0.76	0.9	1.32	1.74	2.16	2.58	2.86	3.56	4.26
	69	0.41	0.52	0.63	0.74	1.07	1.58	1.74	2.07	2.29	2.85	3.40

③过 A 点和 B 点两交点水平线，将小线两端用钎子固定。此上下两条水平线即为托钩安装定位水平线。

④按照铝制柱翼型耐蚀散热器不同的型号和规格，选定托钩的类型和数量，然后把进场或自制成的托钩（带膨胀螺栓），在上下两根拉直的水平线上，分别确定上下托钩位置。

2）托钩（或挂板）钻眼。用冲击钻或手电钻按照在墙上标注的"＋"字记号打孔眼，打至带有膨胀螺栓的深度值，如图 4-47 所示。铝制柱翼型耐蚀散热器的上挂板、下托架的构造尺寸，如图 4-48 所示。"中空型"上挂板、下托架构造，如图 4-49 所示。

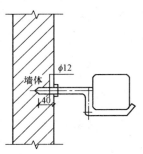

图 4-47　膨胀螺栓的深度

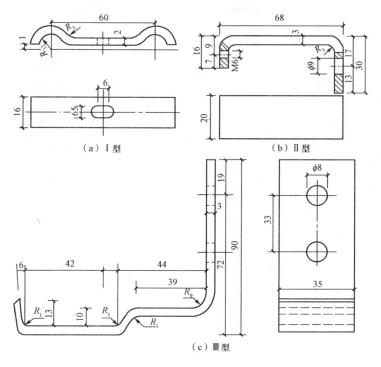

图 4-48 铝制柱翼型耐蚀散热器的上挂板下托架构造尺寸（单位：mm）

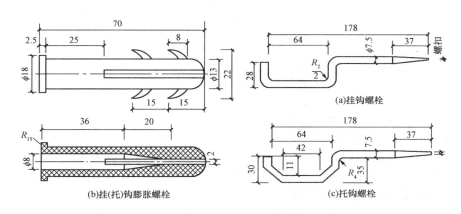

图 4-49 "中空型"上挂板下托架构造详图（单位：mm）

3) 托钩（或挂板）就位固定。把上、下托钩（挂板）的膨胀螺栓拧入孔眼内将托钩（或挂板）固定，如图 4-50、图 4-51、图 4-52 所示。托钩（挂板）安装时，其托钩的钩位应在水平拉线上，必须将左右找齐。托钩（挂板）安装时，应垂直于墙面，用水平尺和线坠吊直、找正后方可最后固定。

（3）铝制柱翼型（中空）耐蚀散热器安装。用人力将散热器挂托在已固定的托钩或挂板上，安装后的散热器应该垂直于地面、平行于墙面，散热器的背部距墙面净距为 50mm。经吊线坠、水平尺找平，散热器应与托钩（或挂板）紧密接触，平稳地安装就位在其上面，如图 4-50 和图 4-51 所示。

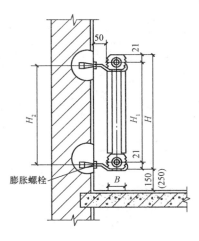

图 4-50　铝制散热器安装（Ⅰ）（单位：mm）

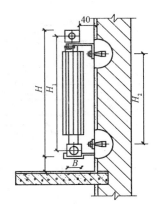

图 4-51　铝制散热器安装（Ⅱ）（单位：mm）

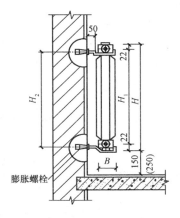

图 4-52　中空型铝制散热器安装（Ⅲ）（单位：mm）

（4）铝制柱翼型中空耐蚀散热器进口处的连接。铝制柱翼型（中空）耐蚀散热器的进出口处铝制螺纹均不得用钢管直接连接。

一般生产厂家都配有专用接头，在散热器的进出水口处均配制了专用阀门，在上面另一端口配备了专用丝堵，在下面的另一端口配有专用疏通孔的丝堵及密封垫，如图 4-53 和图 4-54所示，专用配件示意图见表 4-17。

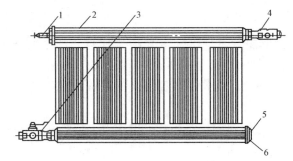

图 4-53　铝制柱翼型耐蚀散热器

1—放气丝堵；2—散热器；3—出水阀门；4—进水阀门；5—疏通孔丝堵；6—1″密封垫

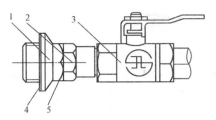

图 4-54 配件连接示意图

1—变径补芯；2—根母；3—专用阀门；4—1″密封垫；5—3/4″密封垫

表 4-17 专用配件示意

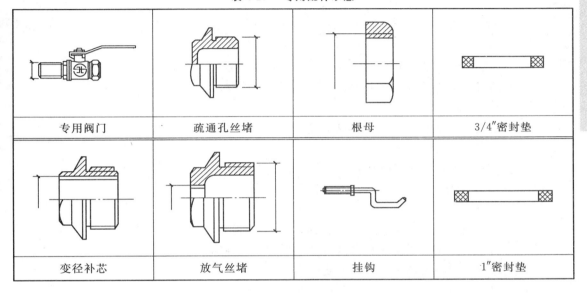

专用阀门	疏通孔丝堵	根母	3/4″密封垫
变径补芯	放气丝堵	挂钩	1″密封垫

5. 质量标准

(1) 保证项目。

1) 散热器在安装前应抽样进行水压试验，试验压力为 1.2 MPa，合格后方可安装。

2) 散热器的内腔用耐蚀涂料处理，经高温固化，散热器的外表面采用静电喷塑，均应达到有关质量标准并符合设计规定。

(2) 基本项目。

1) 托钩（或挂板）安装必须牢固、平稳，应垂直于墙面。

2) 散热器的安装应符合设计在型号、规格上的规定与要求。

(3) 允许偏差。铝制柱翼型耐蚀节能散热器安装允许偏差见表 4-18。

表 4-18 铝制柱翼型耐蚀节能散热器安装允许偏差

项 目		允许偏差（mm）	备 注
坐标	内表面与墙面距离	6	
标高	与窗口的中心线	20	
中心线垂直度（mm）		3	
侧面倾斜度		3	
全长内的弯度	2～16 片	4	参考数
	17～30 片	6	

6. 成品保护

（1）铝制柱翼型耐蚀节能散热器进场后，应妥善保管，存放时应在地上垫好木块和木板，不得叠放过高。

（2）散热器在运输、安装过程中，不得被撞击、被重物挤压。

（3）安装后的散热器不得作凳子踩踏，不得在上面放置跳板作支撑。

（4）散热器未交工前应覆盖好，保护漆面干净。

7. 安全措施

（1）使用冲击钻或手电钻打孔眼时，应先检查设备和电缆线是否完好，不得有漏电现象。

（2）安装前对使用的机具进行检查，必须完好方可使用，以防掉头砸伤人和损坏散热器。

（3）散热器托钩（挂板）安装牢固后方可安装散热器。

（4）使用扳手、管钳时，钳口要适当，不可用力过猛。

8. 施工注意事项

（1）铝制柱翼型耐蚀节能散热器表面静电喷塑有各种色彩，安装前按设计要求进行选色，分别就位安装，不要弄错。

（2）散热器进场后须抽样试压检查，水压试验稳压 2 min，气压试验稳压时间 1 min。

9. 散热器安装要点

（1）散热器不宜再加装暖气罩。

（2）辐射型散热器外表面涂刷银粉漆或金粉漆，将显著降低辐射散热能力，故不应采用。但可涂刷不含金属材质的涂料，以提高外观和装饰性能。

（3）避免在轻型隔断墙面上直接挂装散热器。

（4）钢制、铝制散热器应选用经严格涂装工艺进行过内防蚀处理的产品。满足下列要求的系统，对产品无内防蚀要求。

1）钢制散热器。闭式循环采暖系统的水质应符合《工业锅炉水质》（GB/T 1576—2008）中低压锅炉水质标准要求，能够实现非采暖季节满水保养。

2）铝制散热器。用于独立户式供暖或 pH 值为 6.5～8.5 的闭式循环二次水供暖系统。

（5）住房装修时更换散热器，需注意以下几点。

1）换装不同材质（如铝）的轻型散热器，将可能使混装系统中的轻型散热器提前蚀穿（水流程不接触轻金属的铜、钢铝复合型散热器除外），不应采用。

2）系统要进行校核计算和调节，避免更换散热器破坏系统原有的水力平衡。

（6）铝、铜（钢）铝复合等轻型散热器宜带包装安装，在内装饰装修完成后或使用前拆除包装物（膜）。

（7）散热器成组和连接宜选用专用配件。禁止铝制散热器的铝制螺纹与系统钢管直接连接。

四、铜管铝片对流节能散热器

1. 设备、材料要求

（1）铜管铝片对流散热器套件。套件应包括背板、前壳板、伸缩式托架、支架、气流调节器和散热器部件。要求每套件装配完好，有生产厂家名称、产品名称及规格、工作压力及试验压力，有标号和色彩编码。

（2）铜管铝片对流散热器选配附件见表 4-19。

项　目	内　容
端帽	前板带折页、单端封闭长度 $L＝102$ mm、95 mm、102 mm，前板不带折页，单端封闭 $L＝64$ mm
临墙端帽	前板带折页、单端封闭且开通口，长度 $L＝102$ mm、95 mm、102 mm
阀箱	前板带折页；单端封闭：长度 $L＝203$ mm；单端封闭且开通口：长度 $L＝203$ mm；两端敞口：长度 $L＝203$ mm
区域阀箱	前板带折页、内部安装动力驱动阀门，长度 $L＝214$ mm
内角	前板带折页、圆弧外形。 角件靠墙处直角边的宽 B：90°角件 $\begin{cases} B＝59 \text{ mm} \\ B＝51 \text{ mm} \end{cases}$，135°角件 $\begin{cases} B＝59 \text{ mm} \\ B＝95 \text{ mm} \\ B＝121 \text{ mm} \end{cases}$
外角	整体单件，前板无折页，90°角件 $\begin{cases} B＝48 \text{ mm} \\ B＝51 \text{ mm} \end{cases}$，135°角件 $\begin{cases} B＝114 \text{ mm} \\ B＝51 \text{ mm} \end{cases}$
跨接组件	同散热器的外壳相同，包括背板、前壳板和气流调节板，$L＝178$ mm 或 356 mm
连接套板	修饰相连的背板、前板、气流调节板接缝，每套 3 件，$L＝51$ mm
临墙镶条	前板带折页时有后板；若前板无折页时，则无后板应为整件，外形轮廓应该与散热器外壳一致，两端敞口，带折页时长度 $L＝102$ mm；无折页时长度 $L＝51$ mm、114 mm、171 mm、51 mm、102 mm

（3）钎料选用 QWY－9、QJY－2B 或 QJY－5B、102 银焊粉钎剂。膨胀螺栓、螺母、螺垫或专用螺钉、水泥钉、专用连接进出口管接头（与铜管相接一头内丝），要求型号、规格、质量必须符合设计要求和相关规范规定。

（4）细齿锯条、小线、砂纸或砂布、碎布块（干净）。

2. 主要机具设备

（1）冲击式电钻、手电钻、气焊装置（包括乙炔发生器、氧气瓶）、锯床或砂轮切割机、角向砂轮磨光机。

（2）气焊把线及气焊把、活扳子、固定扳手、铁锤、气焊焊炬及焊嘴、H01－12 焊炬、1～2 号焊嘴、H01－6 焊炬、3～4 号焊嘴。

（3）钢丝刷、钢锯、锉刀、木锤。

（4）钢卷尺、水平尺、钢板尺、角尺。

（5）散热器及其选用配件、运输小车、小水桶、木板夹具。

3. 作业条件

（1）建筑施工主体工程和室内工程已全部结束，室内最后装修之前。

（2）室内的供暖管道的供回水干管已安装完。

（3）散热器的进水、回水支管甩头位置已确定、穿墙管已预下套管或预留孔眼。

（4）设计图纸经过会审，并向安装施工人员进行过图纸会审、技术、质量、安全交底。

（5）电源、水源已经接通，能保证连续施工。

（6）安装散热器的位置，已无障碍物并已打扫干净。

4. 安装施工工艺

（1）工艺流程。开箱检查和清点→量测、排尺、定位→散热器及其选用配件试组合排列→散热器及其选用部件安装→散热器进出水口的连接。

（2）开箱检查和清点。散热器套件和选用附件的开箱应在建设单位有关人员参加下进行：

1）检查箱号、箱数及其外包装的完好情况。

2）检查散热器的名称、型号、规格、标号、彩色编码和数量是否符合设计要求。

3）检查和清点散热器选用附件的名称、型号、规格、标号、彩色编码及数量是否符合安装的需求与设计规定（按照装箱清单和技术文件进行）。

4）检查设备和附件表面是否有缺陷和损伤情况。

5）检查情况和其他有关问题均做好记录。

（3）量测、排尺、定位。

1）根据设计图中的散热器的平面位置，用钢卷尺或钢板尺分别对散热器及其选用配件端帽、临墙端帽、阀箱、区域阀箱、内角、外角、内角后板、跨接组件、连接套板和临墙镶条进行实地量测，将所量的实际长度尺寸标注在事先画好的连接草图上面。连接示意如图 4-55 所示。

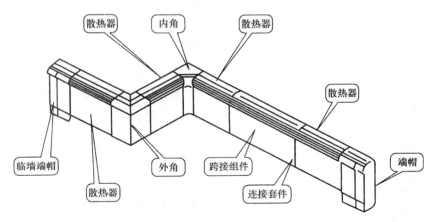

图 4-55　铜管铝片对流散热器连接示意图

2）在安装散热器及其选用配件的各房间现场，用相同的尺进行量尺、排版，量尺和排版时，需在上述各配件之间留出间隙，每 2 m 的散热器留出 3 mm 间隙。

3）然后，在各个量点上用角尺和水平尺向墙上作垂线，在有散热器的方位上，从地面向上返，量出散热器连接管的进出口中心标高、与墙上的垂线相交，各交点连线的水平线为散热器的安装基准线。

（4）散热器及其选用配件试排列组合见表 4-20。

表 4-20 散热器及其选用配件试排列组合

项　　目	内　　容
对应选配，对号入座	按照设计要求，针对不同型号，不同规格尺寸、不同彩色的散热器，挑选与其相对应的配件，分别用小车运送到各个房间的安装地点。各种型号的散热器所选配件的型号与长度或者是角度的顶宽各不相同，见表 4-21，切不可弄错
试排列组合	依据已定位的安装基准线，将已经搭配好的选用配件和散热器，按表 4-22 中所示的配件作用及安装位置，进行试排列组合就位

表 4-21 选用附件技术参数　　　　　　　　（单位：mm）

序号	附件名称	长度（mm）	型　号 左	型　号 右	配用散热器型号
1	端帽	102	No. 15—LECH	No. 15—RECH	FK15
		95	No. 30—LEC	No. 30—REC	FL30
		102	No. 80—LEC	No. 80—REC	MP80
		64	No. 15—LECN	No. 15—RECN	FL15
2	临墙端帽	102	No. 15—LESH	No. 15—RESH	FL15
		95	No. 30—LWT	No. 30—RWT	FL30
		102	No. 80—LWT	No. 80—RWT	MP80
3	阀箱	203	No. 30—LVC	No. 30—RVC	FL30
		203	No. 80—LVC	No. 80—RVC	MP80
		203	No. 80—LVS	No. 80—RVS	MP80
		203	No. 30—CVC		FL30
		203	No. 80—CVC		MP80
4	区域阀箱	241	No. 30—LZC	No. 30—RZC	FL30
		241	No. 80—LZV	No. 80—RZV	MP80

序号	附件名称	90°角件 顶宽	90°角件 型号	135°角件 顶宽	135°角件 型号	配用散热器型号
5	内角	95	No. 15—1C—90	95	No. 15—1C—135	FL15
		95	No. 30—1C—90	95	No. 30—1C—135	FL30
		121	No. 80—1C—90	121	No. 80—1C—135	MP80
6	外角	48	No. 15—0C—90	114	No. 15—0C—135	FL15
		51	No. 30—0C—90	51	No. 30—0C—135	FL30
		51	No. 80—0C—90	51	No. 80—0C—135	MP80
7	内角后板	—	No. 30—1CBP—90	—	No. 30—1CBP—135	FL30
		—	No. 80—1CBP—90	—	No. 80—1CBP—135	MP80

序号	附件名称	宽度	25～52 mm（可调范围）	25～305 mm（可调范围）	配用散热器型号
8	跨接组件	178 或 356	No. 15—FS—7	No. 15—FS—14	FL15
			No. 30—FS—7	No. 30—FS—14	FL30
			No. 80—FS—7	No. 80—FS—14	MP80

· 第四章　太阳能利用、采暖与空调节能施工 ·

序号	附件名称	宽度	25～52 mm（可调范围）	25～305 mm（可调范围）	配用散热器型号
9	连接套板	51	No.15－SP		FL15
			No.30－SP		FL30
			No.80－SP		FL30

序号	附件名称	长度	型号		配用散热器型号
10	临墙镶条	102	No.15－WTH－4	带折页	FL15
		51	No.15WT－4	无折页	FL15
		114	No.15WT－4		
		171	No.15WT－675		
		171	No.15WT－7FL（垂直高度）		
		51	No.30W1－2	无折页	FL30
		102	No.30WT－4		
		按需要	No.80WT	无折页	MP80

注：顶宽指角件靠墙处直角边的宽度。

表 4-22　散热器附件使用位置及其作用

附　件	使用位置及作用
端帽	安装在散热器端部靠门口处，起封闭作用
临墙端帽	安装在房间的隔墙处，起封闭作用
内角	安装在内墙角拐角处，起拐角连接作用
外角	安装在外墙角拐角处，起外拐角连接作用
内角后板	安装在内角内部作装饰用
跨接组件	安装在两组分开布置的散热器中间起跨接作用
连接套板	分别套接顶板、前板和气流调节板，修饰相连的外屋接缝
临墙镶条	安装在散热器左、右端靠墙处或者用作一件跨接件，弥补过大的间隙
阀箱	安装在散热器端部或通管处和管道阀门处
区域阀箱	安装在管道上阀件处

（5）热器及其选用部件的固定安装、组合成型。

1）将散热器及其选配部件的前壳板，用手打开锁扣取下来放在旁边，不得弄混，以便安装完进行复原。再从散热器结构里把铜管串铝翅片散热部件，从支架上取下来，安放在干净的垫物上，不得碰撞，防止变形。

2）把散热器的背板，特别是相连的两组或三组等散热器的背板找正后，用冲击电钻或手电钻、专用螺钉将背板固定在墙上。也可以采用膨胀螺栓、螺垫、螺母进行固定，如图 4-56 所示。

3）将铜管串铝翅片散热部件重新安置在支架上，把相邻两组散热器中散热部件的铜管对好缝，对缝间隙见表 4-23。如果无相邻散热器，则在间隔的两散热器中间，按间隔尺寸量尺下料，截断铜管后，两端对缝。

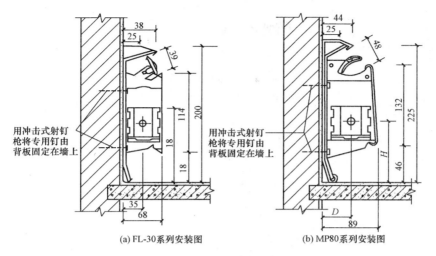

图 4-56　铜管铝片对流散热器安装图（单位：mm）

(a) FL-30系列安装图　　　(b) MP80系列安装图

表 4-23　装配对口间隙　　　　　　　　　（单位：mm）

管子公称直径	6～10	15～25	32～50	65～100
装配对口间隙	0.1	0.2	0.3	0.5

4）铜管切断采用锯床、砂轮切割机、手工钢锯等方法均可。切割时采用细齿锯条。管子需加工坡口时采用锉刀或角向砂轮机等工具，不可用氧—乙炔焰切割坡口。在操作过程中，如果需夹持铜管时，夹持管子两侧必须用木板衬垫，不可夹伤铜管壁。需局部调直铜管时，只可用木锤轻轻敲击，如需弯曲，由于散热器中管径小于 100 mm，只可用冷弯，并且采用冷弯机进行。

5）散热器部件的铜管之间须进行对接焊接，一般可采用氧—乙炔焊，称为气焊。气焊中又可采用焊丝气焊，也可采用钎焊气焊，又称为氧—乙炔气体火焰钎焊。根据现场情况有时也用氩弧焊。

①采用焊丝气焊对接时，焊前仔细检查和清理焊丝表面及焊口连接处。用钢丝刷或砂纸进行打磨，露出金属光泽即可。磷脱氧紫铜的气焊工艺参数，见表 4-24。

表 4-24　磷脱氧紫铜的气焊工艺参数

壁厚（mm）	焊丝直径（mm）	根部间隙（mm）	焊炬与焊嘴号码	乙焕流量（L/min）
<1.5	1.5	无	H01－2 焊炬 4－5 号焊嘴	3
1.5～2.5	2	1.0～1.5	H01－6 焊炬 3－4 号焊嘴	6
2.5～4	3	1.5～2.0	H01－12 焊炬 1－2 号焊嘴	8
4～8	5	2.0～4.0	H01－12 焊炬 2－3 号焊嘴	12

焊接之前，一般情况下必须以 400℃～500℃温度预热，采用平焊，单道焊接。

②采用氧—乙炔气体火焰钎焊时，应采用铜磷钎料，钎焊紫铜时不需用熔剂。钎料中的磷可以还原氧化铜起熔剂作用，钎料中的银会改善钎料润湿功能，提高接口的强度和塑性，获得优良钎焊缝。

a. 焊前准备：要求铜管接头处进行清理后方可焊接，一般可以用汽油擦净或用砂纸打出金属光泽。

　　b. 控制好对口间隙：铜管接头其对口间隙的大小，直接影响焊接质量和焊料的用量，控制好焊接接头的对口间隙，可充分发挥毛细管的作用，使其产生的吸引力促成优良的焊接质量，铜管接头对铜管接头对口间隙见表 4-25。

表 4-25　铜管接头对口间隙

铜管直径（mm）	6～10	15～25	32～50
对口间隙（mm）	0.1	0.2	0.3

　　c. 钎料的选择：一般选用 QJY－2B 或 QJY－5B 的钎焊环，其参数值见表 4-26。

表 4-26　QJY－2B 及 QJY－5B 的钎焊环参数

牌号	主要化学成分（℃）			溶化区间（℃）
	P	Ag	Cu	
QJY－2B	68～7.5	1.8～2.2	余量	634～782
QJY－5B	6.5～7.0	4.6～5.2	余量	640～770

　　③氧－乙炔焰钎焊工艺操作要求。

　　a. 用中性火焰先预热焊接接头，切勿用火焰直接加热焊料环。在温度 750℃ 左右送入焊料，当加热钎焊环时，即使加热温度相同，也尽量不加热焊料环。一般只加热焊料环上部，由于毛细管作用产生的吸引力使熔化了的钎料往对口间隙内渗透，形成饱满的焊角即停止加热，否则钎料会流淌掉。

　　b. 焊接后的处理。钎焊对口完成后，用湿布擦抹连接部分，稳定钎焊。

　　6）然后把铜管连接完的散热器的前壳板就位，并将板锁扣好恢复原状。

　　7）散热器全部连接完毕后，把选配部件的前壳板也陆续安装好，都进行锁扣恢复原状，然后用连接套板和临墙镶条进行找缝修饰。

　　（6）散热器铜管与室内立支管连接。铜管铝片对流散热器和其选用的配件全部安装完，在进行铜管铝片对流散热器的立支管连接时，若立支管全为铜管，则可根据设计要求进行焊接连接。假若供回水干管和立支管均为钢管时，在散热器的进出口铜管上可先安装一头内丝的专用接头，接头的一端没有螺纹丝扣，另一头则加工有内螺纹丝扣。无丝扣的一端直接和散热器的送、回水口的铜管扣焊接，有丝扣的一头则和立支管用螺纹连接。

　　5. 质量标准

　　（1）保证项目。

　　1）散热器安装之前应有水压试验合格证明、试验压力应符合设计要求和施工规范规定。安装前全数检查。设计无要求时，试验压力为工作压力的 1.5 倍，但不小于 0.6 MPa。

　　2）连接散热器之间的铜管、部件、焊接材料等的型号、材质、规格，必须符合设计要求和有关规范规定。

　　3）散热器的铜管焊接连接表面用放大镜检查，不得有裂缝、气孔和未熔合等缺陷。

　　（2）基本项目。

　　1）散热器及其选用配件的安装固定应该牢固，用手拉动和观察应没有晃动现象。

　　2）钎焊焊缝表面应光滑，不得有焊瘤及边缘熔化等缺陷。

　　3）铜管铝片散热器安装时检查其铝串翅片应无松动现象。

　　（3）铜管铝片散热器安装允许偏差见表 4-27。

表 4-27　铜管铝片散热器安装允许偏差

散热器名称	项　目	允许偏差（mm）
铜管铝片散热器 FL15、FL30、MP80 系列	标高	±20

6. 成品保护

（1）铜管铝片对流散热器在运输、保管、存放、安装过程中均不得以重物压在散热器及其选用配件上面，以免变形。

（2）铜管在焊接之前，接口部位必须彻底清理干净，严禁有潮湿现象，以保证焊口处的铜不被氧化。

（3）铜管铝片对流散热器安装后，不得当脚蹬子用。

7. 安全措施

（1）铜管铝片对流散热器的安装，铜管的焊接连接，都是在建筑室内初步装修完成后进行，应该注意防火，并应有防火措施。

（2）氧气瓶应设有支架固定，尽可能立放垂直使用，但要防止跌倒。

（3）慢慢打开氧气阀门，检查减压器接头是否漏气，表针指示是否灵活。开启氧气阀门时，不可面对减压表。检查漏气时，严禁使用烟头或明火。

（4）氧气瓶与乙炔发生装置、易燃物品或其他明火的距离不得小于 10 m，如果确实达不到 10 m，最少应距 5 m，但必须有特殊防护措施。

8. 施工注意事项

（1）不同型号的铜管铝片散热器所选配的附件也有不同的型号和尺寸，不可弄错。

（2）铜管焊接连接之前，要用砂布将接头处清理干净方可焊接。

（3）在铜管接管焊接时，应注意焊接速度不可太快，要注意降低熔池冷却速度，这样有利于氧的析出，可避免焊口在使用过程中产生裂纹。

（4）钎焊结束后，用干净的布块醮些水，以湿抹布擦拭连结部位，这样既可以稳定钎焊接头，又可以防止在前壳板复位安装时不慎烫伤手。

9. 散热器安装要点

参见本章"三、铝制柱翼耐蚀节能散热器安装"中相关内容

五、钢制板式及钢制扁管型节能散热器

1. 设备、材料要求

设备、材料要求见表 4-28。

表 4-28　设备、材料要求

项　目	内　容
设备	板式散热器，要求其出厂加罩前逐组进行水压试验或气压试验合格，每一组散热器应具有制造厂家的注册商标，有质量合格证、产品名称、规格、试压检测标记、生产日期等。
材料和配件	扁管散热器，要求与板式散热器相同。 （1）托钩架、膨胀螺栓。 （2）石棉橡胶垫，耐热橡胶垫。 （3）铅油、清油

2．主要机具设备

（1）电动打孔钻、射钉枪。

（2）管钳子、活扳子、固定扳手、铁锤、錾子。

（3）水平尺、线坠、钢卷尺、角尺、板尺。

（4）散热器运输小车。

3．作业条件

（1）板式及扁管散热器等材料均已进场。

（2）图纸经过会审，已向安装施工人员进行了技术、质量、安全交底。

（3）室内的墙面、地面均已施工结束。

（4）供汽（水）及回水主导管、水平管、立管已施工完，立管甩头位置正确、符合设计标高。

（5）室内安装散热器的位置已无任何障碍物。

4．安装工艺

（1）工艺流程。

定位栽托钩→钢制板式和扁管散热器安装。

（2）钢制板式散热器有单板、双板，共计5种型式，型号标记及型式如图4-57所示。

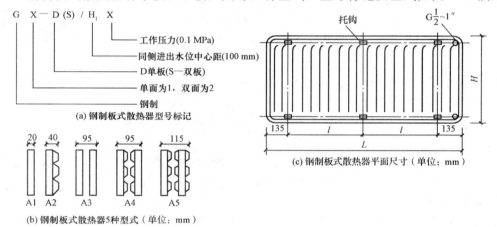

图4-57　钢制板式散热器型号标记及型式

（3）钢制扁管散热器的型号标记及型式如图4-58所示。

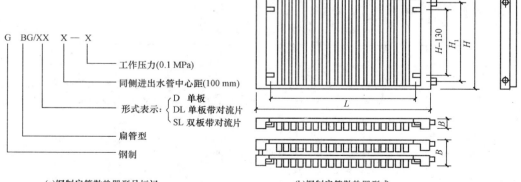

图4-58　钢制扁管式散热器型号标记及型式

（4）定位、裁托钩。板式和扁管散热器多为挂式安装，散热器在出厂时，在其背面都设有挂钩，可与安装在墙上的托架相挂靠。

1）根据进场的板式或扁管散热器背面所设置的挂钩位置、数量、相距尺寸，绘制定位草图。把每一组散热器经实际量尺后所得的数标注在定位草图上，然后与表 4-29 和表 4-30 对照。

表 4-29　钢制板式散热器技术参数

项　　目	型　号		A_1	A_2	A_3	A_4	A_5
宽度（mm）	B		20	40	95	95	115
高度（mm）	H		350	450	550	650	950
同侧进出口中心距（mm）	H_1		300	400	500	600	900
托架安装中心距（mm）	H_2		130	230	330	430	730
长度（mm）	L		600～1 800（200 一档）				
重量（kg/m）			7.0	10.2	21.8	30.8	49.7
水容量（L/m）			3.5	4.5	10.6	12.6	19.0
工作压力（MPa）			0.6				
试验压力（MPa）			0.9				
坐标散热量（W/m）（$L=970$，$H=600$）			889	1 077	1 521	1 893	2 008

表 4-30　钢制扁管散热器技术参数

型号	高度 H（mm）	同侧进出口中心距 H_1（mm）	宽度 B（mm）	长度 L（mm）	工作压力（MPa）$t<100℃$	试验压力（MPa）	水容量（L/m）	重量（kg/m）	标准散热量（W/m）
DL	416	360	60	600～2 000（100 为一档）	0.8	1.2	3.76	17.5	915
SL			124				7.52	35.0	1 649
D			45				3.76	12.1	596
DL	520	470	61				4.71	23.0	980
SL			124				9.42	46.0	1 933
D			45				4.71	15.1	820
DL	624	570	61				5.49	27.4	1 163
SL			124				10.98	54.8	2 221
D			45				5.49	18.1	978

2）量出窗户口的中点，然后吊线坠，找出散热器的安装垂直中心线，再用弯尺和水平尺将此垂直中心线过到墙上，画出线迹标记。

3）如果设计无明确规定，可从地面标高线向上返 150～200 mm，与散热器垂直中心线相交得出交点，此点为散热器距地面标高。

4）根据定位加工草图，从墙上排尺，可拉上、下托钩位置的两条水平线，用水平线量尺在托钩位上画出"十"字标记，从头复查一遍，再与表 4-31 核对。

表 4-31　钢制板式及扁管散热器托架

散热器型号	长度（mm）	上部托架	下部托架	总　　计
钢制板式散热器	600~200	2	2	4
钢制扁管散热器	600~1 800	2	2	4

5）按"十"字标记的托架位置，用电动打孔机或凿子、铁锤打出栽托架的孔洞，再按施工工艺标准进行，将散热器的托架栽好，如图 4-59 所示。

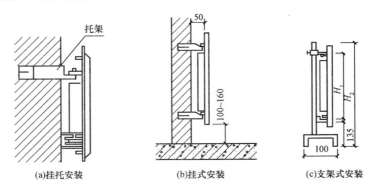

图 4-59　板式、扁管型散热器安装（单位：mm）

6）对于扁管散热器和板式散热器的托架，往往根据产品的不同要求和施工现场的具体情况，采用膨胀螺栓或射钉枪先将托架固定在墙上，如图 4-60 所示。

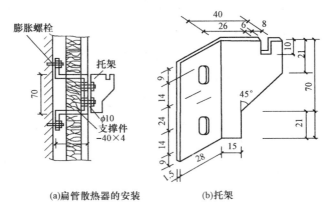

图 4-60　扁管散热器的安装（单位：mm）

7）待托架达到强度后，方可进行散热器的安装。

（5）钢制板式和扁管散热器安装。

1）先按照设计图上各个房间所规定的散热器型号、规格，对实物重新进行查对，并将各种规格型号对号入座地运到安装位置。

2）散热器就位安装时，先脱下包装薄膜（不得撕破薄膜），然后将散热器挂在托架上。

3）安装就位后，将立、支管与散热器碰头连接好。仍用原塑料薄膜将散热器图面重新包装保护好，直至交工时再拆除。

5．质量标准

（1）主要项目。

1）板式和扁管散热器安装后经试验不渗、不漏方为合格。

2）散热器托架位置必须准确，不论采用细石混凝土埋栽，还是用膨胀螺栓固定或用射钉枪定位，都必须固定牢靠，托架栽平栽稳。

（2）基本项目。

1）板式和扁管散热器的内沿边距墙表面的距离为 30 mm。

2）散热器安装后不得倒坡。

（3）板式及扁管散热器安装允许偏差见表 4-32 中规定。

表 4-32　板式及扁管散热器安装允许偏差

项　　目	允许偏差（mm）
散热器内表面与墙表面距离	6
散热器与窗口中心线	20
散热器中心线垂直度	8

6．成品保护

（1）钢制板式和扁管散热器出厂前，一般都用烤漆膜色彩处理表面图案，在运输过程中，垫上软性垫物，防止刮伤。交工前再脱除塑料保护薄膜。

（2）接管碰头时严禁用脚蹬踩安装就位的散热器。

7．安全措施

（1）在使用电动设备机具前，应进行检查，防止漏电。

（2）挂散热器前，应先检查一下固定托架的膨胀螺栓是否用螺母和螺垫固定牢靠，防止挂上散热器时，托架滑落砸伤脚。

8．施工注意事项

托架安装时，一般应用螺栓将其紧固于墙体上，而上、下托架则应与散热器两侧上、下的安装耳环挂接，其挂靠应严实，4 个托架要均匀受力，螺母和螺垫应配套安装，确保栽牢。

9．散热器安装施工要点

参见本节"三、铝制柱翼耐蚀节能散热器安装"中相关内容

第三节　通风空调工程节能施工

一、建筑物通风

1．自然通风的原理及形式

（1）自然通风的原理见表 4-33。

表 4-33　自然通风的原理

项　　目	内　　容
用室外风力造成压力作用下的自然通风	室外气流与建筑物相遇发生绕流，由于建筑物的阻挡，建筑物周围的空气压力将发生变化。在迎风面，空气流动受阻，速度减小，静压升高，室外压力大于室内压力。在背风面和侧面，

项　目	内　容
用室外风力造成压力作用下的自然通风	由于空气绕流作用的影响，静压降低，室外压力小于室内压力。如图 4-61 所示，如果在风压不同的迎风面和背风面外墙上开两个窗孔，在室外风速的作用下，在迎风面，由于室外静压大于室内空气的静压，室外空气从窗孔 a 流入室内。在背风面，由于室外静压小于室内空气的静压，室内空气从窗孔 b 流向室外，当窗孔 a 流入室内的空气量等于从窗孔 b 流到室外的空气量时，室内静压保持为某个稳定值，自然通风就形成了
利用室内外温差和高度差产生的热压作用下的自然通风	如图 4-62 所示。在建筑物外墙的不同高度上开有窗孔 a 和 b，两窗孔之间的高差为 h。假设开始时两窗孔外面的静压分别为 P_a 和 P_b，两窗孔里面的静压分别为 P_a' 和 P_b'，室内外的空气温度和密度分别是 t_n、t_w 和 ρ_n、ρ_w。当室内空气温度高于室外空气温度时，$\rho_n < \rho_w$。窗孔 a 外侧压强大于内侧压强，窗孔 b 内侧压强大于外侧压强，这时同时开启窗孔 a 和 b，室外空气就会在压差作用下从窗孔 a 向室内流动，室内空气也会在压差作用下从窗孔 b 向室外流动
风压和热压共同作用下的自然通风	当建筑物受到风压和热压的共同作用时，在建筑物外围护结构各窗孔上作用的内外压差等于其所受到的风压和热压之和。如果建筑物的进、排风窗孔布置成如图 4-63 所示情况，就可利用热压和风压的共同作用，增大建筑物的自然通风量。但由于室外风速、风向经常变化，不是一个稳定可靠的作用因素，为了保证自然通风的效果，在实际的自然通风设计中，通常只考虑热压的作用，但要定性地考虑风压对自然通风效果的影响

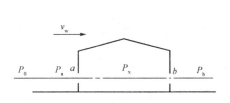

图 4-61　风压作用下的自然通风

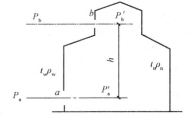

图 4-62　热压作用下的自然通风

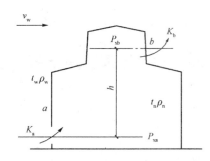

图 4-63　风压、热压共同作用下的自然通风

（2）自然通风的形式。

建筑物周围的不同环境，对日辐射热的吸收和反射多少各有不同。如图 4-64 所示，白色部分为吸收的热量，称为射入辐射，到夜间再向外辐射，称为射出辐射，白色部分越大，微气候越温和；网纹部分为受日照射时反射的热量，网纹部分越大，在夏季的白天越感到不舒适。

同时，因地表面上水陆分布、地势起伏、表面覆盖等的不同，在日辐射热的射入和射出辐射的过程中，产生地方风而形成气流的流动，如陆地与江河水面相接处，水的射入辐射较大，水面上空气温度升高速度比陆面慢，形成由陆到水的陆风。

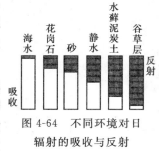

图 4-64　不同环境对日辐射的吸收与反射

因此，在总体布置和配置建筑物周围环境时，须充分利用地方风以取得穿堂风的通风效果。建筑物的位置应使需要通风的房间门窗朝向地方风的风向，并可综合利用几种地方风以加强穿堂风的持久性。这些是一般的规律，在应用中还得根据日照、地区等条件有所变化。

2. 机械通风

机械通风是依靠风机提供的动力强制性地进行室内、外空气交换的通风方式。与自然通风相比，机械通风的作用范围大，可采用风道把新鲜空气送到需要的地点或把室内指定地点被污染的空气排到室外，机械通风的通风量和通风效果可人为地加以控制，不受自然条件的影响。但是，机械通风需要配置风机、风道、阀门以及各种空气净化处理设备，需要消耗能量，结构也较复杂，初投资和运行费用较大。

机械通风系统根据其作用范围的大小，可分为全面通风和局部通风两种类型。

（1）全面通风。是对整个房间进行通风换气，用送入室内的新鲜空气把整个房间里的有害物浓度稀释到卫生标准的允许浓度以下，同时把室内被污染的污浊空气直接或经过净化处理后排放到室外大气中去。

全面通风包括全面送风和全面排风，两者可同时或单独使用。单独使用时需要与自然进、排风方式相结合。

（2）局部通风系统。包括局部送风和局部排风，两者都是利用局部气流，使局部的工作区域不受有害物的污染，以造成良好的局部工作环境。局部通风系统通常由送风口（或局部排风罩）、风道、空气净化处理设备和风机几部分组成。

1）局部送风。局部送风就是将干净的空气直接送至室内人员所在的地方，改善每位工作人员周围的局部环境，使其达到要求的标准，而并非使整个空间环境达到该标准。这种方法比较适用于大面积的空间、人员分布不密集的场合。

2）局部排风。局部排风就是在产生污染物的地点直接将污染物捕集起来，经处理后排至室外。在排风系统中，以局部排风最为经济、有效，因此对于污染源比较固定的情况应优先考虑。

二、家用空调器节能技术

1. 家用空调器的组成与结构

家用空调器已经非常普及，在最热月其用电量可能占到家庭总用电的 30%～40%，比例相当大，而且最热时间的用电，一般属于高峰电，加大了峰谷差。所以，房间空调器节能是很重要的。

（1）家用空调器的原理及组成部件。家用空调器的种类、型式非常多，但其基本工作原理和组成部件都是大同小异的。它主要由制冷系统、通风系统及电器系统等几部分组成。把如上的几部分有机地组装在一个箱体或几个箱体内，在现场安装好后，只需接通电源，就可使空调房间成为舒适的工作环境和生活环境。

1）柜式空调器，其基本原理如图 4-65 所示。

2）挂壁式空调器，其示意图如图 4-66 所示。

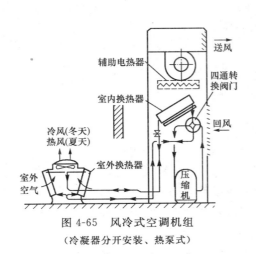

图 4-65　风冷式空调机组
（冷凝器分开安装、热泵式）

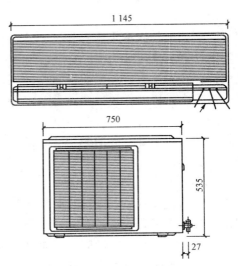

图 4-66　挂壁机和吊装机（单位：mm）
（风冷式热泵）

（2）空调器的分类及特点。

1）空调器按使用气候环境（最高温度）分类见表 4-34。

表 4-34　空调器按使用气候环境（最高温度）分类

类　型	T1	T2	T3
气候环境	温带气候	低温气候	高温气候
最高温度（℃）	43	35	52

2）空调器按结构形式分类。

①整体式，其代号 C；整体式空调器按结构分类又分为窗式（其代号省略）、穿墙式等，其代号为 C 等。

注：如移动式，其代号为 Y，移动式空调器可参照整体式执行。

②分体式，其代号 F；分体式空调器分为室内机组和室外机组。室内机组结构分类为吊顶式、挂壁式、落地式、嵌入式等，其代号分别为 D、G、L、Q 等。室外机组代号为 W。

③一拖多空调器。

3）家用空调器按功能的分类及特点见表 4-35。

表 4-35　家用空调器按功能的分类及特点

项　目	内　容
单冷型（冷风型）	单冷型空调器，只能吹冷风，多用于夏季室内降温。这种形式的空调器也具有一定的除湿功能，在房间内创造一个温湿度比较舒适的环境。这种空调器的特点是比较简单，可靠性高，价格便宜。但是因其功能少，所以使用率不高
单冷、除湿型	这种空调器不仅在夏季能向房间吹冷风，而且能在多雨季节（即相对湿度比较高时）保持房间比较干燥的环境，起到比较理想的防霉、防潮的作用。 该空调器的除湿方法有两种：一种是通过自动或手动保持空调器的间歇开停控制，使空调器制出的冷量，只用来吸收空气中水蒸气的热量，使水蒸气凝结为水；另一种方法是

项 目		内 容
单冷、除湿型		在制冷剂供液管与压缩机吸气管之间用管路连接起来,中间装一小型电磁阀,当室内空气湿度较高(例如,相对湿度≥70%)时,电磁阀被打开,部分制冷剂液体从供液管经连接管及电磁阀,进入压缩机吸气管,减少流经蒸发器的制冷剂流量,即减少空调器的制冷量。和第一种方法一样,使空调器产生的这部分冷量用来除湿。电磁阀开、关可手动,也可自动。空调器具有除湿功能,在夏热冬冷地区和炎热地区对家庭作用很大,它解决了雨季室内潮湿的苦恼,受到用户欢迎
冷暖型	热泵型(代号 R)	热泵制热是在空调器制冷系统中加一个电磁换向阀,使两个换热器(蒸发器与冷凝器)的功能转换,以达到逆反效应——制热。热泵空调器是一种节能产品,它制取的总热量总是比消耗的电能大得多。如用电制热,1 kW 的电能最高只能制取 1 kW 的热量,而用热泵空调器,消耗 1 kW 的电能,可以得到 2 000 kW 以上的热量。
	电热型(代号 D)	即在单冷型空调器内安装电加热器制热。这种电加热型空调器冬天耗电多,不符合节能标准,且不安全
	热泵辅助电热型	由于热泵空调器的制热量一般与夏天的制冷量相差不大,在冬季温度比较低的地区,热泵空调器的制热量往往不能满足要求,此时,在热泵空调器上增加一个辅助电加热器,增加供热量
	冷暖除湿型	这种空调器具有多种功能,无论是在经济上还是在节能上,都有很大好处,而且节省了房间的使用空间,是很有发展前途的一种家用空调器

4)空调器按冷却方式分为:

①空冷式,其代号省略;

②水冷式,其代号 S。

5)空调器按压缩机控制方式分为:

①转速一定(频率、转速、容量不变)型,简称定频型,其代号省略;

②转速可控(频率、转速、容量可变)型,简称变频型,其代号 Bp;

③容量可控(容量可变)型,简称变容型,其代号 Br。

(3)产品型号及含义。

产品型号及含义,如图 4-67 所示。

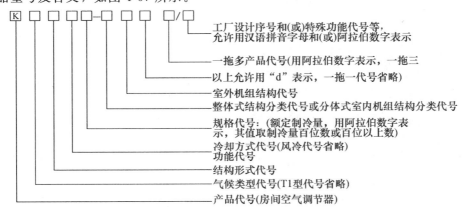

图 4-67 产品型号及含义

（4）房间空调器的主要性能指标。

1）制冷量和供热量。空调器制冷或供热时，在国家规定的试验工况下，单位时间从密闭空间、房间或区域内除去的热量称为名义制冷量；而向密闭空间、房间或区域内供给的热量称为名义制热量。名义制冷量或供热量的试验工况，见表4-36。空调器在该工况下的实测制冷量或制热量不应比名义制冷量或供热量小8%以上。

表 4-36　试验工况

工况条件			室内侧回风状态（℃）		室外侧回风状态（℃）		水冷式进、出水温度（℃）②	
			干球温度	湿球温度	干球温度	湿球温度①	进水温度	出水温度
制冷运行	额定制冷	T1	27	19	35	24	30	35
		T2	21	15	27	19	22	27
		T3	29	19	46	24	30	35
	最大运行	T1	32	23	43	26	34	与制冷能力相同的水量
		T2	27	19	35	24	27	
		T3	32	23	52	31	34	
	冻结	T1			21	—		21④
		T2	21③	15	10	—	—	10③
		T3			21	—		21④
	最小运行		21③	15	制造厂推荐的最低温度⑤		10	（或21℃）
	凝露、凝结水排除		27	24	27	24	—	27
制热运行	热泵额定制热⑥	高温	20	15（最大）	7	6	—	—
		低温			2	1		
		超低温			—7	—8		
	最大制冷运行		27	—	24	18	—	—
	最小制冷运行⑦		20	—	—5	—6	—	—
	自动除霜		20	12	2	1	—	—
	电热额定制热		20	—			—	—

①在空调器制冷运行试验中，空气冷却冷凝器没有冷凝水蒸发时，湿球温度条件可不做要求。

②冷凝器进出水温指用冷却塔供水系统，用基水泵时可按制造商明示进、出水温或水量及进水温度。

③21℃或因控制原因在21℃以上的最低温度。

④水量按制造厂规定。

⑤制造厂未指明时，以21℃为最低温度。

⑥制造厂未规定适于在低温、超低温工况运行的空调器，应进行低温、超低温工况的试验；若制热量（高温、低温或超低温）试验时发生除霜，则应采用空气熔值法进行制热量试验。

⑦如果空调器在超低温条件下进行制热运行试验，其最小运行制热试验可以不做。

2）循环风量。空调器在新风门和排风门完全关闭的情况下，单位时间内向密闭空间、房间或区域送出（或吸入）的空气量，单位为 m³/h。风量的大小直接影响着送风温度和换热器的传热效果。因此，使空调器适应不同的使用要求而采用相应的循环风量，可以提高空调器的能效比，这需要通过对风机采用一定的控制手段来实现。

3）输入功率。空调器在名义工况工作时所消耗的总功率。包括压缩机电机功率、风机电机功率以及一些辅助电器所消耗的功率。

4）性能系数。也称能效比，它等于空调器的额定工况条件下制冷量或供热量与输入功率的比值。

2. 家用空调器的节能技术

（1）性能指标。能效比是空调器最重要的经济性能指标。能效比高，说明该空调器具有节能、省电的先决条件。《房间空气调节器能效限定值及能效等级》（GB 12021.3—2010）中规定，空调器的能效比实测值应大于或等于表4-37的规定值。

表 4-37　能效限定值

类　　型	额定制冷量（CC）（W）	能效比（EER）（W/W）
整体式		2.90
分体式	CC≤4 500	3.20
	4 500<CC≤7 100	3.10
	7 100<CC≤14 000	3.00

空调器能源效率等级（简称能效等级）是表示空调器产品能源效率高低差别的一种分级方法，依据空调器能效比的大小，分成1、2、3三个等级，1级表示能源效率最高见表4-38。空调器出厂时，必须由生产厂家按照规定注明空调器能源效率等级。

表 4-38　能源效率等级指标

类　　型	额定制冷量（CC）（W）	能效等级		
		1	2	3
整体式		3.30	3.10	2.90
分体式	CC≤4 500	3.60	3.40	3.20
	4 500<CC≤7 100	3.50	3.30	3.10
	7 100<CC≤14 000	3.40	3.20	3.00

（2）压缩机节能技术。制冷压缩机是制冷装置中最主要的设备，通常称为制冷机中的主机。

制冷压缩机的性能直接影响着制冷装置的能效比。理想的压缩机的工作过程没有余隙和泄漏等容积损失、没有制冷剂流动的压力损失以及各个运动部件摩擦面之间的摩擦功、泄漏蒸汽再压缩等能量损失。实际的压缩机无法做到。这两方面的损失大小是评价压缩机优劣的重要指标。前者用容积效率来衡量，后者用指示效率和机械效率来衡量。

1）活塞式压缩机是靠曲柄连杆机构带动活塞的往复运动来实现压缩过程的，它的零部件多、结构复杂，余隙较大、吸气、排气机构等处的损失造成它的容积效率低、能效比小，所以在家用空调器中的应用越来越少。

2）旋转式压缩机有滚动转子式和滑动叶片式两种，与活塞式相比，它的容积效率高10%～15%，零部件少33%，重量轻30%，能效比高出10%左右。因此，现代家用空调器上使用的压缩机绝大多数是这种压缩机。

3）涡旋式压缩机的主要优点是：①没有余隙容积，压缩过程泄漏少，所以压缩机的容积效率高；而且，即使液体进入压缩机也没关系，不会发生液击事故。②振动小，噪声低，吸气、压缩、排气过程同时进行，排除的气体几乎是连续流动，压力脉动非常小，压缩机的转速可达 13 000 转/min。③没有吸气、排气阀及因此而产生的阻力损失和噪声，压缩机可靠性好。

这种压缩机与活塞式相比，体积小 30%，重量轻 50%，效率高 20%，零部件少 80%，是一种性能非常优越的压缩机，被称为第三代压缩机。将其应用于空调器，可显著提高空调器的能效比。

（3）制冷剂问题。制冷剂是在制冷装置中循环工作的物质。制冷装置正是依靠制冷剂在较低温度下的蒸发吸热来达到制冷目的。制冷装置的理想工作循环是逆卡诺循环，在这种循环下有着最高的制冷系数。实际循环接近理想循环的程度与制冷剂的性质有关，比如制冷剂的液化潜热、液体以及蒸汽的比热等。一般选用制冷剂的条件是：①不燃、不爆、无毒、无刺激性。②蒸发潜热大，以便有较高的制冷效率。③临界温度高于室温。④蒸发压力最好略高于大气压力，可以避免空气渗入系统内；在常温下的冷凝压力不太高，以使冷凝器制造容易并减少压缩机作功。⑤传热系数大，便于热交换。⑥黏度小，以减小流动阻力。⑦比容小，节省系统空间。⑧没有腐蚀性。⑨有一定的溶解水的能力，以免降温时结出冰碴，堵塞管路。⑩价格便宜。

在空调用制冷装置的应用中，满足这些条件的制冷剂主要有 R12、R22、R134a、R502等，它们都属于氟利昂系列，其化学结构为卤代烷或卤代烷的共沸化合物。这些物质中含有的氯元素在太阳光紫外线的照射下，释放出氯原子，它与大气中的 O_3 相结合，夺取 O_3 中的一个氧原子，使 O_3 变成普通的氧气分子，从而破坏了大气中的 O_3 层，而 O_3 层对于减弱太阳的紫外线强度具有重要作用。所以，国际上制定了一些协议来限制这类制冷剂的使用。这些物质对 O_3 层的破坏作用不尽相同，如 R12、R502，破坏作用严重，1996 年以前就被禁止使用（发展中国家顺延 10 年）；现在空调设备中广泛使用的制冷剂是 R22，它具有良好的工作特性，其分子式中只含有一个氯原子，对 O_3 层的破坏作用较轻，但也被规定在 2020 年以前基本停用，2030 年以前禁止使用。

（4）蒸发器与冷凝器的节能技术。制冷装置的制冷系数随着蒸发温度的升高和冷凝温度的降低而增高。在制冷系统中，冷凝器的作用是把压缩机排出的高温、高压制冷剂蒸汽冷却并使之液化。提高冷凝器的换热性能，就能减小制冷剂蒸汽与环境之间的传热温差，从而也就降低了冷凝温度。对蒸发器也是如此，增强其换热性能，就能提高蒸发温度。一些可用于空调器的高效换热技术见表 4-39。

表 4-39 高效换热技术

项　目	内　容
采用内螺纹槽管	内螺纹管的主要形式有：内表面加工有数十条内螺纹槽线；三角形槽；各种梯形槽。采用上述内螺纹槽管，其制冷剂侧换热系数可比光管提高 50%～100%
铝肋片	有高效传热肋片（如双向开槽片、百叶窗式开槽片等）加亲水膜技术，即在空调器蒸发器的肋片表面浸上一层氧化铝等溶液的膜，使凝结水不形成水珠而是成膜状流下，据实验，采用此项技术蒸发器阻力可减少 40%～50%，风机功率下降17.7%，制冷量增加 2%～3%，从而提高了空调器的能效比
采用蒸发式冷凝器	即在冷凝器上喷水，其形式有两种：一种是用甩水装置把蒸发器外的凝结水甩洒到冷凝器表面；其二是凝结水＋补充水用小水泵喷淋在冷凝器的表面，经实验验证，该方法可显著提高空调器的能效比

项　　目	内　　容
换热器的合理排列	为减小空调器的外形尺寸、增大风量、降低风机转速、减小噪声，一些分体式空调器的室内机组采用了多段式排列。这些措施都起到了强化传热、降低风机能耗的作用

（5）先进的节能控制手段在空调器中的应用。

1）变速控制空调器。传统的房间空调器主要由定转速压缩机、毛细管、蒸发器、冷凝器等组成。虽然它具有结构简单、工作可靠、制造成本低等优点，但是由于没有能量调节功能，在部分负荷时，停机过于频繁，耗电量增加；对于像"一拖多"这样的负荷变化剧烈、制冷量变化大的空调器，这种结构很难适用。

针对传统空调器的不足，近年来发展了基于变速控制技术的空调器。对压缩机采用变转速控制，节流部件可采用电子膨胀阀，并采用微计算机进行运行参数检测、运行控制和安全保护。与传统空调器相比较，变速空调器有以下主要优点。

①能量调节能力强。变速制冷压缩机的制冷能力几乎与转速成正比，而变速制冷压缩机的最高转速为最低转速的三倍左右或更高；电子膨胀阀可以随工况的需要任意调节开度，实现不同流量的制冷剂调节。因此，变速空调器具有良好的制冷量调节能力。

②系统运转平稳，启动时间短。变速空调器采用微机控制运行，当优化调节规律后，可以消除传统空调器启动后系统内的流量、压力等参数振荡剧烈，启动时间长的缺点。

③根据过热度调节通过电子膨胀阀的流量；并且易于调节系统的蒸发温度。传统的空调器采用毛细管节流，根据过冷度调节制冷剂流量。这种调节方式的流量调节范围不大，并且在制冷工况时，蒸发器传热温差变化大；热泵工况时，由于室外温度变化范围大，因此可能造成系统制热效率降低，甚至不制热。

④实现热泵工况和制冷工况使用同一套节流装置。电子膨胀阀流量调节能力强，并且具有双向通过能力，因此可以使用同一电子膨胀阀进行制冷或制热。

⑤在制热循环中，变速空调器具有很强的热气除霜能力。因此，当采用逆循环热气除霜时，可以减少除霜所需时间。

变速空调器的上述优点使它全年运行耗电量比传统空调器约少1/3，并且噪声低、运转平稳，空调环境更宁静、舒适。

2）模糊控制空调器。模糊控制空调器＝空调器＋模糊控制器，它根据空调房间温度、湿度、风速等，通过模糊软件控制空调器压缩机和风扇的转速等，达到提高空调房间的舒适性和减少压缩机的频繁启动，因而有利于节能和延长空调器的使用寿命。实验证明，用常规空调器每小时压缩机需启停6次，而模糊控制的空调器无一次启停，其电耗只有前者的76％。

3）神经网络控制空调器。神经网络控制是在模糊控制的基础上发展起来的一种更高级的控制方式，它是模仿人脑神经的特性，对测得的各种参数进行"学习"、"记忆"、"判断"、"联想"等处理，指挥空调器按照人感觉的最舒适条件进行运转，达到最舒适、最节能的效果。

（6）空调器使用中的节能技术。生产出来的空调器具有优良的节能特性，只能说该空调器具有节能的先天条件，空调器在使用过程中，到底能不能节省电耗，还得依赖于用户是否能节能地使用。这主要包括以下几个方面。

1）正确选用空调器的容量大小。根据空调器在实际工作中承担负荷的大小进行选择是很有必要的。如果选择的空调器容量过大，会造成使用中启停频繁，电能浪费和初投资多；选得过小，又达不到使用要求。房间空调负荷受很多因素的影响，计算比较复杂，这里介绍一种简易的计算方法。用户根据实际的使用要求，在表 4-40 中"（ ）"内填入相应的数据进行计算，然后累加，即可求出所需选购的空调器制冷量。

表 4-40　房间空调负荷计算表

项　　目	耗冷量		
	室温要求 24℃	室温要求 26℃	室温要求 28℃
一、维护结构负荷 Q_1			
1. 门的面积/m²	（ ）m²×40 W	（ ）m²×36 W	（ ）m²×20 W
2. 窗的面积/m²			
太阳直射无窗帘	（ ）m²×380 W	（ ）m²×370 W	（ ）m²×360 W
太阳直射有窗帘	（ ）m²×260 W	（ ）m²×250 W	（ ）m²×240 W
非太阳直射	（ ）m²×180 W	（ ）m²×170 W	（ ）m²×160 W
3. 外墙面积/m²			
太阳直射	（ ）m²×36 W	（ ）m²×33 W	（ ）m²×30 W
非太阳直射	（ ）m²×24 W	（ ）m²×21 W	（ ）m²×18 W
4. 内墙面积/m²（邻室无空调）	（ ）m²×16 W	（ ）m²×13 W	（ ）m²×10 W
5. 楼层地板面积/m²（上下无空调）	（ ）m²×16 W	（ ）m²×13 W	（ ）m²×10 W
6. 屋顶面积/m²	（ ）m²×43 W	（ ）m²×40 W	（ ）m²×37 W
7. 底层地板面积/m²	（ ）m²×8 W	（ ）m²×6.5 W	（ ）m²×5 W
二、人员负荷 Q_2			
1. 静坐（室内常有人数）	（ ）人×115 W	（ ）人×115 W	（ ）人×115 W
2. 轻微劳动（室内常有人数）	（ ）人×125 W	（ ）人×125 W	（ ）人×125 W
三、室内照明负荷 Q_3			
1. 白炽灯功率（W）	（ ）W	（ ）W	（ ）W
2. 日光灯功率（W）	（ ）×1.2 W	（ ）×1.2 W	（ ）×1.2 W
四、室内电器设备负荷 Q_4			
室内电器总功率（W）	（ ）×0.7 W	（ ）×0.7 W	（ ）×0.7 W
五、空调器制冷量 $Q=Q_1+Q_2+Q_3+Q_4$			

2）正确安装。空调器的耗电量与空调器的性能有关，同时也与合理的布置、使用空调器有很大关系。以分体式空调情况为例，具体说明空调器应如何布置。

①分体式空调器室内机布置。

a. 应安装在室内机所送出的冷风或热风可以到达房间内大部分地方的位置，以使房间内温度分布均匀。室内机不应安装在墙上过低的位置，因为室内机出风口在下部，进风口在正面，如果安装过低，冷风直吹人体或送在地面上，造成室内温度均匀性极差，会使人感到不舒服。

b. 对于窄长形的房间，必须把室内机安装在房间内较窄的那面墙上，并且保证室内机所送出的风无物阻挡。否则会造成室内温度分布不均，使制冷时室内温度下降缓慢，或制热时温度上升缓慢，如图 4-68（a）所示。

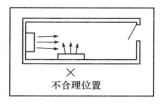
(a)窄长房间合理的安装位置

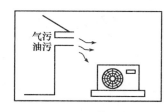
(b)安装位置避免油污

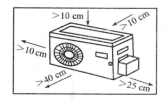
(c)室外机安装的空间要求

图 4-68　空调器正确安装方法

c. 室内机应安装在避免阳光直照的地方，否则制冷运行时，会增加空调器的制冷负载。

d. 室内机必须安装在容易排水，容易进行室内、外连接的地方。室内、室外机连接管必须向室外有一定的倾斜度，以利于排除冷凝水。

②分体式空调室外机的布置。

a. 室外机应安装在通风良好的地方。其前后应无阻挡，以利于风机工作时抽风，增加换热效果。为防止日照和雨淋，应设置遮篷。

b. 室外机不应安装在有油污、污浊气体排出的地方，如图 4-68（b）所示。否则会污染空调器，降低传热效果，并破坏电气部件的性能。

c. 室外机的四周应留有足够的空间。其左端、后端、上端空间应大于 10 cm，右端空间应大于 25 cm，前端空间应大于 40 cm，如图 4-68（c）所示。

第五章 村镇沼气工程施工

第一节 沼气系统工程施工

一、沼气池

1. 沼气池的类型

由于我国幅员辽阔，区域气候差别比较大，地质条件也不相同，种植的品种不一样，生产条件、养殖习惯也不同，沼气池的池形当然也要适合当地农民的生产生活习惯，所以各地的沼气池形都有所不同，池形设计主要以能够满足农民生产、生活的正常使用需要为基础。农村户用沼气池可按照储气方式、沼气池的几何形状和建池材料三种方式送行分类（表5-1）。

表 5-1 沼气池的分类

项　　目	内　　容
按储气方式分类	分为水压式、分离浮罩式沼气池
按沼气池的几何形状分类	分为圆筒形、圆球形、椭球形、扁球形等池形
按建池材料分类	分为砖混材料、现浇混凝土、混凝土预制板组装、玻璃钢材料和塑料材料沼气池

在实际应用中，最为普遍采用的是砖混结构池和混凝土现浇结构池，近年出现的玻璃钢材料、塑料材料沼气池，以水压式沼气池结构较多，沼气池位置以地下式为主。

2. 沼气池形的选用

目前主要推广使用的沼气池形有水压式沼气池、分离浮罩储气沼气池、气动搅拌自动循环沼气池、强回流沼气池，这些池形各有特点。

水压式沼气池是使用最广泛的一种池形，也是最基本的一种池形。它的工作原理是在沼气池内留有一个储存沼气的小空间，当沼气池生产沼气的时候，沼气就将沼气池内的发酵原料液体压到沼气池的水压间内，使用沼气后，沼气逐步减少，原料液体再返回到沼气池内，如图 5-1 所示。

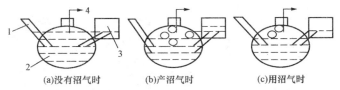

(a)没有沼气时　　(b)产沼气时　　(c)用沼气时

图 5-1　水压式沼气池产气、用气和水压间液位变化示意图

1—进料管；2—发酵原料；3—水压间；4—沼气出口

（1）底层水压式沼气池。图 5-2 是一种底层出料的水压式沼气池，它的特点是出料比较方便，但是，底层出料有可能将还没有足够时间消化的料液和在厌氧状态下没有完全杀死的

病菌被出料带出来，若浇到农田、作物上，会传染给人，影响人体健康。

（2）中层出料水压式沼气池。在有肠道疾病、血吸虫病的地区，最好使用中层出料水压式沼气池，让沉淀的虫卵在沼气池内待较长时间，将病菌灭杀得彻底一些，保证达到粪便无害卫生标准。一些过去的血吸虫病区，通过建沼气池处理粪便，大大减少了血吸虫病的传播。由于沼气池能杀灭病菌，目前，预防血吸虫病的措施中，建设沼气池是重要的手段之一。

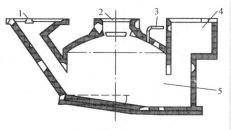

图 5-2　底层水压式沼气池
1—进料口；2—活动盖；3—沼气出口
4—水压间；5—沼气发酵间

（3）旋流布料自动循环沼气池。西北地区比较干旱，沼气池建设模式与南方、北方都不一样，多采用气动搅拌旋流布料自动循环沼气池，既要考虑充分利用发酵原料，又要考虑西北地区缺水，充分利用沼液回流冲厕所、搅拌沼气池内料液。气动搅拌装置由底边带有定向导流槽的集气罩和支柱构成。沼气池产气后，位于集气罩下部发酵原料所产生的沼气，汇集于集气罩内，当沼气汇集到一定数量，气压大于沼气池内压力，集气罩内具有一定压力的沼气，通过底部的导流槽集中、阵发性向出口释放，形成旋转气流，冲动池内中、上层料液，引动底层料液，从而使沼气池内的料液得到均匀自动搅拌。在高度位于零压面的圆弧形旋流布料墙顶部及各个层面上设置自动破壳齿，使其在沼气池产气、用气时，发酵料液表层可能形成的结壳被自动破除、浸润，充分发酵产气。

（4）强回流沼气池。广泛用于江西、贵州的一种沼气池形，如图 5-3 所示。强回流池形的结构特点就是利用一个手动的活塞将沼液从沼气池的出料间抽出来冲厕所，从厕所下水道连同粪便一起回到沼气池内，就像城市用的抽水式卫生厕所一样，不同的是冲厕所用的是沼液而不是水。

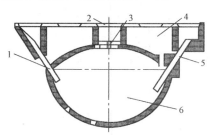

图 5-3　强回流沼气池
1—进料管；2—活动盖；3—沼气出口；
4—水压间；5—出料管；6—发酵间

（5）分离储气浮罩沼气池。将发酵和储存沼气分开的一种沼气池（图 5-4），比其他沼气池多建一个水密封的储气柜，与前面几种沼气池相比，分离浮罩沼气池已不属于水压式沼气池范畴，发酵池与储存沼气的气箱分离，没有水压间，采用浮罩与配套水封池储气，扩大了发酵间的装料容积。在使用过程中，浮罩储气相对于水压式沼气池，其沼气气压比较稳定。储气柜储存的沼气输出压力比较稳定，对沼气灶的使用有好处，灶具稳定的灶前压力使灶具燃烧处于比较好的状态，同时，也避免了水压式沼气池在沼气过多时，对沼气池造成的损坏。湖南省运用这种沼气池比较多，另外，这种形式在沼气工程上也被普遍运用，因为沼气工程生产的沼气量大，有储气装置，便于发电、烧锅炉使用或集中供气。

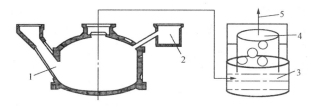

图 5-4　分离储气浮罩沼气池
1—进料管；2—出料间；3—水封池；4—储气浮罩；5—沼气出口

3. 沼气池建设模式

多年来，农业部推广的模式有"南方猪－沼－果"、"北方四位一体"、"西北五配套"和近年来国债项目推行的"一池三改"。这些建设模式是根据不同地区的生产需要和地理、气候条件总结出来的，通过实践证明，可以获得能源、卫生、废物利用的效益。

（1）"南方猪－沼－果"模式。在《户用农村能源生态工程 南方模式设计施工与使用规范》（NY/T 465—2001）农业行业标准中解释为：以户为单元，利用山地、大田、庭院等资源，采用先进技术，建造沼气池、猪舍、厕所三结合工程，并围绕农业产业，因地制宜开展沼液、沼渣综合利用，构成"南方模式"，俗称"猪－沼－果"模式。在南方地区，这种模式已经广泛应用在不同的环境下，衍生出猪－沼－菜、猪－沼－花、猪－沼－药材、猪－沼－鱼、猪－沼－蚕等适宜本地发展的模式，对农村开展生态旅游、农家乐有积极的作用。

（2）"北方四位一体"模式。在《户用农村能源生态工程 北方模式设计施工与使用规范》（NY/T 466—2001）农业行业标准中解释为：在农户庭院或田园修建的由沼气池、日光温室、种植业和养殖业"四位一体"的、使沼气发酵和种植业、养殖业相结合的综合利用体系，构成北方四位一体模式工程。在大棚里建一个猪圈，猪圈下建一个沼气池，猪圈旁边一个厕所，厕所和猪圈的粪便自动流到沼气池里产生沼气，沼气用来在大棚点灯，释放出热量和二氧化碳，帮助农作物生长，猪在大棚里很温暖，生长不受冬季气候影响，沼气池出来的沼液和沼渣，就近为大棚里的蔬菜、果树或者是花卉提供优质的有机肥料，无公害农产品都施用沼肥。

（3）"西北五配套"模式。农业部生态家园模式之一的西北五配套在西北地区被广泛推广，沼气池、畜禽圈、水窖、果园和滴灌的组合模式，是根据西北地区的特点，从农业生产系统中的物质和能量的转换与平衡出发，充分发挥系统内植物与光、热、气、水、土等环境因素的作用，建立起能源生态经济系统工程。果园灌溉采用节水技术，用最经济的方法降低生产成本，提高农民收入。

（4）"一池三改"模式。"一池三改"模式是农村沼气国债项目的基本要求，即要求建沼气池的同时，要改、建圈舍，尤其是北方地区，为保证冬季能生产沼气，必须建设暖圈，改建厨房和厕所，彻底改变农家的生活环境、卫生条件和畜禽舍的卫生条件。

4. 沼气池建设前的规划

沼气池不仅可以为农民提供能源，还可以为农民提供肥料，改善农民生活的环境和卫生习惯，如果农民要修建沼气池，应该在建池前做好选址规划，了解建池的一些基本要求，使其在建沼气池前后做到心中有数。

（1）了解自家建多大的沼气池比较合适。修建多大的沼气池，主要看家里养的猪、牛的头数，因为有足够的原料才能保持沼气池正常生产沼气。一般情况下，三头猪可供三口人使用沼气。就是说，三头猪和三个人的粪便全部进入沼气池，保持沼气池正常产气没问题，建 6 m^3 的沼气池就够了。如果家里人多，养殖的畜禽数量也相应增多一些，可以建成 8 m^3 或 10 m^3 的沼气池，即每建 2 m^3 容积沼气池至少需要一头猪和一个人的粪便作原料。

（2）要科学规划沼气池建设地点。沼气池建在什么地方对建池农户来说是个非常重要的问题，不要随便哪儿有空地就建在哪里，这样会影响到日后的管理和使用。例如，要定期给沼气池添加原料，抽出发酵过的沼渣、沼液，若建池地点没有选好，在管理上很不方便，给农户自身增加操作上的麻烦，降低了沼气池的使用效果。按照农业部推广的三结合沼气池建设，要考虑沼气池与厨房、猪圈、厕所的位置，要方便沼气输送到厨房、方便厕所和猪圈的粪便进料、出料，根据自家庭院布局的具体情况来规划建池地点。既要注意不能修建在离住房基础太近的地方，又要注意合理紧凑，充分利用地形。一般情况下沼气池要与厕所、猪圈连在一起，使发酵原料充足并能方便流入池内，注意沼气池进、出料口的方向就可以了。池基最好建在长年地下水位较低的地方，在丘陵地区，使出料间的地势低于主池，便于自动出料。在北方寒冷地区，要注意沼气池的保温和防冻问题，应将沼气池修建在冻土层以下或与畜舍、日光温室相结合修建，既利用了太阳能，又提高了土地利用率。

（3）合理选择沼气池结构建池的地点。选定后，沼气技术员会给你建议采用哪种沼气池形，一般每个地区都有经实践证明是最适合本地区农业生产和生活习惯的沼气池池形。如果是特殊的环境条件，也可以在沼气池国家标准中选用相应的池形。

沼气池的结构是否合理，直接关系到整个沼气系统能否正常运转。我国沼气建设多年来的实践经验证明，沼气池的结构要符合圆、小、浅三个要素（表 5-2）。

表 5-2　沼气池的结构要符合的要素

项　　目	内　　容
圆	圆是指沼气池为圆球形一类的池形，这种池形结构受力性能好，省材料、省人工、施工简便，料液在发酵间能充分混合，避免死角。此外，由于圆形沼气池的内壁没有直角，有利于解决池子的密封问题
小	小是指沼气池的容积要小，因为沼气池大，不一定产气多，如果能供给的原料有限，沼气池内发酵原料不足，管理措施再跟不上，池子修得太大，反而造成不必要的浪费。因此，《户用沼气池标准图集》（GB/T 4750—2002）图集推荐了四种规模的沼气池，即 4 m^3、6 m^3、8 m^3、10 m^3，可以根据自己的情况选择
浅	浅是指沼气池的深度不宜太深。由于沼气池底部发酵原料中菌种多，是产气的主要部位，而浅的圆池底增大了厌氧微生物与发酵原料的接触面积，所以产气率较高；其次，浅池池底压力相对较小，有利于厌氧微生物的活动及沼气的扩散。因此，修建沼气池时，应按照国家标准规定的深度修建，既便于维修管理，提高产气量，又能减轻出料的劳动强度

（4）要选择专业技术人员建池。选择专业技术人员建池是沼气池建设质量的基本保证，国家对沼气池建设实行了职业资格准入制度，必须要持有经过考核合格的职业资格证书，才能从事建造沼气池的工作。沼气池不仅仅是个建筑物，它还是生产沼气的设备，所以，沼气池在施工建设方面与只住人的房屋建设有不同之处。沼气池有特殊的要求，比如说沼气池要密封，不能漏气、漏水，生产的沼气需要输送、使用，还要进行长期、反复的进料、出料等管理操作。

5. 常用建池材料

（1）池壁材料。户用沼气池的池壁材料通常采用普通黏土砖、素混凝土及混凝土预制板。普通黏土砖强度等级不应低于 MU7.5，砌筑水泥砂浆强度等级 M10，现浇混凝土和混凝土预制板强度等级采用 C15。进出料管可采用成品管，亦可用强度等级为 C20 的混凝土预制，各种盖板均采用强度等级为 C15 的钢筋混凝土预制。水泥应选用硅酸盐水泥，强度等级不低于 42.5 MPa，同时选用的砂石应干净，颗粒级配优良。建沼气池需要的材料数量，在户用沼气池标准图集国家标准中对每个容积规格和不同的池形都有详细的规定。

实际建造户用沼气池的时候，除了普通黏土砖、素混凝土及混凝土预制板，还要准备少量的钢筋。标准规定的材料数量是沼气池所需材料数量，没有包括池外一些设施，如储肥间、池盖等材料用量。实际建设中至少需要 1 吨水泥，600～1 000 块砖，2 m³ 砂石，塑料进、出料管等，现浇混凝土要准备模具。详细准确的沼气池材料需要量，要根据选择的池形和池容积来决定，建池材料的数量参照建池标准的规定准备。

《户用沼气池施工操作规程》（GB/T 4752—2002）中有关建池材料的参考用量见表 5-3 和表 5-4。

表 5-3　4～10 m³ 现浇混凝土圆筒形沼气池材料参考用量表

容积 (m³)	混凝土				池体抹灰			水泥素浆	合计材料用量		
	体积 (m³)	水泥 (kg)	中砂 (m³)	碎石 (m³)	体积 (m³)	水泥 (kg)	中砂 (m³)	水泥 (kg)	水泥 (kg)	中砂 (m³)	碎石 (m³)
4	1.257	350	0.622	0.959	0.277	113	0.259	6	469	0.881	0.959
6	1.635	455	0.809	1.250	0.347	142	0.324	7	604	1.133	1.250
8	2.017	561	0.997	1.540	0.400	163	0.374	9	733	1.371	1.540
10	2.239	623	1.107	1.710	0.508	208	0.475	11	842	1.582	1.710

表 5-4　4～10 m³ 预制钢筋混凝土板装配沼气池材料参考用量表

容积 (m³)	混凝土				池体抹灰			水泥素浆	合计材料用量			钢材	
	体积 (m³)	水泥 (kg)	中砂 (m³)	碎石 (m³)	体积 (m³)	水泥 (kg)	中砂 (m³)	水泥 (kg)	水泥 (kg)	中砂 (m³)	碎石 (m³)	12 号钢丝 (kg)	φ6.5 毫米钢筋 (kg)
4	1.540	471	0.863	1.413	0.393	158	0.371	78	707	1.234	1.413	14.00	10.00
6	1.840	561	0.990	1.690	0.489	197	0.461	93	851	1.451	1.690	18.98	13.55
8	2.104	691	1.120	1.900	0.551	222	0.519	103	1 016	1.639	1.900	20.98	14.00
10	2.384	789	1.260	2.170	0.658	265	0.620	120	1 174	1.880	2.170	23.00	15.00

（2）密封材料。目前使用的沼气池密封涂料主要有两种类型：一种是水泥掺和型涂料（Ⅰ型涂料），即在使用前需按一定的比例将涂料与水泥混匀，此类涂料实为成膜物质，水泥为填料；另一种是直接使用的密封涂料（Ⅱ型涂料），即在使用前无需加其他材料而直接可以使用，此类涂料包括成膜、填料等物质。

目前沼气池密封涂料以使用第一种涂料为主。根据产品的特性和使用要求，密封涂料分为外观、亲和性、储存稳定性、耐热度、耐碱性、耐酸性定性指标和固体含量、抗渗性、空气渗透率，以及干燥时间定量指标。对定量指标说明见表 5-5。

表 5-5　定量指标说明

项 目	内 容
固体含量	Ⅰ型涂料的固体含量主要是涂料成膜物质的含量；Ⅱ型涂料的固体含量包括涂料成膜物质和填料等物质的含量。固体含量是检查涂料包含固体量数值的一个测试项目，将样品在（105±2）℃干燥箱中干燥 1～3 h，直至前后相邻两次称重差不超过 0.01 g
抗渗性	测试产品防止液体渗漏的指标，要求密封剂抗水渗漏 24 h 小于 3%

项　目	内　容
空气渗透率	测试产品防止气体渗漏的指标，要求密封剂在 800 Pa 压力下，24 小时气体渗漏小于 3％
干燥时间	一个比较重要的指标，涉及施工的时间。在使用或维修沼气池的时候，可以按照介绍的方法，确定密封剂的干燥时间，以便安排施工。将备用涂料在100 mm×40 mm×3 mm 的水泥板涂刷，表干时间为涂刷后至干燥后用手触摸不粘手的时间，实干时间为涂刷后至用刀片刮不脱层的时间。试验条件为温度（23±2）℃，相对湿度（50±5）％

密封材料施工应严格按照产品说明书的规定施工程序，参照相关规范的要求操作，才能确保密封涂料发挥密封作用。

6. 建池工艺

（1）户用沼气池建设步骤。

1）查看地形，确定沼气池修建的位置。

2）拟定施工方案，绘制施工图样。

3）准备建池材料。

4）放线。

5）挖土方。

6）支模（外模和内模）。

7）混凝土浇捣，或砖砌筑，或预制混凝土大板组装。

8）养护。

9）拆模。

10）回填土。

11）封层施工。

12）输配气系统及配套产品安装。

13）试压，验收。

（2）北方沼气池和大棚建设步骤和注意事项。北方"四位一体"模式中沼气池建在猪舍和厕所下面，猪舍与菜地间有一隔离墙，墙上留两个 50 cm×50 cm 的窗口，便于猪与蔬菜之间进行二氧化碳和氧气交换，沼气池的进料口位于厕所和猪舍内，出料口在菜田内。沼气池的建设步骤和注意事项如下。

1）先挖土坑建沼气池，要求按沼气池的建造标准进行；再建猪舍、厕所和日光温棚。猪舍、厕所地面要高于菜田，并留有 15°左右的斜坡，沼气池进料口位于斜坡底部，以便畜粪顺利流入沼气池内，节省劳动力。

2）建设地点应选在农户住房周围，地下水位低、土壤肥沃、水源便利，排灌方便的地方。

温棚必须坐北朝南，温棚前无遮阳物。东西处延长，最好偏 7°～10°。采光性能要达到冬季 12 月～第二年 2 月，晴天中午温棚内透光率在 65％以上，温棚中部 1 m 高处的水平光照强度接近果菜的光饱和点。在最冷月份，室内外温差 25℃以上，室内夜间最低温度 8℃～

12℃之间，短时间极端最低温度 5℃以上，地温略高于日平均气温。只有这样，才能保证整个模式的正常运行。"四位一体"模式猪存栏头数应与温棚面积相匹配，种植蔬菜的种类不同，匹配关系也不同。

北方地区"一池三改"模式中沼气池应建在暖圈下面，尽量使厕所和圈舍的粪便都进入沼气池内，沼气池距离灶房一般不超过 25 m。南方地区"一池三改"模式中，由于气候原因可以不做暖圈，厕所和圈舍间最好有隔离墙，人、畜分开，互不影响，又比较卫生。

（3）沼气池修建方法。

1）建池过程中，农村户用沼气池在按标准图样放线后，用人工挖方，地质情况需要放炮挖坑时，应找专业人员操作，以免打伤人、畜，振裂地基，振坏邻近房屋等安全事故发生。挖坑时应根据土质情况，使坑壁具有适当的坡度，地下水位较高时，坡度应酌情加大，防止塌方。如果所建沼气池靠近建筑物，应采取临时支撑来保护边坡及邻近建筑物。

2）雨季施工要在池坑的周围挖好排水沟，并在池坑上方搭建简易雨棚，以免雨水流入坑内，浸泡池坑。施工时，严禁把建筑材料、挖出的土方及其他重物置于池坑边上，以免引起坑壁坍塌，伤及施工人员。施工过程中，对地下水要进行处理，通常采用在池内、池外挖排水沟或集水井的方式来排水。排水工作一直要持续到施工面超出地下水位线为止。挖方工作完成后，在池底施工前，应将坑底被水浸泡过的淤泥清除干净，以增强池底强度，消除沼气池不均匀沉降的隐患。

3）建池过程中，农户要配合沼气技术员搬运材料、冲洗砂石、浸泡砖、搅拌水泥砂浆等辅助工作。做这些工作的时候，要注意安全，还要注意将砂石冲洗干净，浸泡砖的时间不能太长，做到内湿外干，使砖和水泥更好地结合在一起。搅拌水泥砂浆的时候，不要擅自增加水泥的比例，水泥多并不意味着结实，应该按照科学的比例进行水泥、砂浆混合，既保证水泥、砂浆质量，又经济合理。

4）池墙施工完成后，进行回填土工作。回填土要有一定的湿度，做到分层夯实，并适当加水，使回填土和池墙与老土之间更加紧密。

5）农户除了配合技术员做些辅助工作外，还应在技术员的指导下准备沼气池发酵菌种。没有老沼气池的地方，需要自己富集驯化菌种。总之，在建池的时候就要早准备沼气池进料（原料），在沼气池建好后快速进料、产气。

6）沼气池建成后要进行保养，尤其是夏天，需要保持沼气池水泥面一定的湿度，避免太阳暴晒，产生裂纹，影响沼气池的密封性能。10 d 左右混凝土强度基本达到 70% 的强度，才可以覆土、进料，大概要经过 28 d 左右，水泥强度才能达到 100% 的强度。要注意不要将重物置于刚砌完的池盖上，以免由于过重的集中荷载使池盖坍塌。

7）沼气池生产沼气靠的是一个严密不漏气的厌氧环境和池内的甲烷菌，沼气池密封性能好不好，是衡量一个沼气池建设质量的最重要的指标，如果沼气池漏气或漏水，就不能正常地生产沼气，成为不产沼气的报废池。为了保证沼气池的建设质量，在施工过程中必须按沼气池施工规范的要求去操作，该做的工序一定要做到，不能节省工序。为沼气池涂刷一层密封涂料很重要，相当于设立一条防线来保证沼气池的密封性能。

（4）建池过程中应注意的问题。

1）沼气池规划要考虑到日后出料方便和安全，进料池和出料池的位置没有固定要求，以方便为原则。

2）注意猪存栏数与温棚面积相匹配，以满足大棚蔬菜等的用肥，温棚中的沼气池一般建 $8 \sim 10 \, m^3$ ，至少养 $3 \sim 5$ 头猪。

3）现浇混凝土沼气池注意拆模的时间不可过早，至少要 $3 \sim 5 \, d$ ，水泥、砂浆已经基本凝固，可拆掉所有的模板。

4）对池体内壁密封层处理一定要按照标准要求执行。具体方法为基层刷浆刷纯水泥浆 $1 \sim 2$ 遍；底层抹浆使用 $1 : 3$ 水泥砂浆，厚度 $10 \, mm$ ，在水泥砂浆初凝前用木抹子将表面抹平、压实；刷水泥浆一遍；用 $1 : 2.5$ 水泥砂浆面层抹浆 $1 \sim 2$ 遍；用纯水泥浆交错涂刷 $3 \sim 5$ 遍进行表面处理；没有条件使用专用密封涂料时，可以隔 $1 \, d$ 用水泥加 10% 乳胶与水混合至刷子可以刷动，刷池内壁 $2 \sim 3$ 次，每日 1 次，尤其要注意进出料管、活动盖、池底和池墙接口部位的施工以防止渗漏。

5）沼气池建设完成，进出料间的盖板一定盖好，防止发生安全事故，不可忽略。

（5）高地下水位地形沼气池的建造技术见表 5-6。

表 5-6　高地下水位地形沼气池的建造技术

项　目	内　容
建池壁	池坑按标准挖成后，首先将坑内水抽干，然后将池壁模具支好浇注池壁。在浇注过程中不停抽水，待池壁凝固后停止抽水
建池底	拆掉池壁模具开始做沼气池底时，如果坑底渗水量较大，要边抽水边将池底挖成锅底形状，锅底深度为 $35 \sim 45 \, cm$ 为宜，根据渗水情况，在锅底中心再挖一个 $30 \, cm$ 左右深、直径 $20 \, cm$ 大小的小坑，在小坑内插入大小适宜，长度 $35 \, cm$ 左右的 PVC 管，将自吸泵管插入 PVC 管内继续抽水。待底部无积水时，立即在整理好的池底铺 $2 \sim 3 \, cm$ 厚石子，石子上再均匀浇注 $10 \, cm$ 厚的混凝土，将 PVC 管周围的池底拍平打实，出浆磨面，待池底混凝土凝固后（ $16 \sim 18 \, h$ ），在池壁、池底分别刷一层灰浆，然后开始粉刷池壁和底部，凝固后再刷 $1 \sim 2$ 遍稠灰浆
封管口	池壁和池底粉刷稠灰浆 $1 \, d$ 后停止抽水。在封闭 PVC 管坑前，准备一块直径约 $20 \, cm$ 的完好塑料薄膜、一根直径与小坑直径大小适宜的圆木棒和若干旧棉花，用薄膜将旧棉花包紧成圆球形，直径略大于 PVC 管口直径，然后将自吸泵管拔出，立即将包好的棉花球放入 PVC 管口上方，用圆木棒压入管底，压紧压实， $5 \sim 7 \, cm$ 厚。管内剩余部分迅速用少许拌好的灰粉灌入，压住棉花球，边灌灰粉边用木棒捣实，与池底表面持平。PVC 管口浇封后，观察池底与池壁是否有渗水现象，如有渗水要在渗水处打小孔，再用于灰粉压实

二、沼气的输送

1. 输气路线设计与安装

沼气从沼气池到厨房的输送管路，必须要规范的安装才能保证沼气安全使用。在安装时应按照《农村家用沼气池管路设计规范》（GB/T 7636—1987）和《农村家用沼气池管路施工操作规范》（GB/T 7637—1987）进行沼气管路安装路线的选择和正确的安装，以确保沼气顺利、安全的输送。

（1）室内设计要求。规划一条从沼气池导气管到沼气灶、沼气灯距离最短的路线与规划沼气池建设地点一样重要，既能节约输气管材料，又能节约安装时间和人力。安装的时候要像安装电线一样，横平竖直沿墙角安装，既要美观又要便于输气管中水分的排除，千万不要为了安装方便，东拐西绕地延长管线，或者随意转弯而增加沼气输气管长度和输送阻力。

根据要求，沼气池输气管外径 16 mm 时的长度应控制在 20～25 m，选择输气管内径大小要根据沼气池的输气距离和用途来决定。一般农户使用的沼气池输气导管的外径是 16 mm，用气量大、输气距离较远则应选择外径 20 mm 的输气导管。沼气池距离住房确实远的情况下，需要选用 20 mm 外径或更大外径的输气管，可以延长到 45 m 内。管路太长，安装不规范，一旦有漏气、破损等故障检查起来比较麻烦，而且沼气压力损失比较多，使沼气灶的火焰变小，影响日常使用，另外，管路太长还容易积水，严重时会堵塞管路，使沼气灶点不着火。

室内安装管线中，与配套产品连接的软管最小管径内径为 10 mm，遇转弯时的角度应大于 90°，不要转直角，直角容易使软塑料管折扁，发生输气故障。有三通连接的地方使用塑料或金属接头卡接。

（2）室外设计要求。

1）输气管走向要合理，长度越短越好。室外管路坡度不小于 1%，朝沼气池、凝水器方向落水。

2）沼气池室外管线尽量采用砌沟地埋或用保护管保护，尤其是使用塑料软管时应有保护管。室外没有地埋的管路，安装设计时应注意防止牛、羊损伤输气管，防止老鼠咬坏输气管，防止车辆刮破输气管，并避免阳光直接照射。

3）暴露在室外的塑料输气管，由于日晒雨淋，时间长了就会老化破裂，在输气管外面套上竹管等保护物可延长使用寿命，北方地区也可采用管外包裹保护材料的方法防冻。

4）在庭院里的沼气池输气管路不便地埋时，可以高架、敷设，并用铁丝固定，不要让输气管随便悬吊，更不能在上面晾晒衣物。

2. 输气管路和管件

目前在农村沼气项目中使用的沼气输气管路和管件、开关均采用聚乙烯（PE）或聚氯乙烯（PVC）塑料硬质管材、管件，开关除了阀心外，仍然是塑料材料管材、管件直径有 16 mm 和 20 mm 两种规格。

聚乙烯管材与管件的连接采用机械插接式连接方式，聚氯乙烯管材与管件连接采用黏接连接方式。管路有专用的弯头、三通、异径管等管件作转接，加上管路自身的强度支持，使管线安装容易平整，容易固定，为维护管理带来方便，最好选择使用硬质塑料管。管路固定间距视安装现场而定，可在 0.5～1 m 之间确定。管材与其他产品的连接采用塑料软管套接，维持产品使用时位移和安装、拆卸方便。

农户自建沼气池使用软聚氯乙烯管作输气管时，要注意拐角转弯部位的安装角度，不要使塑料管被压瘪或拧转，不靠墙的地方要有支撑，避免塑料管自然弯曲悬挂，否则容易发生管路积水堵塞，严重的时候沼气灶点不着火。

3. 主要部件和功能

户用输气系统中的主要部件有开关、凝水器、调控净化器（表5-7）。

表 5-7 用户输气系统中的主要部件

项　目	内　容
开关	分别安装在沼气池导气管后，凝水器、净化器、沼气灶和沼气灯前，控制各部件的工作，维护保养时与输气系统断开
凝水器	常称为气水分离器或凝水器，安装在沼气池导气管附近、位置比较低的地方，沼气通过凝水器时，随压力变化，依靠重力作用，在凝水器中留下沼气中大部分水分
调控净化器	由压力表、脱硫器和流量控制开关组成，其主要功效是将沼气中的硫化氢脱出，显示沼气系统中压力变化情况，流量控制开关可以根据沼气池内的沼气量和用火需要，调整开关大小、控制沼气流量

三、户用沼气输气系统的安装

（1）安装准备。安装前要注意保护塑料输气管，输气管容易被坚硬的东西扎坏或被高温熔化。输气管安装应按照规划设计的路线，准备好各段的输气管和需要的连接管件、管路的卡件、安装工具。

安装前必须检查输气管是否漏气，尤其是地埋输气管。将输气管放在水中，堵住管口的一端，用打气筒向另一端打气，观察输气管的周围有无气泡冒出，避免输气管安装后发生漏气故障，增加维修工作量或返工。

（2）各部件安装顺序。在输气管路中要安装凝水器、开关、压力表、脱硫器、灶、灯等产品。室外沼气池导气管连接输气管路的部位，需要安装一个开关，这个开关是沼气池到厨房的总开关，便于以后沼气池大换料或检查故障时，与进入室内的输气系统分开，该连接处的开关也可以在管路进到室内前的位置安装。在适当距离处安装凝水器，凝水器需要安装在输气管路最低的位置，作用是将沼气从沼气池带出的水分通过凝水器分离开。

在厨房灶台上方安装压力表、脱硫器、流量控制开关组合成一体的调控净化器，其功能是在调控净化器内脱出沼气中的硫化氢、显示沼气池的压力、调控沼气流量，然后再安装一个三通，分别将沼气输送到沼气灶和沼气灯，在沼气灶和沼气灯前还应该安装一个控制开关，如图 5-5 所示。

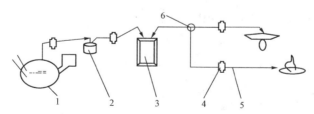

图 5-5 沼气输送管线和部件的连接

1—沼气池；2—凝水器；3—调控净化器；4—开关；5—输气管；6—三通

（3）产品安装间距。安装沼气灯、开关等产品或部件有安装间距规定。

产品和开关都应使人眼睛很容易看清楚，一伸手就能摸到，不可以将压力表安装在墙顶上，一是没法看清楚，二是有了问题要维修、更换都不方便。开关也是这样，安装得太高或太低，使用起来都不顺手，还会产生安全问题。例如沼气灯靠房顶太近，使用时间长了，温度升高可能会造成火灾。具体规定如下。

1）沼气灯离木质房梁应大于 0.5 m，离地面 2 m。

2) 沼气灶离地面 0.6～0.8 m，离墙 15 cm。

3) 开关离地面 1.25 m，伸手可以开关，眼睛平视可以看见，不能靠近电线、取暖管道。

（4）安装。管路从室外地下引入室内的外墙穿孔，在管顶上方或下方应保留 5 cm 以上的空隙。管路连接接口操作时，应注意施工现场空气流通，雨天不得进行室外管路连接操作。管路水平管段的坡度应不小于 1%，并向立管方向落水。按 25 m 长度计算，坡度 0.125 m，在实际安装过程中，各农户庭院地势千变万化，可以根据不同情况选择坡度 0.5% 或 1%。室内管路应沿墙、梁或屋架敷设，牢固地用钩钉或管夹固定在房屋的构件上。立管距离明火大于或等于 50 cm，管路距离烟囱应大于或等于 50 cm，距离电线不小于 10 cm。

1) 调控净化器安装位置，应偏离灶具左或右 50 cm，不能安装在沼气灶上方或双眼灶中间位置。连接灶具的水平管段应低于灶面 5 cm，其目的是保护管路，防止灶具火焰或温度对管路的损害，安装时必须注意。

2) 管路应牢固地固定在耐燃的构筑物上，立管上固定间距应不超过 1 m，一般情况下水平管上固定支点间距小于或等于 0.8 m。管路与产品连接需用软塑料管时，应采用带有密封节的管件进行套装。连接的塑料软管过长时要截掉，不要盘成圈挂在墙上或其他地方，这样等于增长管道距离而使沼气压力损失增大，产生不良后果。如果需要将沼气灶临时搬动时，可以用一个直通管连接输气管，使用完毕后再恢复原状，这样有利于安全使用。

3) 使用沼气管路胶黏剂前，应先检查管道和管件的承插配合，配合适度的才能进行连接，涂敷胶黏剂的表面应清洁、干燥。如有油污或潮湿，在上胶前应擦洗干净，上胶涂层应薄而不留空隙，上胶完毕，应立即进行连接。承插口连接按有关产品规定操作，操作完毕以承口端面四周有少量胶黏剂溢出为宜。

（5）输气系统使用前的检查。整个沼气管路和配套产品、开关按顺序安装完毕后，在使用前必须进行管路系统检漏，管路系统检查结果为密封不漏气才可以投入使用。从沼气池产气开始，压力表指示达到 8 kPa 时，可以用肥皂水沿着管路的接头、开关逐一进行检查，观察是否有气泡，有漏气的地方及时修理或者更换。

第二节　沼气系统的管理与维修

一、沼气系统的安全运行管理

1. 沼气池安全管理和运行管理

（1）日常安全管理。

1) 沼气池的进、出料口要加盖，防止人、畜掉入池内造成伤亡。要经常观察压力表的变化，当沼气池产气旺盛、池内压力过大时，要立即用气或放气，以防对沼气池造成损坏，避免冲开活动盖。若池盖被冲开，不要在附近用火。

2) 沼气池进料后，不要随意下池检修或下池出料，必须做好安全防护措施才能下池。下池前，提前 2～3 d 打开活动盖，使进料口、出料口、活动盖口三口通风，或者用鼓风机向池内供气，排除沼气池内残余的沼气。把小动物放入池内，观察 15～20 min，若小动物活动正常再下池，并一直将小动物留在池内。池上应留人看护，下池人员要系上安全绳，有不适感觉，池上人员应立即将其拉出池外，到通风处休息。

3）打开活动盖后，不得在池口周围点火照明或吸烟，下池人员只能用手电或防爆灯照明，禁止使用明火，严禁向池内丢明火燃烧余气，防止引发安全事故。

4）打开活动盖进行沼气池的维修和清除沉渣时，要细心保护活动盖，以保证活动盖的密封性能。维修前需要打开活动盖通风、排除池内有害气体；沼气池大换料时，可以通过活动盖进、出料，同时防止出料过猛沼气池产生负压；当遇到输气系统出现阻塞、气压过大故障时，可以通过活动盖泄压，降低池内压力保护沼气池；沼气池内发酵原料结壳严重，影响沼气进入气室时，可以打开活动盖捣破结壳层；在管理过程中要定期检查活动盖密封状况，开关活动盖时，注意不要碰磕沼气池活动盖沿和活动盖的边沿。

5）户用沼气池出现进、出料口损坏、拱顶、池墙渗漏、管道堵塞、活动盖密封圈漏气等问题时，必须及时做好维护工作。大出料后用清水冲洗池墙、拱顶的残留物，再用 3～5 kg水泥粉刷 1～2 遍，保持沼气池的密闭性能，同时要保留 1/3 的池底污泥作接种物，然后再投入新料，与不粉刷比较，产气率可提高 10％。

（2）沼气池入冬管理。冬季要在沼气池池顶上堆放秸秆或在沼气池周围砌建挡风墙，进、出料口要加盖塑料薄膜。在沼气池周围挖好排水沟或用砖砌排水沟，防止冬季积水结冰。将管路埋入地下 20～40 cm 深防冻，对地上敷设的管路在入冬前要做好保护工作，可用秸秆、布条等物包扎管道，或用竹管、铁管作护套，防止管道冻裂。

新建沼气池要按“三结合”，即沼气池和猪圈、厕所实现三连通建设，使沼气池每天都有新料入池发酵，保持常年产气。沼气池建在圈舍下也起到保温作用，对年底新建的沼气池，赶不上投料使用的也不能空池过冬，应填满秸秆或杂草等物，有防止沼气池冻裂和堆沤发酵的双重效果。

1）冬季来临前要给沼气池添加或更换新的发酵原料，并提高进池原料的浓度，最少要达到 10％，并选择晴天出料和进料，入池的水最好用热水，保持池内基本的温度。

2）加大发酵原料浓度后要防止料液酸化，可用 pH 试纸监测酸碱度。当 pH 值小于 7时，适量、多次加入 1％的石灰水，调节 pH 值在 7～7.5，维持原料发酵的环境。

3）前补充或更新的原料宜采用鲜猪粪、鲜牛粪或鲜羊粪作发酵原料，少用麦秸、玉米秸等发酵原料。

4）入冬前管道检修工作，检查管道是否存有积水，为裸露管道进行保温处理，采用的材料可因地制宜。发现漏气或老化的管道、接头要及时更换。

5）气池表面覆盖秸秆或加厚土层来保温，覆盖面要大于沼气池面积；在沼气池顶部架设塑料保温棚，用塑料薄膜覆盖整个沼气池的顶部并将塑料薄膜向周围适当延展，将进料口、水压间地面覆盖来保持池温；在沼气池周围挖环形沟，沟内堆沤粪草，利用堆肥发酵酿热保温。

6）最好不要换料，需要加料时，可向池内加入适量的温水，以保持池内温度能生产沼气。

7）中午前后对沼气池内料液进行搅拌，时间间隔 3～4 d，用手动出料器抽提 20 次左右，或从水压间提取十几桶料液倒入进料口返回池内进行搅拌，使原料和微生物增加接触机会，保持沼气池冬季生产沼气。

（3）沼气池浮渣结壳的维修。水压式沼气池运行一段时间后，发酵原料在浮力的作用下上浮、产生浮渣形成结壳。结壳严重时会导致池内沼气集聚受阻，储气室减小，原料利用率降低，产气量减少，往往会使一个运行良好的沼气池变成病池或废池。多年实践证明，以畜粪便为主要发酵原料的沼气池，一年后结壳的厚度为 18～25 cm，以杂草、稻草为主要发酵原料的沼气池，一年后结壳厚度可达 25～35 cm。

人们为了解决沼气池结壳的问题，研制了一些沼气搅拌和破壳装置，获得了比较明显的破壳效果，但因此也增加了施工难度，提高了建池和运行成本。采用每年让沼气池停止运行5～7 d，来解决沼气池浮渣结壳，会得到较好的效果；采用沼气池停运破壳的原理是在沼气池满装料的状态下，池内上浮结壳的浮渣浸泡在沼液中，浸泡 5～7 d 后，浮渣就会自动向下跌落形成沉渣；采用本方法的时间宜选在冬季，冬季产气低，操作比较方便。

具体的操作方法是：在停止运行沼气池前，要使用完沼气池内的沼气，打开输配系统的所有开关，使沼气池处于零压状态；打开沼气池导气管后的总开关，向空中排放池内沼气，排气时严禁在导气管口附近用明火或在导气管上试火，以防发生爆炸；向沼气池进料口加水至沼气池处于满装料状态，然后让沼气池停止运行 5～7 d；5～7 d 后检查浮渣下沉情况，必要时可以人工搅拌加快浮渣下沉；排除部分原料，密封活动盖，恢复管路连接，启动沼气池。

在处理浮渣结壳同时可对沼气池的盖板、输配系统和灶具进行一次全面检查，及时进行维护、维修或更换，保证沼气池安全使用。

2. 发酵原料安全进出管理

（1）及时备足新料。沼气出料前，必须备好新料，一般 6～8 m³ 沼气池，根据现有的原料种类，参照进料量、原料浓度、碳氮比等参数准备。在粪便中添加秸秆、青杂草类，最好用沼液或粪水浇泼后拌匀，在池外用塑料布覆盖或用污泥涂抹密封堆沤 3～5 d，再将堆料投入池内。冬季可将酿酒坊、豆腐坊或米粉坊加工废水投入池内，提高发酵浓度。进料后注意调节好酸碱度，pH 值在 7.5 左右，碳氮比例要适当。

（2）安全换料。换料前先打开活动盖 2～3 d，排净池内沼气后才能出料，没有活动盖的沼气池应用鼓风机进行强制通风。能够在池外操作就不要轻易下池操作，必须入池时，一定要有 2 人操作并系上安全绳，在池内禁止使用明火。换料完毕，进出料口和沼肥储存池要盖上盖板。

3. 户用沼气系统安全注意事项

户用沼气系统安全注意事项见表 5-8。

表 5-8　户用沼气系统安全注意事项

项　目	内　容
调控净化器 总开关使用	当沼气池内压力大时，要开到中挡，减缓沼气供应流量；当沼气池内压力小时，则开大开关，增加供应量。使用时，先开总开关，再打开灶具开关。用气结束后，先关总开关，后关灶具开关
预防硫化氢中毒	气中主要有毒气体是硫化氢，硫化氢有臭鸡蛋味，厨房内闻到很浓的臭鸡蛋味，要立即关闭沼气开关、隔断气源，同时开窗通风，不要开灯、打火，立即检查管路。沼气池内残存少量的硫化氢，同时缺少氧气，人在这种环境中工作，40 秒钟内将失去知觉，如果加上硫化氢中毒，可能出现窒息死亡，所以，闻到硫化氢气味后一定要按安全规程操作，预防中毒

项 目	内 容
防火	出料口应加盖，教育小孩不要在沼气池附近玩耍、玩火，不要在沼气池旁吸烟、使用明火。禁止在沼气池导气管口和出料口点火试气，以免引起回火损坏沼气池，同时严禁用明火进行各管路、产品接头、开关漏气检查。沼气输气管使用时间长了会发生老化开裂、泄漏沼气，因此，沼气输气管、开关接头也要经常检查，发现问题及时更换。使用完沼气，一定要记住关上沼气灶前开关、沼气灯前和饭锅前的开关
安全用气	使用沼气前要先接通气源，紧固各个接头处，用肥皂水检查各接头处是否有漏气现象，灶前压力要保持在 800 Pa 以上。使用沼气时不能离人，以防火焰被风吹灭或被水、油、稀饭淋熄而造成沼气泄漏，引起室内空气污染，引发火灾等事故。电子点火装置失效后，沼气灶人工点火时，应先点燃引火物，再扭开关，先开小一点，待点燃后，才全部扭开，防止沼气放出过多造成浪费或点着的火苗燎伤人。柴草等易燃物品不能靠近沼气灶和输气管，以防失火。一旦发生火灾，应立即关闭管路上的开关，切断气源。沼气灶使用过程中，火焰如被风吹灭或被淋熄，应立即关闭气阀，打开窗户通风，此时严禁使用一切火种及电源开关，以免引起火灾。

新建或大换料的沼气池，刚有一些气产生时不能使用电子点火，因为这时沼气中含有的空气成分较多、可燃成分少。应先用明火点燃使用一段时间，待风门调节到较小状态也能正常燃烧时，再使用电子点火装置

4. 安全事故紧急处理

（1）沼气窒息中毒及急救。空气中的二氧化碳含量一般为 0.03%～0.1%，氧气为 20.9%。当二氧化碳含量增加到 1.74% 时，人们的呼吸就会加快、加深；二氧化碳含量增加到 10.4% 时，人的忍受力就不能坚持到 30 秒钟以上；二氧化碳含量增加到 30% 左右，人的呼吸就会受到抑制，以致麻木死亡。当氧气从 20.9% 下降到 12% 时，人的呼吸就会明显加快；氧气下降到 5% 时，人就会出现神志不清的症状；如果人们从新鲜空气环境里，突然进入氧气只有 4% 以下的环境里，40 秒钟内就会失去知觉，随之停止呼吸。在沼气池内只有沼气，没有氧气，二氧化碳含量又占沼气的 35% 左右，在这种情况下很自然会使人立即死亡。

人身安全事故多数发生在沼气池准备在出料时，因为活动盖已打开好多天了，人们误以为沼气池里的有害气体已经排出干净，马上就下池。实际上，比空气轻一半的甲烷已经散发到空气中去了，但是比空气重 1.53 倍的二氧化碳不容易从沼气池散发。因此，在二氧化碳比较多的情况下，人一旦进入沼气池就会发生窒息。长时间不用的沼气池又被利用时，有的农户以为这些沼气池早就没气了，可是当把池内表面结壳戳破的时候，马上就有大量的沼气冒出来，使人立即中毒窒息。

（2）预防沼气池内窒息中毒。

1）沼气池的深度控制在 2 m 以内，这样，清除池里的沉渣可以在池外进行。万一进入池内发生危险时也便于抢救。

2）入池前，一定要把池内沼液抽走，使液面降至进、出料口以下，充分通风，排尽池

内沼气。先把鸡、鸭、兔等小动物放进去试验，证明确实没有危险后，再下池操作。

3）当发现有人窒息中毒后，立即将中毒人员从池底拉上来，不能迅速救出时，应立即采取人工办法向池内送风，输入新鲜空气，不要盲目入池抢救。在没有采取安全措施前慌忙下去抢救，结果会造成多人连续中毒的事故。

4）将抢救出来的中毒人员抬到地面阴凉通风处，解开上衣纽扣和皮带，立即进行人工呼吸，窒息中毒较重的，应尽快送到附近医院抢救治疗，不可耽误时间。

（3）甲烷中毒急救。甲烷是一种无色、无味的气体，是沼气中的主要成分，广泛存在于天然气、煤气、沼气、淤泥池塘和密闭的窖井、池塘、煤矿（井）和煤库中。倘若上述环境空气中所含甲烷浓度高，使氧气含量下降，就会使人发生窒息，严重者会导致死亡。

当空气中的甲烷含量达到 25%～30% 时，就会使人发生头痛、头晕、恶心、注意力不集中、动作不协调、乏力、四肢发软等症状。当空气中甲烷含量超过 45%～50% 以上时，就会因严重缺氧而出现呼吸困难、心动过速、昏迷以致窒息而死亡。如遇上述情况则应将中毒者立即移离现场，在询求呼救的同时，为窒息者扇风、吸氧，必要时应对中毒者进行人工呼吸。

（4）硫化氢中毒急救。一般情况下沼气中所含硫化氢是比较低的，但不同饲料喂养的牲畜粪便作为沼气池发酵原料时，所含硫化氢的量也会不同，沼气池发酵不同的时期，硫化氢含量也会不同。

硫化氢的中毒表现有头痛、头晕、乏力，可发生轻度意识障碍。一般先出现眼和上呼吸道刺激症状，严重中毒表现出头痛、头晕，可突然发生昏迷，也可发生呼吸困难或呼吸停止后心跳停止。急性中毒时多在事故现场发生昏迷，其程度因接触硫化氢的浓度和时间而异，偶可伴有或无呼吸衰竭。急救措施如下。

1）现场抢救极为重要，因空气中含极高硫化氢浓度时，常会在现场引起像人被电击而死亡的状况，这种情况下，应立即使中毒者脱离现场移到空气新鲜处，有条件时立即给予吸氧。现场抢救人员应有自救互救知识，以防抢救者进入现场后自身中毒。

2）对在事故现场发生呼吸骤停者，应及时施行人工呼吸，并立即送医院抢救。

（5）沼气烧伤现场抢救。被沼气烧伤的人员，应迅速脱去着火的衣服，或由他人采取泼水等办法进行灭火，不应用干衣服扑打，更不能仓皇奔跑，助长火势。若在池内着火，要从上往下泼水灭火，并将人员尽快救出池外。灭火后，先剪开被烧坏的衣服，用洁净水冲洗身上的污物，用清洁衣服或被单保护创面或全身，寒冷季节要保暖，尽快送医院治疗。

二、沼气系统常见故障的分析与诊断

1. 沼气池故障的分析与诊断

由于施工原因或地质情况发生变化会造成沼气池故障，常见的故障有池体开裂漏水、漏气和不产气或产气少等。沼气输气管路漏气或者阻塞，往往会被误认为是沼气池有问题，因此在进行病态池维修之前，首先应分辨清楚是输气管路的问题，还是沼气池有问题，未确诊之前不要盲目修补，以免造成不必要的损失。

（1）分辨的方法。把沼气池与输气管路从导气管处断开，封闭导气管。然后向输气管吹气，关闭气体入口处的开关，观察压力表指示变化，如果压力下降不明显，说明输气管路不漏气，是沼气池有问题。如果压力下降明显，说明输气管路漏气。

（2）故障判断方法。施工过程中每道工序和施工的部分应按相关标准中规定的技术要求进行检查，预防建设过程中留下故障隐患。建好沼气池后要检查沼气池内壁表面是否有蜂窝、麻面、裂纹、砂眼和孔隙，有无渗水痕迹等明显缺陷，粉刷层不得有空壳和脱落。然后进行最基本、最重要的试压检查，检查沼气池密封性能是否达到沼气池标准要求，保证池体不漏水、不漏气。

在不使用沼气也不进料的情况下，观察沼气池出料间发酵原料升降的变化，来判断沼气池的故障原因。把池内残存的沼气排完，将沼气池的导气管密封，并检查直到导气管密封不漏气，进料口不再进料，在出料间适当位置做标记，然后观察出料间料液变化。夏天观察 1～2 d，冬天观察 3～4 d，8 h 记录一次出料间的发酵原料上涨或下降高度。出料间发酵原料变化分下列五种情况。

1）出料间原料液上升较低，多数情况是 10 cm 以下，个别情况在 20 cm 以下，以后不再继续上升，说明沼气池漏气，也有个别情况是进、出料口水位线附近漏水。

2）出料间原料液下降并产生负压，这种现象说明是沼气池漏水。

3）出料间原料液下降没有产生负压，说明沼气池漏水又漏气。

4）出料间原料液缓慢持续上升，说明沼气池不漏水、不漏气而是产气少。

5）出料间原料液不升不降，2～4 d 都保持原来位置的高度，则应快速加入 300 kg 左右的水，并立即观察出料间原料液位高度变化，如果出料间原料液位下降至原来位置高度则是沼气池漏水，漏水部位经常是在水位线附近。如果原料液位下降但未下降至原来液位高度，则是沼气池漏气，如果液位不下降则是原料发酵的问题。

沼气池开裂一般是地基自然沉降，或者是地基没有处理好造成的，其表现比较明显，开始漏气、漏水速度很快，到后来完全不能产气，原料液体也可能全部漏光。

2. 沼气输配系统故障的分析与诊断

沼气输气系统指沼气池导气管到沼气燃具入口范围内管路、管件，以及串联或并联在沼气输气管路上的凝水器、脱硫器、压力表、开关等产品。

沼气输配系统主要故障是漏气，漏气的部位有管路与管路连接点、管路与产品连接点和产品自身漏气。如开关漏气、压力表被腐蚀后穿孔漏气、脱硫器因更换脱硫剂后安装不到位产生漏气等。沼气输配系统一旦发生故障就会影响到沼气的使用和安全。

3. 沼气配套产品故障的分析与诊断

（1）沼气灶经常出现的故障是点不着火、回火，常见灶具前面板开关附近被烧变色、开关失灵、灶面材料差不能承重或很快生锈等。

（2）沼气灯主要故障是燃烧器出现明火、电子点火困难、玻璃灯罩容易破碎。

（3）输气管故障是容易破裂、老化、几何尺寸不匹配、连接部位容易松动漏气等。

（4）开关常见的故障是孔径小、材料差、使用时间不长就出现漏气、开关限位损坏等。

（5）压力表指针不动、被腐蚀穿孔漏气。

（6）脱硫器比较容易损坏的故障，是空气进入了脱硫器与脱硫剂发生化学放热反应，腐蚀了脱硫器的外壳，还有是在更换脱硫剂以后，与管路的连接点不能密封了，造成漏气，材料质量差发生裂纹漏气。

（7）沼气饭锅的故障主要是控温阀失灵、饭锅的点火困难和饭锅的内套材料差。

（8）沼气热水器故障除了供水压力低引发的点不着火故障外，还有水气联动阀损坏，造成热水器不能使用、点不着火、火小、喷淋头堵塞点不着火等故障。

三、沼气系统的日常管理和维修

1. 沼气池施工过程中的质量管理

沼气池故障应尽量避免，在施工过程中必须按照标准的要求去做，完成后一定要进行密封性试验后才可以加入发酵原料、沼气池正常启动产气，所以施工质量和施工过程的管理非常重要，必须在施工过程中严把质量关（表 5-9）。

表 5-9　沼气施工过程中的质量管理

项　目	内　容
准备模具	模具常采用钢模、砖模、木模，无论使用哪种模具，都应明了模板的支撑方法，按说明稳定架设，模具间接缝严密应不漏浆、拆除方便、使用前后均要注意模具清洁。支撑物应有足够的强度和稳定性，注重做好进料口、出料口与拱盖或池墙模具的衔接。用砖做内模时应注意砖要内潮外干，砌筑应横平竖直、砂浆饱满、竖缝要错开
检查建池材料	施工前应检查建池材料，如水泥的标号、品种和是否在使用期内，砂的粗、细、含泥量和石子的强度、粒径及其他杂物是否符合建材要求。施工拌料用的水宜采用饮用水，水泥常用硅酸盐水泥，结块的水泥和过期的水泥不能用。 石子常用粒径 1～4 cm、具有较高强度和较好级配的卵石或碎石。混凝土常采用中砂，无中砂时也可以用细砂，但应按规定加大水泥用量。抹灰宜用细砂，砂不得有杂物，含泥量必须在标准规定的范围之内，最好是经水冲洗过筛。选用 MU7.5 砖，不使用过火和欠火砖
混凝土工程	采用混凝土整体浇筑的户用沼气池，池体寿命长，维修、返工量少。混凝土的最大水灰比不超过 0.65，每立方米混凝土最小水泥用量不少于 275 kg。混凝土浇筑时的坍落度应控制在 2～4 cm 内，常采用 C20 和 C25 混凝土，厚度常为 6～10 cm，井口、上圈梁、地圈梁应适量配筋。 （1）材料应按照沼气池施工规范的要求选择和处理。 （2）有条件应选用机械拌和混凝土，机械拌和时间不少于 90 s。当条件不具备时可采用人工拌和，人工拌和注意按设计与施工规范的要求做。水泥和砂应先干拌均匀后，再加石子和水湿拌，拌和时，应十分注意水灰比，严格控制加水量、拌和均匀、颜色一致。特别是椭球形沼气池和拱顶的施工，以保证混凝土的坍落度能适合浇筑的要求。 （3）混凝土在浇筑前，应计算好沼气池各部位的混凝土用量，第一次按计算数的 85%～90%配料，施工到一定位置时，再拌第二次料，争取两次拌和恰好达到实际用量，减少材料浪费。进行混凝土浇筑前，应检查模板和支架的稳定性，模缝是否符合要求，并浇水湿润模板，对干燥的土胎模应接连刷几次稀水泥浆后再架模。农村户用池常采用先浇池底后浇池墙的方法，出料间、进料管应与池墙同时施工，垂直进料时，进料管应与池盖同时施工，最后浇池盖。 拌好的混凝土要及时浇筑，浇筑时注意振捣密实，均匀对称振捣，最好采用小型振动棒，分层振捣，每层不要太厚，池墙浇筑应呈螺旋形逐渐浇筑而成。用振动棒时插入要快，抽出要慢，振动的时间、密度要恰到好处，做到既密实，又无蜂窝、麻面、裂缝、翻砂等缺陷。

项　　目	内　　容
混凝土工程	浇筑进、出料管等构件连接处、池底与池墙、池墙与拱形或椭球形池的上、下半球连接处的混凝土时，应先放置 1∶1 的水泥砂浆作接头砂浆，并注意振捣密实。池底、池墙、拱顶或椭球形池的上、下半球的混凝土必须连续浇筑，不得分层或有较长的间断时间，以保持整体性强度。 （4）混凝土的潮湿养护十分重要，但混凝土的养护常不受建池人员的重视，因而造成严重后果。开始时间根据气温和有无日照而定，常在 5～12 h 内进行覆盖，12～24 h 内开始浇水养护，养护时间不得少于 7 d，当日平均气温低于 5℃ 时不浇水。 由于采用的水泥品种和气温、日照不同，有时需要养护 15 d 左右。应特别注意的是夏天养护的前 3 天中午、下午要加强养护，稍不注意就会造成因养护不好而使混凝土开裂。池顶部分最好加铺稻草或麻袋，并洒水湿润，以保持混凝土表面有足够的水分。填土后应在池内加少量水，并盖好活动盖板保持池内有一定湿度。 （5）在池墙强度达到设计强度等级的 40％、池盖达到设计强度等级的 75％ 时就可拆模，达到要求的设计强度等级时间可在施工手册中查到，拆模时应注意不要弄坏混凝土的表面及棱角。 （6）抹灰前应对池体内表面和池盖外表面用水冲洗、去除杂物，保持表面清洁又具有一定湿润度，清洗之后应对混凝土基层表面凹凸不平处和蜂窝孔洞等进行处理
抹灰和密封施工	沼气池进料管、出料管（水泥管）和活动盖在安装前，必须用水泥砂浆或水泥水玻璃浆刷 2～3 遍。在池体进行密封粉刷前应认真清理基面，不得有泥浆杂物，必要时应用钢丝刷蘸水刷干净。对一些凹凸不平的地方，特别是进、出料管的接头处，要用水泥砂浆压实抹平并做成圆角。 （1）抹灰宜从拱盖开始往池墙抹，最后抹池底，利用抹拱盖时掉下来的砂灰做池墙上、下圆角的底层灰。在基层刷水泥浆 1～2 遍后，用木抹子将比例为 1∶2 的灰浆在基层抹一层底灰，然后刷一遍水泥浆，再用铁抹子抹中层灰，比例为 1∶1.5；然后刷一遍水泥浆，再用铁抹子按灰浆比例 1∶1.0 抹面层灰。 （2）砖砌拱盖内表面抹灰常采用以上做法，混凝土池盖、池墙等可省去抹中层灰，池盖外表面也应抹灰，内外密封，砖砌池盖外表面宜抹两遍灰，基层灰比例为 1∶2.5，面层灰比例为 1∶1.5。混凝土池盖可用原浆压实抹光，也可抹一遍 1∶1.5 的水泥砂浆，2～3 mm 厚。 （3）刷浆时应注意水泥浆稀稠，稀稠视基层干湿度而定，原则是水泥浆刷在池体上干不起路，稀不掉浆。 （4）抹灰时应注意收灰压实的时间要掌握好，不宜过早也不宜过迟，应适时收灰压实，过早起不到压实、排出水分的作用，过迟会使初凝的表面损坏。收灰还要注意先重后轻，同时注意底层抹灰应做到粗糙、密实，用木抹子收灰，面层抹灰应做到密实、光滑，用铁抹子收灰。 （5）密封施工要按密封涂料产品说明书要求操作
回填土	混凝土强度达到 75％ 后进行回填土，回填土应首选泥土，并注意对称回填，常采用水夯法夯密实
试压检验	沼气池建成后要对池体密封性能进行检查，达到标准要求后移交给用户。 试压表应采用"U"形压力表。盒式压力表测量刻度比较大，无法准确显示判定沼气池是否渗漏的上限压力，即 240 Pa 压力变化，所以，一般不使用盒式压力表作为沼气池试压的仪表。

项　目	内　容
试压检验	试压方法可采用气试压方法或水试压方法。若有的地区严重缺水，无法进行水试压时可采用气试压。 气试压方法可采用打气筒或机动气泵充气，如果用气泵充气，要注意流量不能过大，以免压力上升过快可能对池体造成损伤。充气前注意做好进、出料口的封闭，可用稻草塞紧再用黄泥密封。 气试压应排除大气压和气温变化的干扰。由晴变雨或气温由低变高，沼气压力表压力应有所上升，由雨变晴或气温由高变低，沼气压力表压力会下降。遇到气温变化较大压力表指示值上、下波动时，应延长观察 1 d。当压力表压指示稳定，其变化值不超过 240 Pa 时，沼气池密封性能合格。 水试压方法是在活动盖封好后，从水压间加水，直至压力表指示到 8 kPa。如试压过程中，因活动盖未封好等原因需重新封盖试压时，必须将活动盖板封好后，再加气使压力表指示达到 8 kPa，不要用继续加水的方法提升压力，以防加水淹没留下漏气的隐患。24 h 后，当压力表压力指示稳定，其变化值不超过 240 Pa 时，沼气池密封性能合格

2. 沼气池的日常管理和维修

(1) 查找沼气池漏水、漏气点的方法和维修。

将池内残存气体排尽后，清除完沼渣液再清洗池体，趁池壁上的水未全干时下池检查。首先用肉眼观察有无湿纹、湿点出现，一般缝宽 0.08 mm 以上都能看见。因为有孔、缝的地方吸水多，干得慢，一般都能找到漏水、漏气部位。如未查找到有问题部位，可用稀水泥素浆刷一遍全池，趁水泥素浆未全干时再下池仔细检查，如还未发现漏水、漏气的部位，则是微量散漏。

有微量散漏的沼气池在试压时，压力表上的压力指示连续下降，但每小时下降很少；突然加水检查时，出料间液位下降，但下降不到原液位；打开封闭的沼气池导气管时，池内有少量空气出来；池内有发酵原料时，出料间料液一般都上升几厘米就不再上升了。

新建的沼气池做了密封粉刷后，池壁还能看到水珠，有的是冷凝水，有的则是微小的渗漏，检查微漏的方法是用干抹布将池壁抹干，再撒上水泥干粉，如水泥干粉长时间不湿，就是冷凝水。如果水泥干粉出现一块一块的湿点，说明池壁有微漏。

查出漏气孔、裂开的缝隙后，还要用手指或木棒叩击池内各处，特别是孔、缝周围，看有无空响、翘壳现象。混凝土结构的沼气池空鼓、翘壳极少，砌块结构的沼气池发生空鼓、翘壳相对多一些。检查时缝的两端要特别细看，找出真正的端点，超出端点 1 cm 左右做上标记，防止池体水干后找不到。

一般活动盖井口圈、圈梁、导气管处易产生漏气，主池底墙交界处、出料间墙体转角、主池至出料间的过梁、进料管的上、下接头处易产生漏水。

(2) 微漏的维修。

1) 准备维修病池用的水泥、砂、水、石灰膏必须保证质量，并且严格计量。水泥砂浆比例按 1∶1～1.5 的质量比，石灰混合砂浆质量比为水泥∶石灰膏∶砂 = 1∶（0.2～0.3）∶（1～1.5），另加 0.5 质量比的水。

②微漏处理方法是先将池壁抹干后，用刷子刷上一层水玻璃，再撒上一层水泥干粉并抹

平，以水泥干粉不再出现湿点为准。

③进料后发现微量散漏沼气池的修补方法，一般刷水泥素浆 6 遍以上，刷时注意浆的稀、稠适当，以干不起路、稀不掉浆为宜，先浓一点，再根据池内情况、基层干湿度和地温，宜横、竖各刷 3 遍。

（3）孔洞、裂缝的维修。

漏水、漏气的孔洞一般都很小，应加大加深，缝则应用很尖的錾子剔成 V 形，剔时要仔细看跳渣，根据跳渣形状变化来确定缝口是否已到漏缝端点。没有缝或孔的跳渣，形状为倒锥体或扁平状，有缝或孔的跳渣一边与缝或孔的形状一样。V 形口边的原抹灰要拉毛，端点要超头，缝和孔洞都应先刷浆，用 1:1 水泥砂浆填塞 V 形槽，根据深浅分 2～3 次补平、压实、抹光，待水泥砂浆 12 h 凝固后，再用纯水泥浆刷 3～4 遍，最后一次要收光，缝要补成泥鳅背形状。

漏气的缝口和孔洞补好后，气室或者全池应用石灰混合砂浆抹 1～2 遍，每遍厚 4 mm左右，最后刷水泥素浆 3 遍以上。漏水的缝口和孔洞补好后，刷素水泥浆 2～3 遍。

（4）池墙裂缝的维修。

池墙部位产生竖向裂缝是池墙外的回填土不密实，或长期干旱使池墙外土失水收缩形成空隙、沼气池进入使用阶段后，有负压产生时导致池墙竖向裂开。解决方法是回填土要填实，并在沼气池初期使用阶段，经常注意池壁周围土壤松动情况，一旦发现有空隙，立即填土夯实。

池墙与池底交界处产生裂缝是由于池墙地基与池底地基产生不同步沉降形成的。解决的根本方法是处理好池墙与池底的基础部分，先将池基原状土夯实，然后铺设卵石垫层，并浇灌 1:5.5 的水泥砂浆，再浇筑池底混凝土；或者将拉开部位凿开到一定宽度和深度的沟槽后，填灌 200 号的细石混凝土，24 h 凝固后抹灰和刷纯水泥浆。

（5）空鼓、翘壳的维修。首先用很尖的錾子打掉全部空鼓、翘壳的抹灰，打时注意要垂直方向打，不能水平方向撬，空鼓、翘壳的地方必须打完，并稍微扩大。抹灰方法同孔洞、缝的修补方法。

（6）导气管与池盖衔接处漏气的维修。最好从池内抹灰 2～3 遍，水泥与砂的比例为1:1。池内抹灰做不到时，可在池外抹灰，此时应把导气管周围錾深一点，分 2～3 遍用水泥砂浆抹平、抹光。也可重新安装导气管，将导气管周围部分凿开，拔出导气管，重新灌筑标号较高的水泥砂浆或细石混凝土，局部加厚，确保导气管固定，然后抹一层 1:1 水泥砂浆和粉刷纯水泥浆。

（7）地基原因引起的裂缝的维修。如果因地基下沉引起的裂缝，不要急于修补，因补好后还有可能再裂，应加外力或者让其自然沉陷稳定以后再修补，否则反复多次都不能补好。如因土壤的湿胀、干缩引起的裂缝，池子补好后应立即打好散水坡，否则补的裂缝不耐久。裂缝的处理与池墙裂缝维修方法相同。

（8）蜂窝、麻面修补方法。沼气池内壁蜂窝、麻面会严重破坏沼气池的密封性，这是由于浇灌混凝土的过程中，振捣不充分所造成。修补的方法是先用水刷洗干净并充分湿润，再用 1:2 或 1:2.5 的水泥砂浆抹平。如果蜂窝较大，先将松动的石子和突出的颗粒剔除，刷洗干净并湿润后，用高一级标号的细石混凝土捣实，加强养护。

（9）进、出料管与池墙衔接处裂开的维修。进、出料管与池墙衔接处裂开引起漏气，产生这种现象的原因是池墙的基础部分受到池墙的重压而下沉，进、出料管并不同步下沉，使进、出料管与池墙衔接处裂开；进、出料管的下部填土不密实或进、出料管的下部地基下沉，使进、出料管处于悬空状态，时间一长，进、出料管就会折断；进、出料管与池墙的衔接处没有经过混凝土加强处理，容易产生裂缝。

处理的方法是施工前做好地基处理，进、出料管与池墙的衔接处应做特别处理，尤其是用塑料管作进、出料管道时要做混凝土加强处理。进料管中间部位漏水应根据进料管直径大小，用一段直径比它小 2 cm 的塑料管插入，确定两管之间间隙均匀后，用 1∶2 的水泥砂浆灌入，适当轻拍细管，使水泥砂浆充实，并在管口两头加水泥砂浆压实抹光。

（10）沼气池渗水的维修。沼气池内有地下水渗入时，用水玻璃代替水与水泥结合堵塞。堵塞速度尽量在几秒钟内完成，如果渗水量大且水压高，则用长 5 cm、内径 10 mm 的软塑料管插向渗水处，在四周用 1∶1 水泥砂浆与水玻璃结合封堵，然后堵上塑料管口，加一层 1∶1 水泥浆覆盖。

（11）沼气池气室漏气的维修。将发酵间储气部位冲洗干净，用纯水泥浆扫刷 3 遍。最好使用沼气密封涂料做最后处理。

3. 输配系统的日常管理和维修

（1）输气管路漏气的检查方法。关闭沼气灶具前和沼气灯前的输气开关。如果灶前未安装开关，应拔下连接灶具一端的输气管，把输气管折弯 180°用手紧握，将沼气池导气管出口一端的开关关闭，拔开管子，装一个开关，向输气管打气，压力表指示在 10 kPa 时迅速关闭开关，2～3 分钟后不下降，则不漏气，反之则漏气。或者在通气时，用肥皂水检查整个管路及各连接位置是否漏气。检查到有漏气的地方，重新安装直到不漏气为止。

（2）管路堵塞的维修。管路中有水的时候，沼气灶的火焰上下扇动，管子内发出"嘟、嘟"的声音，压力表的指针也左右摆动，这时候应该检查凝水器的水是不是满了，检查管路内是否有积水，把水排出后，故障现象可消失。

凝水器安装在沼气池出气口，或沼气池与管路连接的最低处，平时 1～3 个月要检查一次，将凝水器内的积水倒出来，以免堵塞管路，沼气灶点不着火。一旦管道有水，可用打气筒向管路打气将水排出来。

（3）开关故障的维修。开关的作用是开通或关闭沼气输送通道，同时可调节沼气流量的大小。它是输气管道上的重要部件，必须坚固、严密、启闭迅速、灵活、检修方便。开关的材料分为塑料和金属两大类。

传统的塑料开关通常采用压输气管的压紧程度来控制沼气流量，完全将输气管压死是关的状态，输气管完全松开是开的状态，也是沼气输送量最大的状态。由于沼气输气管不容易压紧，通常采用乳胶管，而乳胶管不耐腐蚀，又易老化，使用几个月就出现开裂、粘连等现象，有可能漏气不安全，现在已基本不使用这类产品。现在使用的塑料开关，阀体由金属或陶瓷材料制作，阀心有旋塞和球形多种结构，操作简单、开、关快速、灵活。

开关通常的毛病有容易磨损、密封不好漏气、加工粗糙、内孔常有毛刺，阀孔内径小于6 mm 会导致沼气压力损失增大、流量减少，开关手柄太紧不便于操作，手柄材料质量差。

每台灶或灯具前装一个开关是比较合理、安全的。有的用户在导气管后装总开关，管道分叉处都装开关，这种做 法完全不必要。每多装一个开关，不仅多花钱，而且开关与输气管接头越多，输气管漏气的机会就越多，同时，沼气压力损失也越大，容易造成沼气的灶前压力达不到灶具的设计要求，会影响点火，降低灶具的热效率和热流量，达不到沼气应有的使用效果。

一般情况下，开关漏气要换用新的开关，没有配件前，可在开关漏气处抹少许黄油临时代用。与开关连接的软塑料管老化后也易发生漏气，应换用新管或剪掉老化部分。

4. 配套产品使用和故障排除方法

（1）压力表的使用和维护。目前农户使用的压力表已经从传统的 U 形玻璃管式液位压力表改用膜盒式压力表。U 形压力表结构简单、使用灵敏度高、价格低廉，但玻璃管在运输中易破碎，使用一段时间后，玻璃管刻度模糊不易读数，当沼气池压力快速增高的情况下，U 形压力表的液体会被冲走，如果未及时处理，则易发生安全事故。膜盒式压力表体积小，美观、轻便、灵敏度高，精度要求 4 级，目前最高精度可以达到 2 级。

压力表的主要作用是检验沼气池和输气管道是否漏气，另一个作用是用气时，可根据显示的压力大小来调节流量，使灶具在最佳条件下工作，但检验沼气池是否漏气，只能用 U 形压力表不能使用膜盒压力表。

压力表的正确安装位置，是并联在输气管路上的沼气灶与灶前开关之间，这样安装，开关开大压力上升，开关关小压力下降，便于看表掌握灶具的工作情况。同时，要控制灶具的使用压力，使灶的工作压力在设计压力左右，特别不宜过分超压运行，以免压力太大，点不着火或火焰飘出锅外浪费沼气。

使用压力表要注意当沼气池内沼气多时，压力表指示达到表压极限值 10 千帕，此时应尽快使用沼气，保护压力表和沼气池，避免发生表被憋坏或沼气池密封盖被冲开、或胀坏池壁事故。

一旦压力表指针不动或被卡着不动时，要更换压力表。压力表被腐蚀穿孔也会表现出表针不动的现象，应更换压力表。压力表与管路连接处漏气，需要更换连接塑料软管，加卡扣卡紧。

（2）压力表的故障现象和产生原因。

1）压力表显示值开始上升快，以后上升越来越慢，到一定高度就不再上升了。其原因是气室或输气系统有缓慢漏气，漏气量与压力成正比，压力越高漏气越多。沼气池压力低时，产气大于漏气，压力表显示值上升，当压力上升到一定高度，产气与漏气相平衡，就不再上升了。

2）进出料管或出料间有漏孔时，当池内压力升高，进、出料间液面上升到漏水孔位置，发酵原料渗漏出池外，使压力不能升高。

3）池墙上部有漏气孔，发酵液淹没时不漏气，当沼气把发酵液压下去时便漏气了。

4）发酵原料淹没进、出料管下口上沿太少，即进料量太少，当沼气把发酵液压至下口上沿时，水封不住沼气，所产的沼气便从进、出料口逸出。

5）沼气池发酵原料进料太满，表现在水压间起始液面过高，当池内产气到一定时候，料液超出水压间而外溢。

6）压力表指示很高，储气量却很少，这是发酵料液过多、气箱容积太小或水压间小，造成压力高的表象，应按设计要求修建水压间，注意发酵液数量不能过多。

7）压力表指示值高，但一经使用就急剧下降，灶上火力弱，关上开关又回到原处。原因有导气管堵塞、输气管道转弯处扭折致沼气传输不畅。沼气池与灶具相距太远，管道内径小或开关等管件内径小，使沼气沿程压力降增大，检查不畅导气管，换掉过小内径输气管和管件。

8）开关打开后压力表指针上下波动，伴有火力时强时弱。这是输气系统安装不合理漏气且管道内有凝结水的现象，要对输气系统进行试压检验，查出漏气处。如管道漏气，从漏气处剪断，再用接头连接好；如接头处漏气，则拔出管子，在接头上涂上黄油，再将管道套上并用线卡或扎线捆紧；如开关漏气，修不好则应换用新开关；安装输气管应向沼气池方向有0.5%～1%的坡度，放掉管道内凝结水，并在输气管最低处安装凝水器。

（3）气水分离器故障的维修。如图5-6所示，如果没有凝水器，沼气灶具燃烧时，输气管里会有水泡声，沼气灶的火焰会忽高忽低，像喘气一样，沼气灯经常一闪一闪不稳定。出现这些情况的原因是沼气中的水蒸气在管内凝积或在大出料时因造成负压，将压力表内的水倒吸入输气管内，严重时，灶、灯具会点不着火。排除凝水器内水的方法是拔掉气水分离器上的沼气管，将气水分离器内积水倒掉，装上沼气管后，要用肥皂水检查该处是否漏气，使用自动排水的凝水器仍要定期检查。

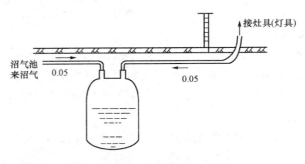

图5-6　气水分离器

（4）脱硫剂再生方法。沼气中有少量的硫化氢，硫化氢对灶具有腐蚀，对人体健康也有影响，脱硫剂就是脱出沼气中硫化氢的一种材料。脱硫的方法有湿法和干法脱硫两种，干法脱硫剂有活性炭、氧化锌、氧化锰、分子筛及氧化铁等。

从使用、对环境的影响、价格等因素综合考虑，目前采用最多的脱硫剂是氧化铁（Fe_2O_3）。干法脱硫具有工艺简单、成熟可靠、造价低等优点，并能达到较好的净化效果，目前家用沼气脱硫器基本上采用这种方法。

脱硫器使用一段时间后，脱硫器内的脱硫剂会变黑，失去活性，脱硫效果降低。沼气灶燃烧器容易被腐蚀，使沼气灶燃烧的火焰大小不一，有的火孔没有火焰。长时间使用脱硫器而不对脱硫剂进行再生，脱硫剂会板结，增加沼气通过脱硫器的阻力，甚至发生脱硫器爆裂损坏，此时，必须将脱硫剂进行再生。

再生的方法是将失活的脱硫剂取出，均匀疏松地堆放在平整、干净、背阳、通风的场地上，经常翻动脱硫剂，使其与空气充分接触氧化再生。当脱硫剂中水分含量低时，可均匀喷洒稀碱液，以缩短再生时间、加速再生，一般经过15 d左右，可装入脱硫器内继续使用。脱硫剂可以再生1～2次。

沼气池换料时，必须将脱硫器前的开关关闭，禁止空气通过脱硫器。因为沼气池换料时，通过输气管到脱硫器的气体已不是沼气，而是含有氧气的空气，一旦直接进入脱硫器，脱硫剂发生化学反应，温度急剧升高，会损坏脱硫器塑料外壳，而导致脱硫器不能使用。

更换脱硫剂时，先打开沼气调控净化器外壳，将脱硫器连接的输气管取下来，再打开脱硫器，将变色的脱硫剂倒出来，换上新的脱硫剂安装回原位，盖上沼气调控器外壳，脱硫器就可以继续工作了。更换脱硫剂后如果脱硫器盖子破裂或没有密封好会造成漏气，空气进入脱硫器，也会烧坏脱硫器。

（5）沼气灶各部分的作用。沼气灶属于大气式燃烧方式，大气式沼气灶主要由喷嘴、总成、风门、引射器和燃烧头部五个部分组成。

1）喷嘴的作用是输送燃烧所需的沼气、控制沼气流量（即负荷），喷嘴的口径由大到小逐渐收缩，是把沼气的静压转化为动能的关键零件，并在喷出沼气的同时带进一次空气。喷嘴一般用铜制成，加工精度较高，喷嘴设计和加工工艺的好坏直接影响燃烧器的性能和使用效果，喷嘴通常固定在总成上。

2）总成的作用是操作沼气的开启与关闭、控制沼气的流量和压力，总成上装有自动点火装置，是点火与流量调节的重要零件。总成的外壳一般为铝铸造，中心有一个铜制的圆锥体，圆锥体上有两个孔，$\phi 5\ mm$ 和 $\phi 0.5\ mm$，当旋钮带动圆锥体旋转将大孔堵死时，沼气只能通过小孔进入燃烧器燃烧，即中心小火燃烧，正常使用时，中心小火或大火同时燃烧。

3）风门的作用是根据沼气的流量、压力的变化、沼气热值的大小调节一次空气量，在使用过程中，千万不能把风门关闭，否则，大气式燃烧就变成扩散式燃烧。风门关闭使燃烧很不完全，燃烧烟气中 CO 含量较高，火焰虚飘无力像烧柴草一样，看起来好像火焰很大很高，实际火力不大，还容易飘出锅外损失热量，既浪费了沼气，又污染了环境，影响人体健康。

4）引射器的作用是依靠喷嘴喷出的沼气带进一定数量的空气，同时使沼气和空气均匀混合，并且使混合气体在燃烧器头部的出气孔形成必要的速度，以保证燃烧的稳定工作。

5）燃烧器的作用是使沼气和空气的混合气体均匀地分布到各个火孔，进行稳定的、完全的燃烧。

（6）沼气灶的使用与调节。使用沼气灶前应撕去不锈钢灶面上的塑料保护膜，脉冲点火灶具应装入电池，注意电池正负极不要接反，按下点火旋钮能听到"哒、哒"响声，说明电池安装好了。

1）风门的调节。当沼气中甲烷含量比较高时，燃烧时需要比较充足的空气。刚投料或刚换料产气还不正常的沼气池甲烷含量低，若空气太多则会脱火或很快熄灭，因此需要根据具体情况来调节风门。

风门是两个蝶形不锈钢片，分为大火风门和小火风门，位于燃烧器引射管头部进气口前端，灶面板后面。碟片之间无缝时就是关闭风门。灶具在正常使用时，先调大火风门再调小火风门，正常的火焰为蓝色。甲烷含量低时火焰偏红，火苗离开燃烧器燃烧则为进风量过大，火焰连成一片为风门过小，风门过小时，火苗串得很高，看似火很大，这种火焰热值不高。压电点火的灶具需要到气质较好时电子点火，才能一点即着，沼气中甲烷含量未达到50%，点火比较困难，风门的位置及操作方法如图 5-7 所示，将空气调节往右或往左旋转，一直转至火焰呈燃烧良好状态为止。

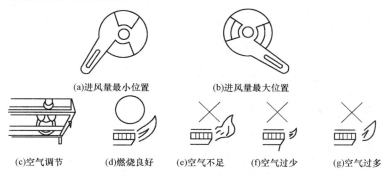

(a)进风量最小位置　　(b)进风量最大位置

(c)空气调节　(d)燃烧良好　(e)空气不足　(f)空气过少　(g)空气过多

图 5-7　风门的位置及操作方法

2）压力的调节。电子点火灶具是一种压力适应范围在 800～1 600 Pa 的灶具，压力低于 800 Pa 帕也能正常燃烧。但最理想的工作压力是按照产品设计的压力来使用。如果压力偏高，需通过调压开关将沼气流量减小，使沼气流速降低来提高电子点火率。

3）点火旋钮的调节如图 5-8 所示。电点火都设有自锁装置，如图 5-8（a）、（b）所示，点火时应先向前推，再向逆时针方向旋转至"ON"，即打开火源开始燃烧，此时火势为最强。点火旋钮调节如图 5-8（c）、（d）、（e）、（f）所示。如强行扭动点火旋钮，会损坏开关。压电开关动作应先慢推向左旋至 45°角时再快旋转至 90°。这样，可以让点火器周围充满沼气容易点燃。

4）灶上火焰异常的排除方法见图 5-8。

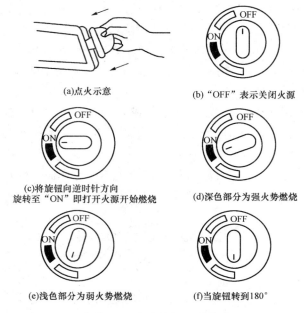

(a)点火示意

(b)"OFF"表示关闭火源

(c)将旋钮向逆时针方向
旋转至"ON"即打开火源开始燃烧

(d)深色部分为强火势燃烧

(e)浅色部分为弱火势燃烧

(f)当旋钮转到180°

图 5-8　点火旋钮的调节

参 考 文 献

[1] 中华人民共和国建设部.GB 50411—2007 建筑节能工程施工质量验收规范［S］.北京：中国建筑工业出版社，2007.

[2] 国家技术监督局，中华人民共和国建设部.GB/T 50176—1993 民用建筑热工设计规范［S］.北京：中国计划出版社，1993.

[3] 中华人民共和国建设部.JGJ 144—2004 外墙外保温工程技术规程［S］.北京：中国建筑工业出版社，2004.

[4] 王庆生.建筑节能工程施工技术［M］.北京：中国建筑工业出版社，2007.

[5] 徐占发.建筑节能技术实用手册［M］.北京：机械工业出版社，2005.

[6] 郑时选，陈倩.农村用户沼气系统维护管理技术手册［M］.北京：金盾出版社，2009.

[7] 中华人民共和国住房和城乡建设部.GB 50207—2012 屋面工程质量验收规范［S］.北京：中国建筑工业出版社，2012.

[8] 中华人民共和国住房和城乡建设部.GB 50345—2012 屋面工程技术规范［S］.北京：中国建筑工业出版社，2012.

[9] 中华人民共和国住房和城乡建设部.JGJ/T 14—2011 混凝土小型空心砌块建筑技术规程［S］.北京：中国建筑工业出版社，2012.